Python编程从0到1

（视频教学版）

张頔◎著

机械工业出版社
China Machine Press

图书在版编目（CIP）数据

Python编程从0到1：视频教学版/张頔著. —北京：机械工业出版社，2019.8

ISBN 978-7-111-63295-5

Ⅰ. P… Ⅱ. 张… Ⅲ. 软件工具－程序设计 Ⅳ. TP311.561

中国版本图书馆CIP数据核字(2019)第152929号

Python 编程从 0 到 1（视频教学版）

出版发行：机械工业出版社（北京市西城区百万庄大街 22 号 邮政编码：100037）

责任编辑：欧振旭 李华君

责任校对：姚志娟

印 刷：中国电影出版社印刷厂

版 次：2019 年 8 月第 1 版第 1 次印刷

开 本：186mm×240mm 1/16

印 张：17.25

书 号：ISBN 978-7-111-63295-5

定 价：79.00 元

客服电话：（010）88361066 88379833 68326294

投稿热线：（010）88379604

华章网站：www.hzbook.com

读者信箱：hzit@hzbook.com

前言

生产力水平的发展是人类历史的主旋律。决定生产力水平的重要因素之一是生产工具。从这个角度讲，人类历史就是从石块到计算机的历史：从石器时代到信息时代。计算机是信息时代的主要生产工具，为了掌握这种工具，就要学习程序设计语言。

程序设计语言很多，相关的书籍更多。初学者常困惑于如何选择入门语言[①]，一旦决定后又困惑于选择什么教材。令人沮丧的是，选择的机会成本并不低：一般初学者完整地学习某门编程语言需要一个月甚至更多时间。大专院校课程改革的机会成本则更高。有人说选择什么语言入门不重要，成为高手后自然兼通各种语言。这种说法忽视了大多数学习者并不会成为高手的事实，而且选择性遗忘了他们自己作为初学者时所走的弯路。**总而言之，学习者和教师在选择适合入门的编程语言和书籍时应当谨慎行事**。因此笔者有必要在前言中将写作意图和内容取舍进行说明，以作为读者选择的依据。

写作背景和目的

笔者在 2018 年秋接到邀约并着手写作，全稿终于 2019 年春。此时 Python 已经跻身主流语言之列。之所以称其为“主流”语言，在笔者看来有以下几点证据：

- 在各类有影响力的语言排行榜上，使用 Python 的比例开始占据较大份额，排名也很靠前[②]；
- 在许多领域，Python 成为主要的编程语言，甚至是首选语言，例如在数据分析、人工智能和服务器开发等领域；
- 教育部将 Python 纳入了国家计算机等级考试的科目[③]。

而在此之前其已经得到了广泛应用：

- Python 逐渐成为许多国际一流高校程序设计课程的教学语言；
- 许多基础软件框架采用 Python 作为设计语言或提供 Python 的编程接口；
- Python 在开源软件界和工业界已广受欢迎。

上述事实是笔者决定基于 Python 编写本书的原因[④]。其他的原因则是在教学中无合适教材可用。数年前笔者领导团队设计 Python 课程体系，那时曾经“遍访”各种 Python 书

---

① 在本书中，“语言”一词默认表示程序设计语言，而非自然语言。

② 在 2019 年 2 月的 TIOBE 排行榜上，Python 以 7.574%的份额占据第三位，超越 C++，仅次于 Java 和 C。

③ 教育部考试中心“全国计算机等级考试简介 2018 版”。

④ 本书首先是“程序设计教科书”，而非“Python 书”。

籍和教程。当时的 Python 书籍或者是简单的“手把手入门”，或者是大部头的“知识大全”，或者是应用于某具体领域的“手册指南”。

随着近年来 Python 教学实践的展开，市面上开始出现各种教科书体裁的 Python 书籍（如罗伯特·塞奇威克等所著的《程序设计导论：Python 语言实践》）。那为何还要再写一本同样主题的教科书呢？因为教学对象不同，教学目标有所差别，教学过程各有侧重。所以教科书的首要价值在于“不同”。这种不同在本书来说至少有两个层面，一是 Python 与其他语言的不同，二是本书与其他 Python 书籍的不同。

学习或讲授新知识时，首先应注意到的往往是其与原有认知的相同之处，但唯有深入理解并能运用其不同后，才算窥得门径。例如 Python 也有循环、分支和函数等各种语言俱有之概念，但学习者如只见共性，并由此得出 Python 很简单的结论，便失去了学习新语言的意义。教师在教学生时也不能仅仅按照讲授旧有语言的经验，把讲义中的例子依次用 Python 重写一遍了事。①

书的“不同”则在于体裁形式、内容取舍编排和作者观点的不同。既然是教科书，总不大好写成对话体，也不适宜画成漫画②。所以教科书的不同主要体现在取舍、次序、示例和观点等方面。然而写一本“完全不一样”的书是很难的，尤其是在 Python 已经相当流行的当下。③

“不同”总是相对的，各种相对性参照中，对读者来说最重要的参照便是读者自身。初来者看处处皆是新奇，见多识广后则觉得不过尔尔。所以下文仅对本书内容的取舍和编排进行说明，至于其中有何“不同”则留待读者自己体会。

取舍

在教科书中全面讲授 Python 的细节是不现实的（这里说的语法细节包括完整的语法模型、各种对象的 API④，以及各种标准库），原因有以下几点：

- 过多的细节会喧宾夺主，无法凸显真正重要的核心内容；
- 语言中的艰深部分不适合本书面向的教学阶段，也不常用于多数程序员的日常工作；
- Python 标准库包罗万象，全面介绍是不现实的（无论从篇幅上还是读者的知识背景

① 以回调函数为例，在 C 语言课程中必待讲完指针及函数指针才能引入该概念，而 Java 也须等到讲完继承和接口之后才能展开讨论。因此传统的程序设计课程多在较靠后的课时讲授回调函数。但 Python 语言却可以也应当在讲到函数时就引入回调函数。

② 当然作者也没那么大本事，既没本事用对话的方式教学，也没本事画漫画。不过的确有用对话体或漫画做成的程序设计书籍，大都相当优秀。

③ 笔者在书店购买书籍时有一个原则：在比较熟悉的领域，一本书拿起来随意翻开三处，如果有一处独到，就标记为“待买”，如果处处独到，则立刻买下。如果有一位教师在讲授 Python 时觉得本书有一处有参考价值，那么笔者便心满意足了。

④ Application Programming Interface，应用程序编程接口。

基础而言）；

- Python 在不断发展，其细节仍然在不断变化中。

笔者认为，既然在整体上无法面面俱到，那么在局部也不应有这种负担。例如“异常处理”这一主题，如果完整地讲授异常机制的每个细节（如各种内建异常类型），则需要相当多的篇幅[①]。**但真实的情况是：绝大多数的工程师根本不懂如何处理程序的意外情况，不论是使用 C 语言这样没有异常处理机制的语言，还是使用 Java 或 Python 这样有完整异常处理机制的语言**。究其原因有以下几点：

- 一是初学者没有能力接受太多的异常处理知识，正常程序还写不明白，哪里有精力去整什么异常处理；
- 二是异常处理的核心在于全面、准确地剖析程序的各种意外情况，不具备这个能力，学习再多的异常处理机制也是枉然；
- 三是在学习程序设计的初级阶段，往往用算法进行练习（比如走个迷宫、匹配个字符串），不和复杂的外部世界（如网络）打交道；
- 四是考虑到教学重点和叙述篇幅，也往往假定数据有效，这样就不用考虑处理意外情况。这样一来，教学中费大力气讲授的异常处理机制，也因为暂时无用而被抛诸脑后。

本书则不纠缠于异常处理的细节和内建异常的类型，而是在讲述完基本语法后详细剖析一个程序实例（1.10.2 节），展示如何分析和处理各种意外的输入情况，篇幅上也仅限制为一节。读者若能“吃透”这一部分内容，则当有编写健壮程序的意识，自能够在工作中举一反三，也无须笔者再行赘述。反之，若对健壮性不够重视，则多费篇幅也没有意义。

作为这种取舍思路的补充，本书有时会指出一些自学内容，将其留作练习，并引导读者进行思考或通过网络查阅相关资料。作为编程入门教科书，本书首要讲述程序设计的一般性方法，例如：

- 数据类型、流程控制、输入/输出和函数等基本手段；
- 状态机、递归、函数式编程等高级技巧；
- 数据结构和算法；
- 面向对象的设计思想。

对 Python 自身语法的介绍，也在本书各部分占据了相当篇幅。然而本书终归不是语法手册，所以并不追求语法知识细节的完整性。书中大部分小节后会给出延伸的问题和练习，或是明确的编码练习，或是要求读者进行深入地学习和思考，统称为“思考和扩展练习”。本书在设计和挑选例题时力图做到和传统的程序设计入门书籍在角度和深度上有所差异，目的在于为学生和教师提供更加开阔的思路。

计算机程序设计的理论基石（如语言基本模型、数据结构和算法）是在半个世纪前奠定的。虽然 Python 诞生的年代稍晚，但也基于这些基石构建而成。Python 的主体部分是

---

① 以《Python 学习手册（第 4 版）》为例，异常机制总共占据了 60 页之多，还并未一一列举内建异常。

基于朴素平实的想法构建而成，而非天才的灵光一现。本书的一个重要初衷就是将这些朴素呈现给读者。笔者舍去了一些和该初衷无关的内容，如传统教学中往往着重介绍的字符串显示控制标记，在本书中只是一带而过。而那些更为深层次的基本概念则得到了强化，例如状态机模型、递归消除、面向对象动机及性能权衡等。

本书在示例中坚持给出完整可执行的代码或交互界面步骤，然而本书绝非“手把手”的教程。书中有些内容对于学习者来说是具有相当难度的，需要读者反复阅读思考并且动手实践才能够理解或掌握。这种难度是具有现实意义的：较难内容大多数来自于工程实践、后续学习，甚至是求职面试中的重点。读者应当认识到对这些问题的思考能力和思考过程的重要性。

内容编排

本书分为 4 章，取名为：

- 第 1 章　基础；
- 第 2 章　函数；
- 第 3 章　数据结构；
- 第 4 章　面向对象。

上述各章内容并非泾渭分明，原因主要在于 Python 的知识点存在许多“循环依赖”，如图 1 所示。例如 for 循环用到了迭代器的概念，而讲授迭代器需要足够的面向对象知识，绕过分支控制先完整地讲述面向对象也不现实。对于有经验的读者来说，这没有任何问题，但对初学者则会造成很大困扰。基于这些原因及教学实践，本书在第 1 章中简要讲授了函数定义而非拖至第 2 章，将定义类的基本方法提前至第 2 章而不是留待第 4 章。这两节内容的调整是本书的重要关节。

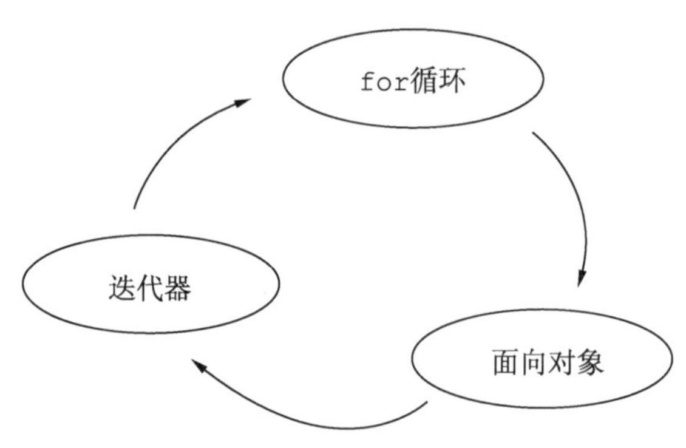

图 1　知识点的循环依赖

这 4 章内容以第 1 章篇幅最长，第 2、3 章次之，第 4 章最短。程序的基本设计方法、异常处理和程序调试等内容归入了第 1 章。模块和迭代器归入了第 2 章。部分内建类型，如字典的深入讲解归入了第 3 章。在第 4 章面向对象设计部分，考虑到相应的学习阶段课时、Python 的混合风格特性和简洁的面向对象语法，笔者决定精简篇幅而非长篇大论。另外，由于在 Python 中对象模型和面向对象调用风格的无处不在，许多相关知识已经散见于前 3 章，也没必要再次重复讲述。

习题

本书没有单独整理的“习题集”。首先是因为笔者水平所限，并且时间也有限，无法设计大量的原创习题。另一个原因是笔者**反对**采用在语言学习阶段使用“刷题”的方式提升编程能力①。读者如能将本书示例及每小节末尾的“思考和扩展练习”完成，在笔者看来就足够了。如果读者在完成这些内容后仍觉不足，不要把精力浪费在所谓的“习题集”或“面试宝典”上，而应该去学习更为深入的主题（如操作系统、网络、算法或编译原理等），或投身于解决实际问题。

参考文献

本书中提到的若干算法、观点、文档和源码的原始出处在书尾以参考文献的形式给出。阅读原始文献是非常有必要的。通过对这些文献的阅读，即便是少量阅读，学习者也能够体会到创造者当时的心境。这看似增加了额外的学习任务，但实为捷径。为了便于读者检索，笔者用[1][2]的编排格式给出了所对应的参考文献序号。

版本

笔者在 Mac 计算机上完成了绝大部分的写作工作。写作时的 Python 最新版本是 3.7。当然这绝不意味着读者也需要搞一套这样的软硬件环境。使用 Linux 的读者不用太过担心兼容性问题。使用 Windows 系统的读者除去 1.6.3 节中管道行的相关命令外，应当可以顺利运行本书中的其他程序。笔者平时并不使用 Windows 系统，所以本书示例在 Windows 平台上可能会稍有更多的兼容性问题。但跨平台的兼容性带来的麻烦远不及 Python 本身升级带来的兼容性问题。所以在学习时纠结于应当使用哪种操作系统平台是意义不大的，因为 Python 未来的某次升级可能导致本书代码无法运行的情况更多。好在互联网的便利使得笔者对本书出版后做勘误和代码更新很容易，笔者会将本书的勘误信息和最新的升级信息反馈给出版社，读者可在出版社的官网上找到本书，获取这些资料。

---

① 习题往往是已有知识和技巧的构造（当然有些书将一些人类尚未解决的猜想也不客气地列为习题，那另当别论）。反复大量地做题会使学习者的思维模式陷入“解题模式”（尤其是那些设计精巧的习题更是害人不浅），导致他们在实际工作或科研中反而成绩平平。

格式约定

为了便于读者学习，本书坚持给出绝大多数示例的完整代码及运行效果。有的代码示例直接运行即可看到期望的结果，而有的代码则需要进行一些样例输入或者将其导入后调用。本书统一将这些运行结果或运行示例称为“**程序运行结果**”。

本书用以下格式表示代码实例。这些实例大部分能够直接运行，少部分需要读者自行补充完整。

```
#!/usr/bin/env python3
# -*- coding: utf-8 -*-
from random import random                    #导入模块
for i in range(10):                          #循环 10 次
print(i, ": ", random())                     #打印随机数
```

本书用以下格式表示交互执行的过程和结果。

```
$ python3
Python 3.7.0 (v3.7.0:1bf9cc5093, ...)
......
>>>
```

其中，$ 表示操作系统的终端（shell）提示符，>>>表示 Python 的交互式执行环境提示符。该格式还用来排版批量的文本，例如：

```
False       await       else        import      pass
None        break       except      in          raise
True        class       finally     is          return
and         continue    for         lambda      try
as          def         from        nonlocal    while
assert      del         global      not         with
async       elif        if          or          yield
```

至于在说明文字中用到的解释性代码，则直接用如下格式排版：

```
if expA and expB :
    ...
```

本书的代码参考 Python 的推荐风格 PEP-8，但有时为了行文紧凑也会缩减空格及空行。

获取配书资料

本书提供以下配书资料：

- 配套教学视频；
- 实例源代码文件；
- 教学 PPT。

这些资料需要读者自行下载。请登录华章公司网站 www.hzbook.com，在该网站上搜索到本书，然后单击“资料下载”按钮，即可在本书页面上找到下载链接。

读者对象

本书的最佳读者设定是有教师指导的程序设计初学者，笔者称之为“教科书”设定。这意味着本书不会教读者诸如安装执行环境和使用代码编辑器这类准备工作。这是教师的职责。如果读者是自学者，那么你应当首先确保自己正确地安装了 Python 运行环境，并尝试编辑一两个 Python 小程序运行一下。这在今天很容易，读者只需要随便找一个在线视频，看上二三十分钟即可。对于自学者来说，找到几位 Python 的使用者去获取一些初始建议，并且能够在学习遇到困惑时求助也是非常重要的。很多人在学习过程中因为某些不经意的障碍而放弃。比如原本代码写对了，但某个执行路径不对，在反复检查代码后依然失败而信心全无。

本书还特别适合一类读者，即学过一些程序设计语言的粗浅知识，马马虎虎地写过一些程序，处于某种目的又希望认真、正式地学习程序设计的学生。他们有可能是打算大学毕业希望找一份 IT 工程师工作的学生，也可能是中学阶段学过一些编程后希望在这条路上走得更远的学生。对这类读者来说，本书将带给他们更加深厚的基础能力。

致谢

本书的写作得到了好友姜寒先生的大力协助。姜先生有丰富的实践经验，又兼通各种主流程序设计语言。笔者在写作本书时多有疑难困阻，或关于 Python 本身，或关于其他广泛主题；又有时在详略取舍上难以决断，或是对一些观点信心不足。每每及此，与姜先生讨论后总能破除心中所障。除此之外，姜先生还审阅了本书的部分章节，从内容到行文，均提出了宝贵意见。

张頔
于北京

目录

第 1 章　基　　础

本章将介绍程序设计的入门方法，主要分为以下 3 个阶段进行介绍。

第1阶段：1.1～1.6节

这部分介绍最基本的知识，如历史（1.1 节）、表达式（1.2 节）、运行程序（1.3 节）、内建类型（1.4 节）、流程控制结构（1.5 节）和输入输出（1.6 节）。这部分内容力图精简（尤其是内建类型一节），其目的在于让学习者尽快进入编程训练中。

本阶段还会简要介绍函数的定义方法（1.5.6 节），以便于在示例和练习中使用。完整论述函数这一主题则是第 2 章将要介绍的内容。本节介绍的内建类型（列表、字典等）则还会在第 3 章中深入讨论。

第2阶段：1.7～1.9节

本阶段通过一组编码实例展示前述程序设计基本方法的应用。学习者，尤其是初学者，在本阶段应进行一定数量的编码练习。本阶段的示例又分为两个层次：

- “直来直去”的程序（1.7 节）；这部分程序的核心是将实际问题（以绘图和数学计算为主）转换成代码进行解决。解决这类问题需要具备基本的编码知识和对问题的准确理解。本节的目的在于展示基本方法（如循环分支）的应用。
- “有技巧”的程序（1.8 节）；这部分程序用到了编程中最基本的模型和算法，即状态机、栈、队列和搜索等。这些技巧虽然基础但不简单。在初学阶段了解甚至掌握这些技术带来的好处是巨大的。

本阶段的最后引入了算法复杂度的初步概念及标记方法（1.9 节）。

第3阶段：1.10～1.11节

本阶段主要讲述了异常处理机制（1.10 节）。这是写出 Python 完整代码必不可少的知识。优秀的工程师能够全面地考虑各种意外情况并加以处理，从而设计出健壮的系统。在实际工作中，异常处理的重要性足以比肩本章其他全部内容，然而在初学阶段不便展开，故本部分篇幅短小，并设置为“节”归入第 1 章。

此外，本阶段还简要介绍了 PDB 调试工具（1.11 节）。

1.1 历　　史

在莱布尼茨[①]（1646～1716）生活的时代，哲学家们开始研究计算问题。人们希望能够“发现一种普遍化的数学，能用来以计算代替思考”[②]。1847 年，英国数学家布尔建立了“布尔代数”，他创造了一套符号系统和运算法则，利用代数方法研究逻辑问题，奠定了数理逻辑的基础。19 世纪 70 年代，人类进入电气时代。从此人类文明开始不断寻找能够完成布尔运算的单元器件，从继电器到电子管、晶体管，再到量子比特。1936 年，英国数学家、逻辑学家艾伦·图灵提出了著名的图灵机模型，一台具有以下性质的机器：

- 无限线性存储器；
- 一个可移动的读写头；
- 内部具有有限个状态寄存器；
- 接受一系列有限指令进行动作。

图灵模型是计算机时代开启的标志。第二次世界大战则加速了人类在这条道路上的探索进程。战后，数学家从具体的计算问题（如密码破译、原子弹爆炸）中解放出来，思考计算机器的统一结构。1946 年，美籍匈牙利数学家冯·诺依曼提出了奠定现代电子计算机基础的结构：

- 拥有算术逻辑单元和寄存器的中央处理单元；
- 指令寄存器和程序计数器；
- 存储数据和指令的内存；
- 用于存储大量数据的外部存储器；
- 输入/输出系统。

这个结构被命名为冯·诺依曼结构（或普林斯顿结构）。从此科学家和工程师们大展身手。从微观上，科学家们不断寻找更好的开关器件，以实现布尔逻辑的级联运算。从宏观上，工程师们不断地构建出更加庞大的软/硬件体系。在 20 世纪 50～70 年代，以 Dijkstra 为代表的计算机科学家们系统性地发展和建设了这门学科。程序设计和操作系统等领域开始出现完整的理论体系。

随着计算机技术的发展，各种各样的程序设计语言被创造出来。同其他世界性人

---

① 戈特弗里德·威廉·莱布尼茨（德语：Gottfried Wilhelm Leibniz，1646 年 7 月 1 日－1716 年 11 月 14 日）：德国哲学家、数学家，历史上少见的通才，获誉为 17 世纪的亚里士多德。莱布尼茨有个显著的信仰，大量的人类推理可以被归约为某类运算，而这种运算可以解决看法上的差异：“精炼我们的推理的唯一方式是使它们同数学一样切实，这样我们能一眼就找出我们的错误，并且在人们有争议的时候，我们可以简单地说，让我们计算 calculemus，而无须进一步的忙乱，就能看出谁是正确的。”他曾断言：“二进制乃是具有世界普遍性的、最完美的逻辑语言”。以上内容来自维基百科“戈特弗里德·莱布尼茨”条目。

② 《西方哲学史》中译本 [38]第 11 章莱布尼兹。

类语言（如英语、汉语）一样，程序设计语言也将不同种族和不同生活习惯的人们联系起来。

Python 诞生于 1991 年，设计者是 Guido van Rossum。时至今日，它已经成为最流行的语言之一。相较其他主流语言（C/C++、Java、C#），其发展壮大颇具传奇色彩，而其性能并不出众的事实又为这传奇增色三分。仅从这一点看，Python 就是值得学习的程序设计语言。

【思考和扩展练习】

（1）检索互联网，了解“编译型程序”和“解释型程序”，各有何优劣。

（2）Python 程序属于编译型程序，还是解释型程序？根据检索结果，你对即将学到的 Python 语言有何预期？

1.2 表 达 式

人们天天都在做计算。在计算机科学中，“计算”一词的概念更为宽泛，用计算机做的一切事情都可以称为计算。表达式是计算的基本概念之一。当儿童学习 1+2=3 时，就是在学习表达式的计算。1 和 2 是运算数（operand），加号是运算符（operator），计算结果 3 被称为表达式的值。得到结果的过程称为表达式的求值过程。在正式开始动手编码之前，我们先来了解一些表达式的基本概念。

1.2.1 运算数

运算数可以是 1 或 2.5 这样的数，也可以是"abc"这样的字符串。这种直接就能表示某个值的标记被称为字面值（literal）。运算数也可以是某种标记所代表的对象，比如 a、s 这样的标识符（identifier）。在使用标识符之前，要将其和某个对象进行关联，比如赋值操作 a=5, s="abc"。

1.2.2 运算符

狭义的运算符是指程序设计语言定义的一系列特殊符号，从四则数学运算，到各种语言常见的索引运算符[ ]，以及部分语言特有的 lambda 运算符等。广义运算符则包含进行各种操作的函数，如求最大值的函数 max()，或者切分字符串的函数 split()。运算符和运算数组成表达式，如 1+2。

如果和运算符配合使用的运算数是两个，就称该运算符是二元（binary）运算符，其运算是二元运算。其他运算数个数的运算符也有类似称呼，如一元和三元等。

1.2.3 表达式的风格

运算符和运算数组成表达式。运算符和运算数的出现次序会影响表达式乃至程序设计语言的风格。

1. 前缀表达式

前缀，是指运算符的位置在前。前缀风格的一个例子是函数调用，如求最大值函数 max(3,2,5)。函数 max 接收若干个运算数，计算其中最大者作为表达式的值。这种前缀函数调用形式称为面向过程的函数调用风格。

1+2 也可以写为前缀形式(+ 1 2)。Python 不使用这种形式，但著名的程序设计语言 Lisp 就使用这种形式。①

2. 中缀表达式

中缀，顾名思义是指运算符的位置在中间。1+2 毫无疑问属于中缀表达式，但更值得注意的是面向对象风格的函数调用，如"hello Python world".split(" ")。这个表达式里的运算是 split 函数。这个函数接受 2 个参数：第 1 个是字符串"hello Python world"，第 2 个是空格字符串" "。计算的过程则是以空格为分隔符切割字符串，得到一个包含切割结果的列表 ["hello", "Python", "world"]。

面向过程和面向对象风格的函数调用在 Python 中都有广泛应用。本书从开始就普遍使用这两类风格的函数调用。本书将在第 2 章详细介绍函数的内容，在第 4 章详细介绍面向对象设计的内容。

3. 后缀表达式

(1 2 +)是后缀表达式。后缀表达式和人们在进行竖式演算的书写次序一致（先写数字，再写运算符，然后计算结果），如图 1.1 所示。

```
     123    先写两个数字
 +)  456    再写加号运算
 -------
     579
 *)    3    再写一个乘数，然后写乘号
 -------
    1737
```

图 1.1 竖式运算

① 有兴趣的读者可以参阅《程序设计语言的构造和解释》 [39]，该书通篇用一种 Lisp 语言的方言 Scheme 写就，是计算机科学领域的经典书籍。

某些高级计算器支持以后缀次序输入算式，如 HP48G。在程序设计语言的语法规则中，后缀序比较少见。本书在 1.8.5 节的示例中使用了后缀表达式。

1.2.4　表达式的嵌套

复杂的表达式可以由简单表达式和运算符组合而成。12 是表达式，它可以进一步和乘法运算符组合成 12*3，或者和加法运算符组合成 12+3。乘法运算的优先级较高。括号用来改变运算符的运算次序 1*(2+3)。表达式自左向右计算（这对减法和除法是至关重要的），这称为运算符的结合性。

这是小学生就明白的事情，但计算机科学家们感兴趣的是如何严谨地描述上述说明。在计算机科学中，往往使用如下范式来准确定义表达式（为了方便理解，这里只讨论由数字、加号、乘号和括号组成的四则运算表达式）。

```
初级表达式 是 数字 或 (四则表达式)①
乘除表达式 是 初级表达式 或
             乘除表达式 * 初级表达式
             乘除表达式 / 初级表达式
四则表达式 是 乘除表达式 或
             乘除表达式 + 四则表达式
             乘除表达式 - 四则表达式
```

如果读者之前从未接触过这种形式的定义，那着实要动一番脑筋才能理解。请读者仔细体会上述描述，该描述明确、完整地包含了关于四则运算表达式各个方面的说明。

上述描述表达式的一般形式被称为巴克斯范式（Backus Normal Form），这是计算机科学中用来描述语法的基本模型。**精确地将问题描述成某种模型，对解决问题意义重大**。比如描述成巴克斯范式的语法解析问题，可以很容易地使用 bison 这类语法解析器来处理。[2]

在上述定义中充满了用事物自身定义自身的方法，这种方法称为递归。递归是一种非常重要的程序设计方法。本书将在 2.4 节对其进行详细介绍。

1.2.5　数据类型

运算符的行为取决于运算数的类型。例如，字符串类型也可以做加法和乘法：

```
"123" + "456" 的值是 "123456"
"123" * 2 的值是 "123123"
```

这两种字符串运算分别是拼接和重复。同样的运算符有不同的行为，这称为运算符重载（overloading）。在编程实践中，程序员经常受益于这种便利。本书将在 2.5.5 节讲述

① 这里的括号就是用于改变优先级的括号。加括号的表达式也是初级表达式，其类型和值与未知括号的表达式完全相同。

② 对于读者来说，简单地了解巴克斯范式，有助于阅读各类语言的规范手册。

如何针对自定义类型重载运算符。

1.2.6 副作用

在表达式的求值过程中，对状态的改变称为表达式的副作用。Python 中内建的各种运算符（此处是狭义的含义，如加、减、乘、除、比较等运算符，并不包含用户自定义的运算符或函数）是没有副作用的，但各种函数调用时常带有副作用（比如各种输入、输出函数）。在使用带有副作用的表达式构建复杂表达式时要格外留意，因为这可能带来程序员容易忽视的行为。例如：

```
if expA and expB :
    ...
```

这条语句用来测试表达式 A 和 B 都为真的条件。expA and expB 的计算具有短路性质，即如果 A 为假，则整个表达式已然能够判断为假，表达式 B 不会被求值。如果表达式 B 包含函数调用，则意味着该函数不一定被调用。

不过总体说来，Python 中副作用带来的麻烦并不多。程序员只要不在复杂表达式中嵌套带有副作用的函数即可避免这些容易混淆的情形。这种编码风格也能很容易遵守。[①]

1.2.7 小结

为什么要在一开始讨论 1+1=2 这些简单的内容，而非动手写一些立刻就能运行的代码呢？原因在于，清晰的核心概念是持续学习的保证。看似纷繁的知识其实都有着清晰的图景，司空见惯的简单背后隐藏着本质的原理。在程序设计语言中，称得上核心的概念极为有限。学习的过程就是对这些核心概念的认识不断提高的过程。

表达式种类繁多，工程师要花费相当多的精力在处理和设计各种表达式上。清晰地理解表达式的本质特性，能让学习者迅速抓住语言特点，进而顺利地掌握用这门语言进行程序设计的方法。

1.3 运行程序

让程序运行起来是动手实践的起点[②]。运行 Python 程序的基本方式有两种：交互执行模式和脚本执行模式。本节将展示这两种方式，以及其他初学者的入门技能。

---

① C 程序员往往需要利用各种副作用（比如自增、赋值）写出简洁紧凑的程序。但在 Python 中，由于语法本身已经提供了足够的简洁性，可以避免这些写法。

② 关于 Python 运行环境在各种操作系统下的安装方法，请读者自行查阅相关介绍。在不同系统下运行 Python 程序的方式大同小异。

【学习目标】

- 掌握通过交互式界面执行命令的方法；
- 掌握通过命令行运行 Python 脚本的方法；
- 理解通过主动出错，从而熟悉新语言执行环境的方法；
- 掌握 Python 程序的注释方法；
- 尝试阅读简单程序。

1.3.1　交互执行模式

Python 解释器提供了交互执行模式（interactive mode）。用户在提示符（通常为>>>）下依次输入代码，执行环境在每条语句输入完毕后会即刻执行并显示结果。正确安装 Python 后，在系统终端中输入 Python 解释器命令即可进入交互执行模式。

```
$ python3
Python 3.7.0 (v3.7.0:1bf9cc5093, ...)
......
>>>
```

Python 3 相较 Python 2 在设计上有许多先进之处（笔者认为这些先进之处是 Python 进几年愈发流行的重要基础）。虽然工业界已经开始全面向 Python 3 迁移，但许多操作系统中（如 Ubuntu18.04 和 Mac OS 等）的 Python 默认安装仍为 2.x 版本。在终端中输入 python 命令启动的是旧版本的 Python 交互执行环境。Python 3.x 版本需要用户自行安装。**本书将始终使用 Python 3 命令来表明所用 Python 的版本。学习者有时会误用 Python 2.x 执行程序，那样会导致很多示例无法正常运行。请读者在上机练习时注意这一点。**本书写作伊始，Python 的最新稳定版本是 3.7.0。根据不同的环境和 Python 版本，提示信息也有所不同。>>>是提示符，说明终端正在等待用户输入命令。

在交互式执行环境中输入表达式，解释器会计算表达式的值并显示出来。读者可以尝试输入以下表达式，并查看计算结果。

```
>>> 1+2
3
>>> max(1, 2)
2
>>> 'hello' + 'world'
'helloworld'
>>> [1, 2, 3]
[1, 2, 3]
>>> sum([1, 2, 3])
6
```

在交互式执行环境中还可以输入语句。解释器会执行语句，该语句执行后的输出内容将显示在终端上。print()语句是初学 Python 最常用到的语句，该语句默认向标准输出打印信息，如：

```
>>> print('Hello world!')
Hello world!
```

print()函数可以接收多个欲打印的对象并将其依次输出：

```
>>> print("123 / 3 = ", 123/3)
123 / 3 = 41
```

本书将在 1.6 节讲述常用的输入、输出方法。

在程序设计术语中，“语句”和“表达式”是不同的概念。在 Python 中单独成行的表达式是语句，如 1+2。只不过没有副作用的表达式语句在程序中没有太大意义，既不创造输出，也不改写状态。我们往往用表达式来改变程序的状态（如进行输入、输出），或传递其计算结果（如将其用于赋值语句）。print 是函数，故上述语句 print("hello world") 也是表达式。print()函数不会计算出某个值（无返回值），该函数的行为就是打印输出流。可以完整地将这一行代码称为“表达式语句”，但从强调行为的角度出发，往往简称其为“语句”而非“表达式”。

交互执行环境不仅能够执行单行语句，还能够执行函数定义、分支执行等复杂语句。下面的示例定义了名为 hello 的函数。

```
>>> def hello(n):
...     for i in range(n):
...         print('hello world')
...           <- 此处的空行用于结束函数定义
>>> hello(3)
hello world
hello world
hello world
```

上述代码中的 def 和 for 代码行是用来定义函数和执行循环的语句（它们就不是表达式）。函数是为了某个任务封装起来以便反复调用或能清晰阅读的一组代码。函数调用语句是在函数名后紧跟一对圆括号，圆括号内放置参数。单独使用函数名表示引用函数本身。上述示例定义的 hello()函数重复打印 *n* 次 hello world 字符串。读者不必深究函数的诸多细节，这里的例子仅在于让读者对交互执行界面有所了解，本书将在第 2 章中详细讲述函数。

读者在尝试本示例时，请严格按照示例中展示的空格进行输入：for 语句前面需要 4 个空格，print()语句前则需要 8 个空格。空格缩进的含义将在 1.3.6 节讲述。

1.3.2　查阅帮助文档

新手往往喜欢用搜索引擎寻求帮助，专家们则首选官方文档①。最便捷的文档是 Python 交互执行环境中的联机文档。在终端中单独输入 print（注意不要在 print 之后跟括号），反馈结果显示这是一个内建（built-in）函数。用 help()函数可以查看帮助文档，以获得关

① 阅读官方文档对学习者来说也是英语能力的锻炼。

于 print()函数的详细说明。

```
>>> print
<built-in function print>
>>> help(print)
Help on built-in function print in module builtins:
print(...)
    print(value, ..., sep=' ', end='\n', file=sys.stdout, flush=False)

    Prints the values to a stream, or to sys.stdout by default.
    Optional keyword arguments:
    ......
```

如果读者首次接触程序设计，会发现 print()函数的帮助比想象的更复杂。尽管如此，读者也应当从现在开始就查阅文档。尽早开始查阅文档而不是只依靠教科书，能够大大加快掌握这门语言的进程，即使暂时有很多无法理解之处也当如此。

【思考和扩展练习】

（1）理解 print()函数的联机文档的内容。

（2）在 www.python.org 上找到 print()函数的文档。[①]

1.3.3　执行 Python 程序脚本

交互式环境多用来验证小代码片段，但稍微长的程序就需要保存为文件来执行。这既能够避免每次重新输入程序，也能以模块形式组织代码以供其他程序调用。编辑代码 1.1 文件并保存为 first.py，然后按照后文的“程序运行结果”指示运行程序。

代码 1.1　first.py 循环打印随机数，脚本执行示例

```
#!/usr/bin/env python3
# -*- coding: utf-8 -*-
from random import random                    # 导入模块
for i in range(10):                          # 循环 10 次
    print(i, ": ", random())                 # 打印随机数
```

【代码说明】[②]

- Python 靠缩进来标记语句块。这意味着程序员必须认真对待缩进。Python 建议使用 4 个空格进行缩进。这也就是说，读者在抄写上面的程序时，print 一行开头要敲 4 个空格。
- 要特别注意 for 行尾的冒号是不可少的，它用于引出后续的语句块。
- Python 的注释以#开始，Python 没有专门的跨行注释语法[③]。注释不影响程序的功能，但

① 看官方文档是很重要的能力。掌握这种能力的第一步就是能够找到文档在哪里。

② 长期使用 Java（特别是熟悉“设计模式”）的学习者请注意，相比 Java 函数只能作为对象或类的方法，Python 可以定义“单独”的函数。确切地说是“第一类函数”。Python 的这个性质，连同这门语言的其他特性，会使得“设计模式”在这里有完全不同的形式。Python 的函数签名无须给出参数类型，也无须指明返回值类型。这是许多动态类型语言的特点。如果你只接触过 C 或 Java 这样的静态类型语言，那么这是一个新的概念。

③ 事实上，可以用三引号进行多行注释，相当于定义一个未使用的多行串字面值。

对于程序的维护是非常重要的。能够写出清晰、简洁的注释是优秀程序员的重要品质；

- 程序中出现非 ASCII 编码（如中文注释）时，就需要在代码头部指定 UTF-8 字符集。如上述代码 1.1 中的第 2 行所示：

```
# -*- coding: utf-8 -*-
```

- 脚本以#!开头的第 1 行为 shell[①]指明 Python 解释器的位置。像单个程序一样执行脚本时，shell 会使用首行指定的解释器。

【程序运行结果】

执行 Python 脚本是很便捷的，在终端中执行 Python 解释器命令即可运行脚本。

再次提醒读者，要使用 Python 3 解释器运行程序。

```
$ python3 first.py
0 :  0.7215904032844517
1 :  0.4395568410901619
2 :  0.7659605406121555
3 :  0.9665488199747889
......
8 :  0.41147705008361746
9 :  0.17374989187394063
```

除上述方式外，还可以像执行普通程序那样去执行脚本。给脚本加上可执行权限后，就可以通过直接输入脚本路径来执行程序，例如：

```
$ chmod +x first.py  ~ 加上可执行权限
$ ./first.py   ~ 执行脚本
0 :  0.5876725130959004
1 :  0.5600259806151905
2 :  0.6888807975267824
......
```

除了基本的语法机制之外，Python 语言通常还提供各种设计好的功能。这些功能有些以内建对象的方式提供，比如 print()函数。有些以模块的形式提供，比如此处用到的 random 模块。内建函数可以直接使用，模块则必须导入后再使用。在代码 1.1 中的如下语句：

```
from random import random
```

从 random 模块中导入了 random()函数。本书将在 2.2 节中详细讲述模块的各种细节。目前，读者只需了解在导入之后才能使用该模块中的函数 random()（这个函数恰巧与模块同名）。该语句的第 1 个 random 是模块名，第 2 个 random 是函数名。

1.3.4 标识符和关键字

在计算机科学中，术语“标识符”（identifiers）是指用来命名程序实体（如函数、变量和对象）的单位[②]。Python 2 中的标识符由字母、数字、下划线组成，且不以数字开头。

---

① shell 就是运行程序的命令行环境。

② 确切地说，是词法单元（token）。

这也是很多编程语言的习惯。前文所使用过的函数 print()、自定义的函数 hello()，以及模块名 random 都是标识符。从 Python 3 开始，Python 的标识符增加了对非 ASCII 字符的支持。但从习惯上，命名时仍遵循以字母、数字和下划线组成的惯例。本书不使用包含非 ASCII 字符的标识符，有兴趣的读者可以参见 PEP-3131。

关键字（keywords）是程序设计语言为了特定用途保留的名字。Python 3.7 版本中的关键字如下：

```
False      await      else       import     pass
None       break      except     in         raise
True       class      finally    is         return
and        continue   for        lambda     try
as         def        from       nonlocal   while
assert     del        global     not        with
async      elif       if         or         yield
```

在 1.3.1 节示例中使用过的 def 就是关键字。该关键字用于函数定义。读者目前无须去记忆或探究这些关键字的作用，随着学习的不断深入，自会逐渐接触。

注意：Python 是仍在不断发展中的语言，async 和 await 关键字在 3.6 版本中还没有出现，在 3.7 版本中才作为关键字。在笔者撰写本书的时候，就遇到了以前的代码由于采用 async 作为参数名而导致在新版本的 Python 中无法运行的情况。这是书籍编写者的麻烦，但却是 Python 生机勃勃的表现。

1.3.5　运行环境的错误提示

初学者一般会花费很多时间在修改语法错误或其他简单错误上。有经验的工程师在进入新的编程领域时也是如此。

初学者首先要能够平和地对待这一过程。在简单错误上消耗的时间因人而异，这是学习编程的必经阶段。从笔者的教学经验来看，也的确存在一些加速通过这个阶段的方法。最直接的方法就是主动触发错误进而去理解它。

理解错误提示信息含义很有价值，不但能够加快编码进度，还能了解编程环境的“思考方式”。有意识地输入一些错误代码，观察解释器给出的错误提示，是非常有用的学习技巧。对于英文水平薄弱的学习者而言，这显得尤为有用。例如，当名字引用发生错误时，解释器会给出如下提示：

```
>>> printf("Hello world!")
Traceback (most recent call last):
File "<stdin>", line 1, in <module>
NameError: name 'printf' is not defined
>>> math.sqrt(2)
......
NameError: name 'math' is not defined
```

第 1 条语句故意将 print 错拼为 printf（这是很多 C 程序员初学 Python 时会犯的小错误），第 2 条语句虽然没有拼写错误，但在使用函数前没有导入模块。总而言之，当解释器找不到语句中所用的名字时，就会提示如下错误：

```
NameError: name '....' is not defined
```

初学者经过上述刻意的“试错练习”后，就能够比较轻松地掌握该类错误提示信息的含义了。当初学者看到该类错误涉及函数调用时就会意识到：函数调用拼写是否有误、是否未导入模块、函数定义的函数名是否写错。

不论是学习新语言，还是学习新框架，都有一个熟悉错误提示信息的过程。逐个讲解错误提示信息没有太大的意义，因为这需要初学者自行练习、理解。这里的示例是向初学者介绍加快这个过程的方法。即便有经验的工程师，在新的软件开发环境中全面展开工作前，通过这种“故意出错”的方式熟悉一下错误提示信息的风格也是不无裨益的。

1.3.6　示例：欧几里得算法

在开始全面讲解 Python 语言前，先来展示一个小程序。这样做的意图在于让读者领略这门语言的风格。

本节以欧几里得算法（这是人类历史上最早记载的算法）为示例，向读者展示注释、文档字符串（docstring）、变量、循环、递归、缩进，以及函数定义等 Python 语法要素。

欧几里得算法：在数学中，辗转相除法，又称欧几里得算法（Euclidean algorithm），是求最大公约数的算法。辗转相除法首次出现于欧几里得的《几何原本》（第 VII 卷，命题 i 和 ii）中，而在中国则可以追溯至东汉出现的《九章算术》。两个整数的最大公约数是能够同时整除它们的最大正整数。辗转相除法基于的原理是：两个整数的最大公约数等于其中较小的数和两数之差的最大公约数。（以上内容来自维基百科）[1]

在实际操作中，可以使用带余数除法替代减法以减少步骤。如图 1.2 所示为欧几里得算法流程图。

在程序设计实践中，很少针对简单的程序绘制流程图。因为对于熟练的程序设计者来说，代码本身足以清晰地说明程序的执行流程。流程图往往用于描述大型软件系统的工作原理，或者用来辅助不够结构化的语言（如汇编语言）。

根据前述算法描述，计算 252 和 105 的最大公约数的计算步骤如下：

（1）252 除以 105，余数为 42，问题转为求 105 和 42 的最大公约数。

（2）105 除以 42，余数为 21，问题转为求 42 和 21 的最大公约数。

（3）42 除以 21，可以除尽，达到算法终点。

（4）结论：252 和 105 的最大公约数为 21。

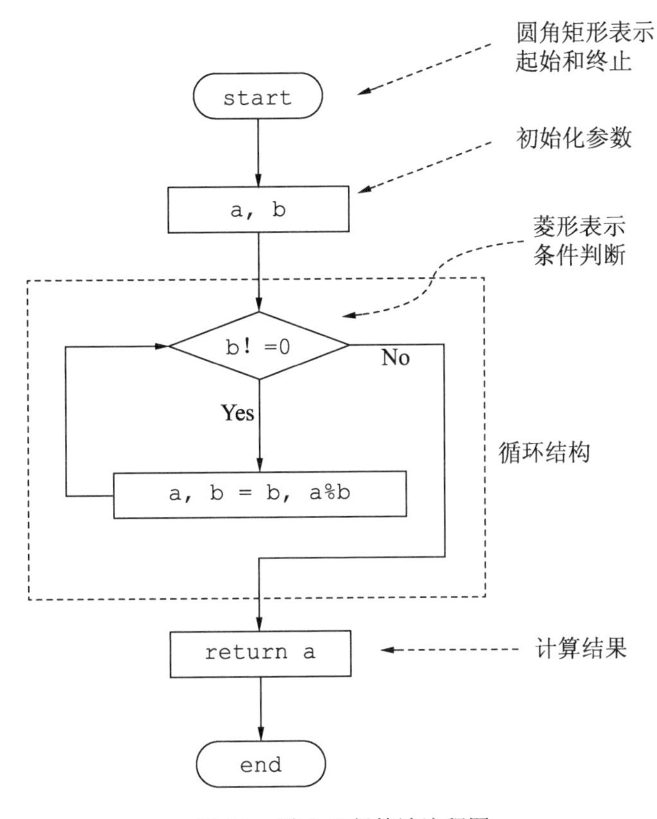

图 1.2　欧几里得算法流程图

代码 1.2 将展示欧几里得算法的 Python 实现。

代码 1.2　gcd.py 求最大公约数

```
#!/usr/bin/env python3
def gcd(a, b):
    while b!=0:
        a, b = b, a%b
    return a
print(gcd(252, 105))
```

代码 1.2 的核心部分定义了用来求最大公约数的函数 gcd()。为了便于说明，将这一部分进行详细说明，如图 1.3 所示。

【代码说明】

- 第 1 行定义了有两个参数的函数 gcd()。函数是一段可以被反复调用的代码。gcd()函数计算参数 a 和 b 的最大公约数，并通过第 4 行的 return 语句返回计算结果。
- 第 2 行 while 语句，请读者注意这行代码，用了 4 个空格进行缩进，表示这条语句属于 gcd()函数（代码 1.2 中没有缩进的最后一行 print()语句就不属于 gcd()函数）。while 关键字后面跟随的条件判断"b!=0"表示当这个条件为真时就反复执行之后的第 3 行语句。

- 第 2 行语句是赋值语句，将 b 的值和 a 除以 b 的余数，再次赋值给 a 和 b。这行语句每执行一次，就完成了一次“辗转相除”。这行语句前有 8 个空格，表明这行语句受前一条 while 语句控制，直至 while 之后的"b!=0"条件不为真才停止执行。换言之，就是当某次余数为 0 时停止执行。这实际上就是图 1.2 描述的欧几里得算法。
- 第 4 行语句是返回语句，将最后剩下的公约数 a 返回。
- 最后使用 print 语句将 gcd(252, 105)的返回值打印出来。

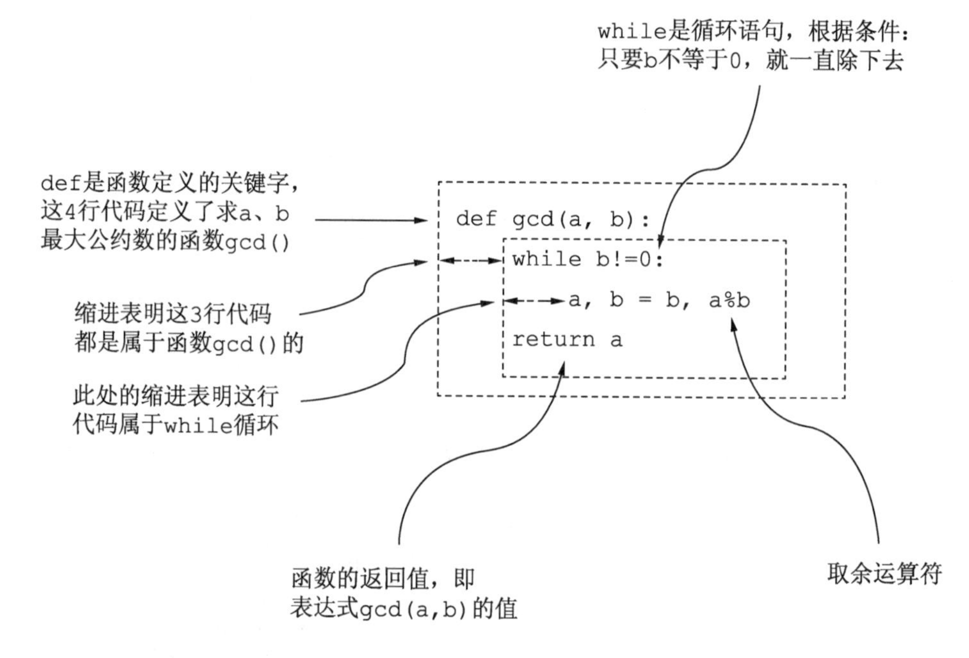

图 1.3　gcd()函数图示

【程序运行结果】

```
$ ./gcd.py
21
```

可以使用 Python 3 解释器的-i 命令行选项，在启动解释器交互界面时加载执行程序文本。加载执行程序文本后，可以继续输入代码以执行：

```
$ python3 -i gcd.py
21
>>> gcd(12, 4)
4
>>> gcd(36, 54)
18
```

1.3.7　小结

学习编程语言需要动手实践，所以第一步就是搭建能够运行程序的环境。从操作系统环境和版本的选择上，笔者建议的最佳选择是采用某个 Linux 的最新稳定发行版及配套的 Python 3 运行环境。

和有些语言（如 C 语言）持续多年的稳定性不同，Python 仍然在快速进化中，在开始学习时就养成时刻查阅文档的习惯是必要的。

1.4　内建类型、赋值和引用

内建类型是语言自身定义的系列类型，往往包括数值、字符串和容器等。这是程序运行的基本要素之一。本节将向读者介绍 Python 内建类型中最基本的部分：数值、字符串和容器。在本节的最后还将介绍 Python 的赋值操作、引用和 del 操作的行为。

【学习目标】

- 了解 Python 的字面值类型；
- 了解 Python 的内建容器类型；
- 了解内建类型的运算；
- 了解赋值语句和引用的概念。

程序设计是工程而不是数学。这意味着无法像讲授数学课那样，先引出一些基本公理，然后层层推导出整个知识体系。在程序设计中，往往最基本的概念也会涉及语言的方方面面，比如本节将要介绍的基本类型。如果一开始就全面地讲解 Python 的各种基本类型及其操作，不但在篇幅上不允许，而且初学者也不具备相关的背景知识。但如果不引入这些概念，便会寸步难行，因为即便是最简单的代码，也要用到基本类型和表达式。

这个矛盾将贯穿读者学习和实践程序设计的始终。本书的观点是：**既然无法讲述全部细节，就将精力集中在必须要了解的内容上**。

1.4.1　字面值

“字面值”（literals）是一个计算机科学术语，用来表示某个固定值的记号。

1. 算术字面值

算术字面值（Arithmetic literals）用来表示“数”。下面的例子给出了由 Python 支持的部分算术字面值组成的表达式。请读者在 Python 的交互执行环境中输入这些表达式。交互执行环境在计算之后会直接显示表达式的值。如果用脚本执行，则需要使用 print()函数打印表达式的值。

```
2000+ 6 * 3              # 整数和运算符组成的表达式
2018 // 50               # 取商的除法，也叫整除
2018 % 50                # 取余数
2018 * 3.14              # 3.14 是浮点字面值
2018 / 50                # 浮点数除法
2018 ** 2                # 乘方运算
(20 + 18j) * 2           # Python 支持虚数运算
```

上述表达式中出现的 2018、2000 等数字被称为整数字面值。除整数外，Python 还支持浮点数（如 3.14）和虚数（如 18j）作为字面值[①]。

2. 字符串字面值

字符串字面值（String literals）用以描述字符串类型的值，多用于生成文本或命令。Python 的字符串字面值以单引号或双引号引起来[②]。某些在算术运算中使用的运算符也可用于字符串，当然其行为有所不同。例如加法和乘法：

```
>>> 'hello ' + 'world'                   # 用于拼接字符串
'hello world'
>>> "hello " * 4                         # 用于重复字符串
'hello hello hello hello '
```

同一运算符针对不同类型对象的不同行为，被称为运算符重载（overloading）[③]。作为序列类型，字符串还可使用索引和切片运算[④]以取出某个字符或部分字符串。

```
>>> 'hello'[1]                           # 索引计数从 0 开始
'e'
>>> 'hello'[1:3]                         # [:]是切片
'el'
```

在内建运算符之外，字符串类型还用**成员方法**的形式定义了若干操作。

```
isupper()                                # 判断字符串是否为大写字符串
split()                                  # 切割字符串得到包含子串的列表
upper()                                  # 得到对应的大写字符串
```

具体用法如下：

```
>>> 'hello world'.isupper()
False
>>> 'hello world'.split()
['hello', 'world']
>>> 'hello world'.upper()
'HELLO WORLD'
```

---

① 术语“字面值”，往往被不准确地称为“常量”（连同后面的字符串字面值）。事实上，“常量”的称呼是不准确的。在程序设计语言中，字面值用来表示那些只能用值来称呼它的要素，而常量表示那些无法修改的内容。

② 3 个单引号或双引号也可以表示字符串字面值，如""" hello world """，多用于函数的 doc string，见 2.1.9 节。

③ 2.5.5 节将给出运算符重载的例子。

④ 本书将在 1.4.4 节完整说明索引和切片的用法。

读者应当已经注意到，这些函数的调用方法不同于前述 print()函数。此处操作使用“**对象.函数名()**”的形式。这被称为**面向对象风格**的函数调用。点号（.）运算符之后的函数被称为**成员方法**，它往往是依据点号之前的对象实施某种操作。Python 中相当多的内建功能都以此种形式提供，本书自然也将广泛地使用这种语法形式。第 4 章将详细介绍这种程序设计风格的便利之处，并详述具体方法。

内建函数 len()可以用于求字符串的长度[①]，如下：

```
>>> len('hello world')                      # 得到字符串长度
11
```

用 dir(str)查看字符串类型支持的全部成员方法：

```
>>> dir(str)
['__add__', ... , '__len__', ... , 'isupper',
 'replace', ... , 'split', ... , 'upper', ...]
```

请读者在交互执行环境中测试这些字符串运算，并通过 dir()函数查看字符串类型的各种成员方法。

读者会在 dir()的输出中看到许多函数。除非是有经验的 Python 使用者，否则很难在短时间内全部理解这些函数的作用。但即便如此，也应当始终坚持这种积极查阅官方文档的方法。通过阅读官方文档而不是道听途说，更能准确地掌握相关知识。

【思考和扩展练习】

（1）根据 dir(str)的输出，探索字符串类型支持的全部操作。

（2）查看官方文档，学习 Python 的字节串字面值（Bytes literals）。

（3）辨析字符串字面值、字符串类型与字符串对象。

1.4.2　构造方法

内建类型的**构造方法**用来得到这些类型的对象。整数类型 int，浮点数类型 float，复数类型 complex，以及字符串类型 str 都有构造方法。

```
int(12.34)          #得到整数 12
int('125')          #得到整数 125
float('12.34')      #得到浮点数 12.34
complex(1,2)        #得到复数(1+2j)
str(125)            #得到字符串'125'
```

构造方法是一种特殊的函数，本书将在 2.5.3 节介绍如何为自定义类型创建构造方法，目前读者只需了解如何使用它。为了获取整数进行操作，程序要经常使用整数类型的构造方法将字符串类型转换为整型。例如示例代码 1.3，通过命令行参数接收任意多个参数求和。这些参数以字符串形式获得，而后被转换为整型。

① 这种直接使用函数名的调用形式是面向过程风格的函数调用。

代码 1.3　sum.py 对命令行参数求和

```
#!/usr/bin/env python3
# -*- coding: utf-8 -*-
from sys import argv
sum = 0
for arg in argv[1:] :
    sum += int(arg)                          # int() 将字符串转换为整数
print(sum)
```

【代码说明】[①]

- argv[1:]为全部的命令行参数，参见 1.4.4 节与 1.6.5 节；
- sum += int(arg)相当于 sum=sum+int(arg);
- int(arg)利用整数类型构造方法通过字符串得到整数。

【程序运行结果】

```
$ ./sum.py 1 2 3
6
$ ./sum.py 1 4 7 10
22
```

1.4.3　容器类型

术语“容器”是指用来存储对象的某种结构。程序员可以使用容器，方便地进行对象的存储和查找等操作。不同的容器类型适用于不同的操作场景。Python 内建了列表（Lists）、元组（Tuples）、字典（Dictionaries）和集合（Sets）等容器类型[②]。

1. 列表（Lists）

列表是包含零个或多个对象引用[③]的序列。定义列表的基本语法是在方括号中以逗号分隔其各元素。以下代码定义列表并将其关联至名字 a：

```
a = [1, 2, 3, 4, 5, 6]
```

同字符串一样，列表也是序列类型，同样能用索引和切片来访问，并使用 len()函数得到其长度，例如：

```
>>> a = [1, 2, 3, 4, 5, 6]
>>> a[1]
2
>>> a[1:3]
```

① 自学读者无须深究本节代码片段中的疑惑和未解之处，随着学习的深入，此处困惑自会迎刃而解。

② Python 内建了各种容器，Java、C#等语言也是如此。便利性自不必说，但很多初学者不再有动力探寻其深层机制。近年来笔者发现，大量的初学者粗浅地学习了某门高级语言后就开始用于工作中，在经过几年的工作后，对各种数据结构的认识依然模糊不清。请读者注意，在享受 Python 便利性的同时，要深入了解底层的运行机制。

③ 本书将在 1.4.5 节介绍“引用”这一概念。

```
 [2, 3]
>>> len(a)
6
```

列表还有不同于字符串的操作，如 append()/pop()方法可以添加/取出列表尾部的元素。

```
>>> a.append(7)
>>> a
[1, 2, 3, 4, 5, 6, 7]
>>> a.pop()
7
>>> a
[1, 2, 3, 4, 5, 6]
```

列表可以被修改。

```
>>> a[1] = 9
>>> a
[1, 9, 3, 4, 5, 6]
```

列表元素可以引用不同类型的对象。以下列表中含有 4 个不同类型的元素：整数 10、字符串"hello"、函数 max()，以及列表[1,2,3]。

```
a = [10, "hello", max, [1, 2, 3]]
```

注意： Python 的列表元素可以具有不同的数据类型，这一点有别于 C 语言的数组。其实根本原因是 Python 的列表存储引用，而 Python 的引用可以指向各种类型的对象。

列表支持许多操作，可以通过 dir()命令来查看列表类型的成员方法，例如：

```
>>> dir(list)
['__add__', ... , '__contains__', ... , '__len__', ... ,
 '__mul__', ... , 'append', ... , 'pop', ...]
```

观察这些成员方法可以发现，列表与字符串有很多相同的成员方法，比如__add__()，__mul__()及__len__()等。思维敏捷的读者已经可以推测到适用于字符串的加法、乘法运算符和 len()函数同样能够用于列表。这个推测可以很容易地被验证：

```
>>> [1, 2] + [3, 4]
[1, 2, 3, 4]
>>> [1, 2, 3, 4] * 2
[1, 2, 3, 4, 1, 2, 3, 4]
>>> len([1, 2, 3, 4])
4
```

推测是比记忆和查阅文档更重要的能力。根据所见事实及自身经验做出推断然后验证之，这是学习新知识和探索未知知识的重要方法。能“推测中”的越多，需要学习的就越少。

【思考和扩展练习】

（1）查看参考文献[2]列举的 Python 运算符，再根据列表的成员方法中有__contains__()的事实，推测列表可以进行哪些操作。

（2）根据 dir(list)和 dir(str)的结果，推测列表和字符串还能支持哪些操作。

（3）思考 len()这样的函数是如何工作的，为什么它对字符串和列表都能正常工作？

（4）为什么列表和字符串都能够进行索引运算？如何让新类型支持索引操作？

2. 元组（Tuples）

与列表类似，元组也是对象序列，不同之处在于元组不可修改。元组的定义和表示使用圆括号：

```
t = (1, 2, 3)
```

在不引起歧义的情况下，圆括号可以省略：

```
t = 4, 5, 6
```

元组同样也支持混合类型、嵌套、切片及各种运算符，此处不多赘述，请读者自行练习。

【思考和扩展练习】

（1）探究元组支持的操作，并动手实践之。

（2）Python 为什么要在列表之外提供元组类型。

3. 集合（Sets）

集合类型无序地存储非重复的数据[①]。定义集合使用花括号语法，而且会自动去掉重复的元素。

```
>>> s = {'fox', 'cat', 'panda', 'cat'}
>>> s
{'cat', 'fox', 'panda'}                         # 重复的元素被去掉
```

既然无序，自然不支持索引和切片。

```
>>> s[0]
Traceback (most recent call last):
 File "<stdin>", line 1, in <module>
TypeError: 'set' object does not support indexing
```

集合类型支持数学意义上的集合运算，如图 1.4 所示。

操作示例如下：

```
>>> a = set('1234')
>>> a
{'1', '2', '4', '3'}
>>> b = set('3456')
>>> b
{'6', '4', '3', '5'}
>>> a - b
{'1', '2'}
>>> a | b
{'1', '4', '5', '6', '2', '3'}
>>> a & b
{'4', '3'}
>>> a ^ b
{'1', '5', '6', '2'}
```

① 这个特性和数学上的“集合”是吻合的。

运算符	说明	Python语法
A ∪ B	并	a | b
A ∩ B	交	a & b
A - B	差	a - b
A Å B	对称差	a ^ b

图 1.4　集合运算

注意：这里使用了集合的构造方法 set()从字符串构造出相应的字符集合。本书不再赘述各种容器类型的构造方法，对其的探寻作为习题留给读者。

【思考和扩展练习】

（1）在交互执行环境中用 dir(set)命令查看集合支持的方法，并动手实践之。

（2）举出无序数据集的应用场景例子。

4. 字典（Dictionaries）

字典是 Python 提供的一种用途广泛的存储结构。字典将存储的对象和键值（key）进行关联。字典使用“键”访问元素，而不是像序列类型（列表、元组）那样使用索引访问。任何不可修改类型[1]都可以作为键值。字典的定义使用花括号语法。以下示例展示了字典的创建、查询、添加和删除操作。

```
>>> price = {'iphone-x':8999, 'airpods':1300, 'keyboard':500}
>>> price['airpods']
1300
>>> price.update(mouse=400)                          # 使用 update 添加元素
>>> price.pop('airpods')                               # 取出并删除元素
>>> price.pop('keyboard')
1300
>>> price.update({'cover':100, 'bag':300})
>>> price
{'iphone-x': 8999, 'mouse': 400, 'cover': 100, 'bag': 300}
```

【思考和扩展练习】

（1）把数据组织成“键-值对”有何好处？

（2）列举出使用“键-值对”表示数据的场景。

5. 小结

在程序中使用容器，即便仅用列表，也能让程序实现各种复杂的功能。这是本书在讲述流程控制结构前介绍容器类型的意图所在。但相较流程控制和函数等结构来说，容器操作方法的细节却又并非程序设计的本质所在，而其深层原理又属于稍有难度的提高内容。故本书只是在此对容器的简单应用稍作讲解后便迅速带领读者进入程序设计的基础核心

[1] 注意：使用元组作为键时，要求元组内不含可修改元素。比如内嵌列表的元组不能作为键。

模型：流程控制结构（1.5 节）和程序执行模型（1.8 节）。容器的操作细节和深层原理则推后到第 3 章讲述。到那时读者已具备阅读文档之基本能力，以及一定的程序分析和设计能力，当收事半功倍之效。

1.4.4 索引和切片

截至目前，本书介绍过 3 种序列类型：list、tuple 和 str。在 1.5 节流程控制中将介绍 range 类型。Python 为序列类型（sequence types）[①]提供了独特的索引（indexing）和切片（slicing）机制，以访问序列的某个元素或某一部分。

1. 索引

在前文中已经展示过使用索引访问字符串、列表和元组的方法。像大多数其他编程语言一样，Python 的索引从 0 开始（长度为 N 的序列，索引序号从 0 到 N−1。除此之外，Python 通过引入负数索引的方法，使得从尾部开始访问序列的写法很简洁。最后一个元素的索引为−1，倒数第二个索引为−2，以此类推，直至第一个元素的索引为−n。访问序列的结尾元素只需要 x[-1]即可，无须使用复杂的表达式，如 x[len(x)-1]。索引如图 1.5 所示。

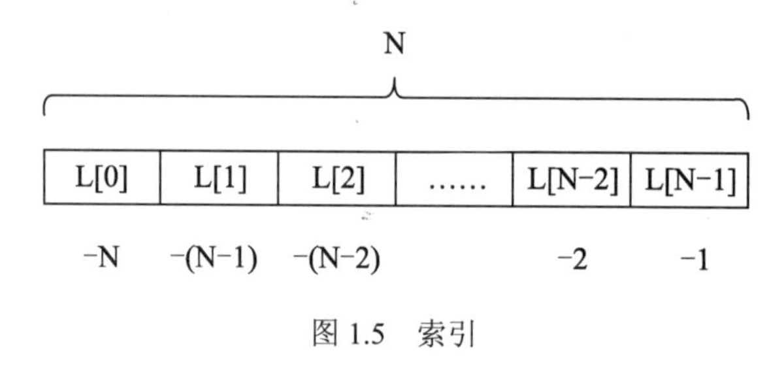

图 1.5　索引

2. 切片

切片运算从序列类型对象中选取一系列元素，**得到新的对象**。下面以列表为例演示如图 1.6 所示的切片操作。

```
>>> a = [1, 3, 5, 7, 9, 11, 13, 15]
>>> a[3:7]                          # [起始元素:结束元素+1]
[7, 9, 11, 13]
>>> a[:7]                           # 省略起始索引，从头开始算起
[1, 3, 5, 7, 9, 11, 13]
>>> a[3:]                           # 省略结尾索引，算至末尾
[7, 9, 11, 13, 15]
>>> a[:]
[1, 3, 5, 7, 9, 11, 13, 15]
```

① 如 list、tuple、range、str、bytes、bytearray 和 memoryview。

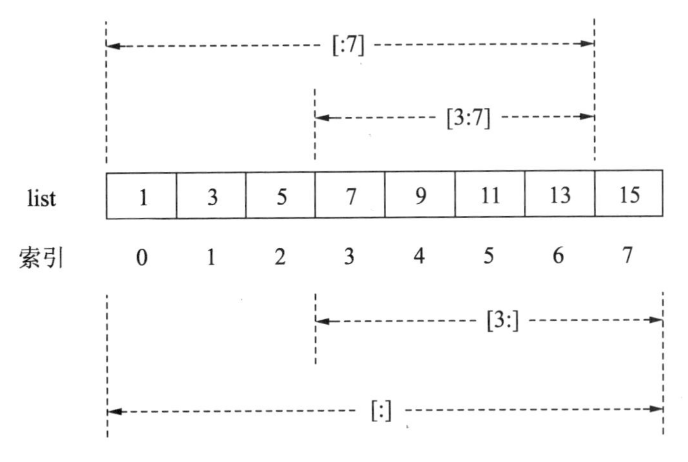

图 1.6　列表切片

下面在切片运算中增加第 3 个参数就可以按间隔挑选元素，如图 1.7 所示。

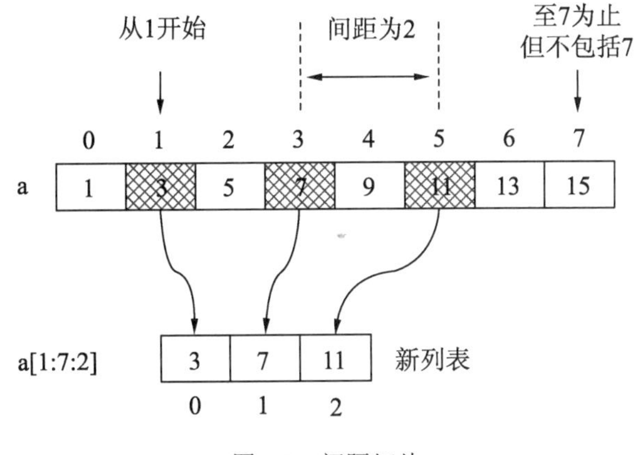

图 1.7　间隔切片

```
>>> a = [1, 3, 5, 7, 9, 11, 13, 15]
>>> a[1:7:2]
[3, 7, 11]
```

当步长为负时，可以实现“从后至前”的切片，例如：

```
>>> a[::-1]                                  # 从尾至头，步长为-1
[15, 13, 11, 9, 7, 5, 3, 1]
```

切片同样适用于其他序列类型，例如：

```
>>> t = (1, 3, 5, 7, 9, 11, 13, 15)
>>> t[2:7:2]                                 # 元组
(5, 9, 13)
>>> s = 'abcdefgh'
>>> s[::3]                                   # 字符串
'adg'
```

除去列表、元组、字符串外，Python 还有用于生成等差数列的 range 类型，常用其控制 for 循环，将在 1.5.4 节讲述。

1.4.5 左值、赋值和引用

初学者可以选择性跳过本节的内容。①

仅凭字面值（如 100）或由字面值组成的表达式（如 100+200）无法得到有价值的程序。**机器之魅力在于状态的运转和变化**。在前文的欧几里得算法程序中，a、b 这一对“变量”不断地被赋予新的计算结果直至计算终点的过程就是例子，凡是程序大都如此。**这就需要为状态或数据开辟存储空间，并进行赋值以设定某种访问标记**。②

术语“左值”（lvalue），表示用来标记对象存储位置的语言要素（location value）。

表达式 100+200 的计算结果为 300，但无处安放。仅由这样的孤立表达式构成语句，计算结果会被丢弃。而包含了赋值操作的语句 a = 100+200 则不同，等号右边的计算结果 300 将被存储于某一内存地址后关联等号左边的名字 a，后者则代表了该存储位置。在此场景中，a 是左值，而 100+200 不是。

在另一语句 L[0] = a 中，程序员实际上关心 a 代表的值（即 300）而非存储位置，关心 L[0]的位置而非值。这行代码的意图是 L[0]所存储的引用修改为指向 300，而不关心其本来指向哪里。故而在此场景中 L[0]是左值，a 不是。上述诸场景中，等号右边的计算结果被称为“表达式的值”，有时也被称为“右值”。

a, L[0]既可以作为表达式，也可以作为左值。200、200+300 和 a+200 则只能作为表达式。

左值最容易被注意的特性是“出现在赋值运算符左边”，所以得中文名“左值”。但事实上应用左值的上下文不仅仅是赋值。读者在 1.4.6 节将看到对左值的 del 操作，在 1.5.4 节将看到左值列表用作 for 的循环变量。

1. 左值的引用特性

在 Python 中左值是“引用”（reference），而非对象本身。“引用”是用来找到对象的标签，在 Python 的典型实现 CPython 中以对象的内存地址作为引用。在 64 位计算机系统上地址占 8 个字节，所以如下的赋值操作③创建了如图 1.8 所示的内存图景。④

---

① 本节对精确理解 Python 的行为至关重要，但对初学者而言较为晦涩。如果读者已经掌握其他的编程语言，则应当仔细阅读本节内容。但如果 Python 是读者的第一门语言，则可以先粗略浏览本节内容，遇到不理解之处跳过即可。在完成本章其余部分的学习后再重读本节内容。

② “赋值”一词的英文是 assignment，为“委派、指定”之意。故语句 a=10 的含义为“委派名字 a 指代字面值 10”。当然不必每次都用如此烦琐、拗口的文字来交流，在此之后本书也将使用简单词语来描述赋值行为。但在此处必须建立清晰的概念，因为赋值操作相关联的模型决定了语言的思维方式。

③ 请注意，在 Python 中赋值不是运算符，赋值语句也不是表达式。

④ 实际上 Python 语言手册规定 [40]：每个对象都有其身份标识（id/identity），……对象的身份标识一旦创建就不再更改。is 操作符用于比较两个对象的身份标识。id 函数用来返回代表身份标识的整数。CPython 的实现细节则是以对象的内存地址作为 id 函数的返回值。

```
>>> a = 10
>>> id(a)                                    # id 用来查看 a 指向的地址
4476271904
>>> s = 'Hello world'
>>> id(s)
4479238256
```

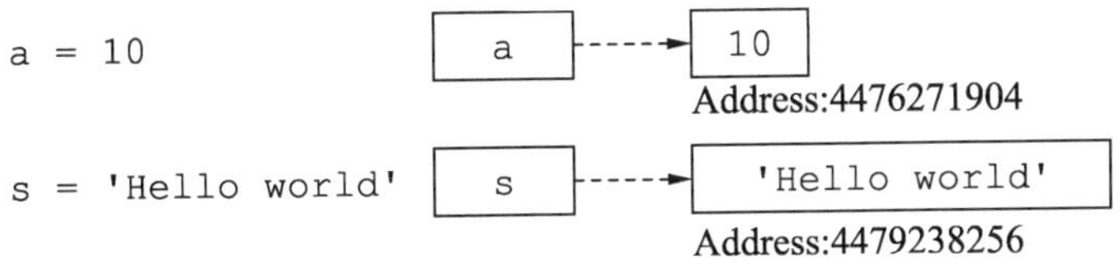

图 1.8　赋值语句

虽然严谨的术语将这种性质的左值（名词）或指向行为（动词）称为“引用”，但习惯上还有以下提法（以名字 a 为例）：

- 当称 a 为“变量”时，强调 a 指向内容不确定或可变的事实；
- 当提及“a 的值”时，所指的是 a 指向对象的值；
- 当提及“引用 a”时，往往强调的是 a 所指向的对象；
- 当提及“对 a 赋值”时，往往指让 a 指向另外的对象；
- 有时由于 C 语言习惯或强调名词属性时，也称 a 为“指针”（pointer）。

对名字重新赋值会使名字引用新的对象。以整型变量为例，重新赋值意味着另辟空间构建新对象，再让 a 指向该地址[①]，如图 1.9 所示。

在交互执行环境中验证如下：

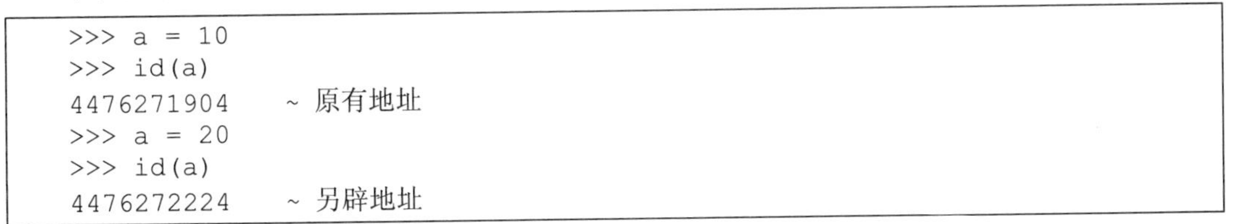

```
>>> a = 10
>>> id(a)
4476271904      ~ 原有地址
>>> a = 20
>>> id(a)
4476272224      ~ 另辟地址
```

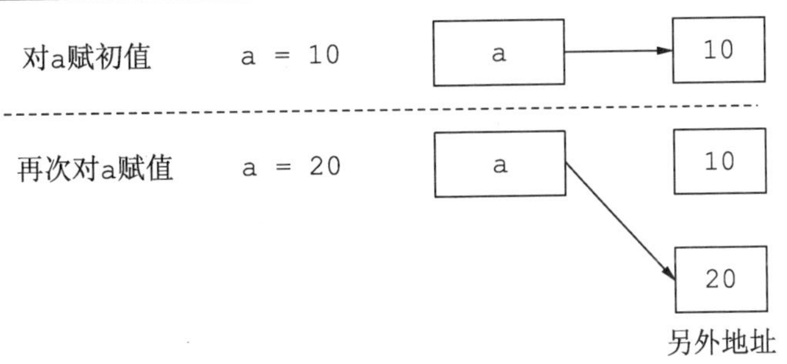

图 1.9　重新赋值

① 在 Python 中，小整数是预先分配好的。

在 Python 中做字符串操作时也有同样的行为。特别地，字符串是“不可变对象”（immutable）时，连接操作并非在原地接续，而是另辟空间①，如图 1.10 所示。

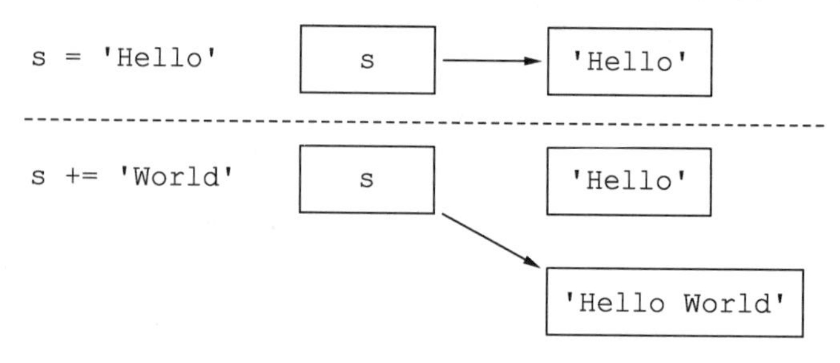

图 1.10　字符串操作

执行 a=b 时，会导致 a 与 b 指向同样的对象②，如图 1.11 所示。

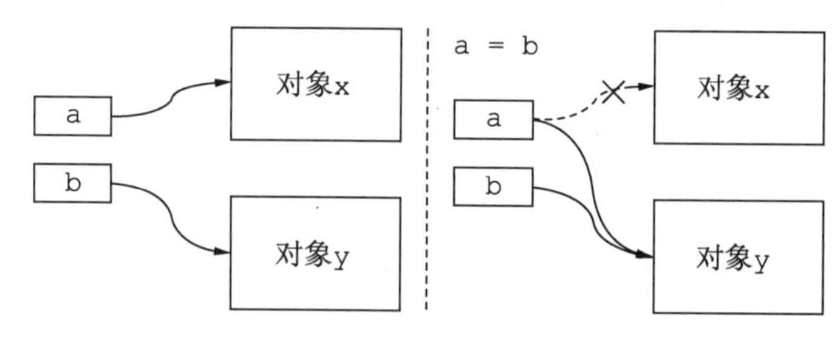

图 1.11　赋值操作 a=b

当操作可变类型时要尤为注意。以如下列表对象的赋值操作为例：

```
>>> b = [10, 20, 30]
>>> a = b
```

在第 2 条赋值语句之后 a 和 b 指向相同的列表，如图 1.12 所示。

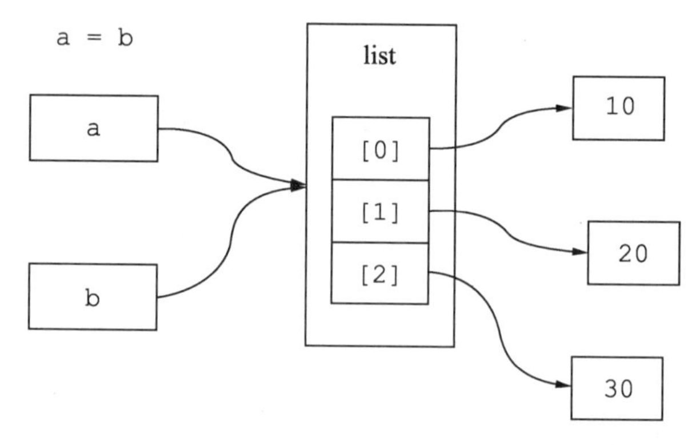

图 1.12　列表的赋值操作

① 注意：这样效率很低，因为会复制原字符串。
② 而非创建对象的副本。

验证如下：

```
>>> b = [10, 20, 30]
>>> a = b
>>> a[1] = 9
>>> b
[10, 9, 30]
```

通过 a 对列表进行修改，再通过 b 对列表进行访问，可以很清晰地看到 b 指向和 a 相同的列表。Python 提供了 is 运算符，判断两个名字是否引用相同的对象。

```
>>> b = [10, 20, 30]
>>> a = b
>>> a is b
True
>>> b = [10, 20, 30]        ~ 另辟列表
>>> a is b
False
```

2．引用的无类型特性

Python 的引用没有类型。这意味着某个名字可以指向任何类型的对象，如图 1.13 所示。习惯上，当提到"a 的类型"时，实际意思是"a 所指向的对象类型"。而"T 类型变量 a 的值"的确切含义是"指向 T 类型对象的名字 a 所指向的对象的值"。除非特别强调，本书也将采用习惯上的简单说法。

在图 1.13 中，函数名和变量名都是引用。赋值操作让这些名字指向其他类型的对象[①]：

- a = 'hello world'，a 被首先关联至字符串字面值；
- 定义函数 foo 的语句将函数对象关联至名字 foo；
- a = foo，将 a 关联至 foo 所指向的函数对象；
- foo = 10，将 foo 关联至数字字面值 10，a 仍然指向函数。

3．None关键字

Python 提供了 None 关键字用以设立"空引用"。执行 a = None 后，a 就不再指向任何"具体的"对象[②]了。在程序设计语言中，"空引用"一般有如下 3 种用途：

- 在参数中使用 None 一般表示默认行为；
- 在函数返回值中使用 None 一般表示出错或未找到；
- 表示序列的终点。

例如：

- 字符串的分隔方法 str.split()可以用 sep 参数指定分隔字符集，默认的 sep 参数为 None，表示使用空白字符分隔；
- 字典的 get 方法用以根据键值获取对应的对象 a = dict.get(key)，如果没有该键值，

---

① 此处例子比较极端，在一般情况下不这样做，尤其不做让函数名指向整数的操作。

② None 也是 Python 定义的全局单例对象。

则返回 None；

- 在本书 3.2 节讲述链表时，使用 None 表示链表终点。

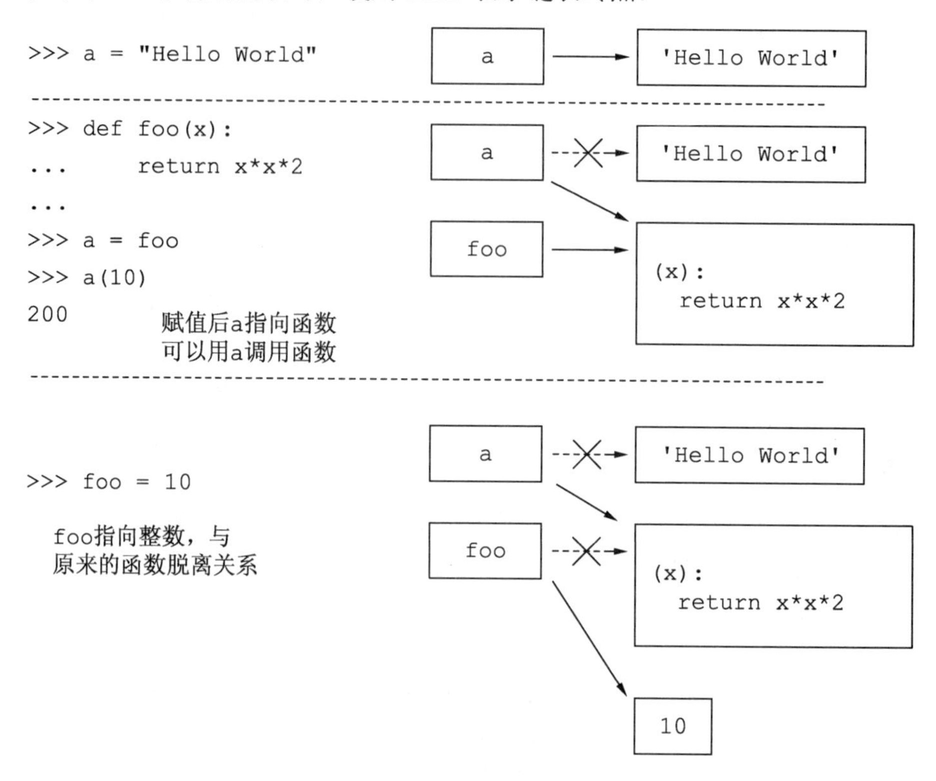

图 1.13　将名字关联至不同类型

【思考和扩展练习】

（1）既然赋值只是修改引用，如何得到列表 a 的副本 b？

（2）当复制列表时，列表引用的对象也需要复制吗？[①]

（3）使用 is 和使用==判断等价性有何不同？

（4）对于两个指向 None 的引用 a 和 b，a is b 和 a==b 有何不同？

（5）测试以下两段代码的结果，并解释结果。

```
a = 10
b = 10
print(a is b)
a = 100000
b = 100000
print(a is b)
```

① 这里实际上要辨析“浅拷贝”和“深拷贝”的问题。

1.4.6　del 操作

Python 提供了 del 操作用以删除引用。**del 操作删除的是表示引用的标记，而非引用的对象**[①]，如图 1.14 所示。

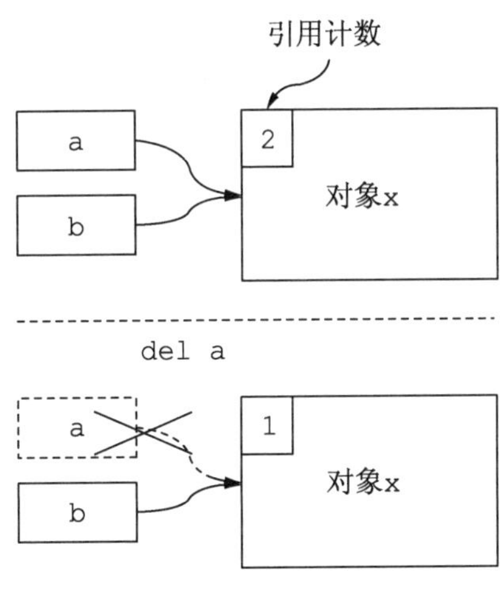

图 1.14　del 操作

下面的例子将验证 del 操作删除的是引用而非其指向的对象这个事实。

```
>>> a = [1,2,3]                    # 创建列表，绑定至 a
>>> b = a                          # 将 b 绑定至同样的列表
>>> del a                          # 删除 a
>>> b                              # 仍然可以通过 b 访问列表
[1, 2, 3]
```

如何删除对象，而非仅仅删除引用呢？Python 并没有明确地提供删除对象的方法。Python 的运行环境为每个对象维护一个引用计数，用以记录指向该对象的引用数。当指向某个对象的引用计数为 0 后，对象回收机制就会在某个时刻启动。[②][③][④]

最后，用索引或切片标记的列表元素可以通过 del 操作删除。

```
>>> a = [0, 1, 2, 3, 4, 5, 6, 7, 8, 9]
>>> del a[1:3]
>>> a
[0, 3, 4, 5, 6, 7, 8, 9]
```

---

① C/C++的学习者看到这里也许会大吃一惊。Python 的这种行为和 C/C++的 free 及 delete 完全不同。

② 我们天天使用的文件系统就是这样工作的，某个文件只有当全部的引用（打开句柄、硬链接）都被删除后才真正被删除了。

③ 现代编程语言大多采用了某种垃圾回收机制。出于各种因素的考虑，垃圾回收并不一定在引用计数为 0 时立即执行。使用垃圾回收机制的优势是不会出现指向已经释放内存地址的“野指针”，而劣势是工程师必须依赖于内存回收器。

④ 引用为 0 并不是垃圾回收的充分必要条件，垃圾回收还要处理循环引用的问题。

1.4.7 小结

现代语言的内建类型非常丰富。本节介绍了 Python 的数值和字符串类型，以及列表、元组、集合和字典 4 种容器类型。Python 设计者在内建类型上构造的操作能够反映这门语言的核心编程手段和设计思路。对于初学程序设计的读者来说，了解这些知识对于后面的学习是必要的。对于有经验的学习者来说，将这些特性与自己熟悉的其他语言进行比对思考是很有价值的。

本节还重点讲述了 Python 的引用及相关特性。Python 中的对象都是通过引用访问的。引用没有类型，可以指向各种对象。赋值操作就是让引用指向新的对象，而 del 操作则是对引用的删除。

通过本节的学习，读者应当初步了解在 Python 中，“数据”是如何存储和表示的。这是接下来用各种流程控制手段对数据进行操作、写出复杂程序的基础。

1.5 流程控制结构

在解决实际问题时，需要根据情况做出判断，执行不同的指令或循环执行某个指令序列。程序设计语言通过流程控制指令实现该功能。本节将介绍 Python 的逻辑表达式、分支控制语句 if、while 和 for。在本节的最后将向读者讲述创建简单函数的方法。

【学习目标】

- 掌握 Python 的逻辑表达式；
- 掌握 Python 的循环和分支控制语句；
- 掌握 Python 创建简单函数的方法。

1.5.1 if 分支语句

1. 基本语法

if 分支语句的作用是控制程序在不同的情况下执行不同的代码，基本语法如图 1.15 所示。

首先计算 if 关键字之后的表达式，如果值为真，就执行其后的语句块，否则执行 else 关键字后的语句块。执行流程如图 1.16 所示。

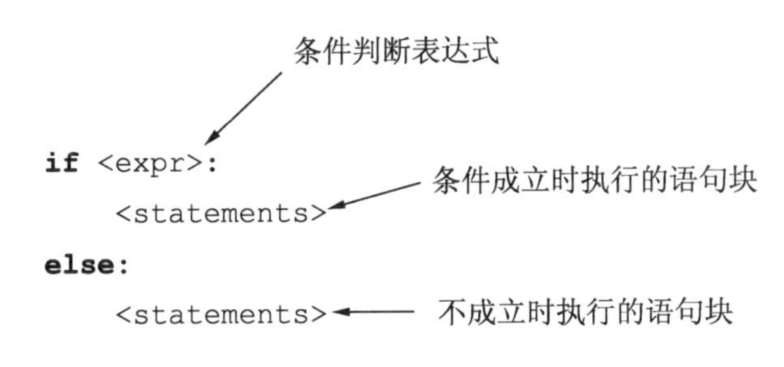

图 1.15　if-else 语法

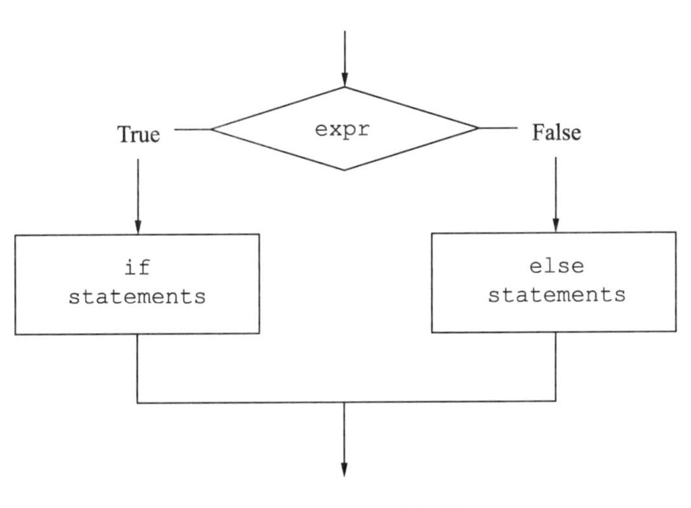

图 1.16　if-else 流程图

2．完整语法

完整的 if 分支语句如图 1.17 所示。

图 1.17 所示语句的流程是：依次测试表达式，执行第一个求值结果为真的分支语句块。如果表达式均不成立，则执行 else 分支的语句块。在一条 if-else 语句中，if 分支有且只能有一个，elif 分支有零个或多个，else 分支有零个或一个。执行流程如图 1.18 所示。

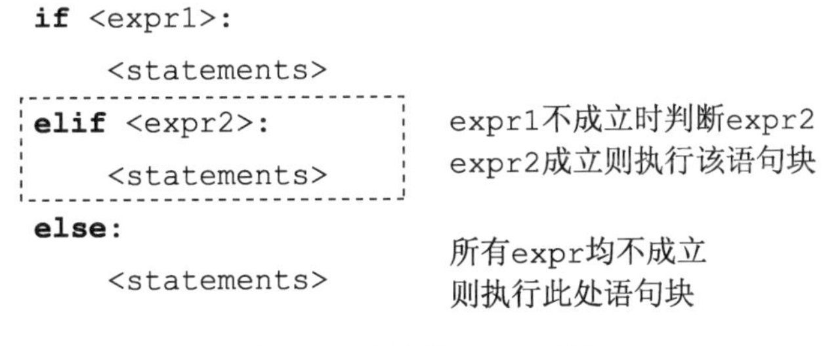

图 1.17　完整的 if-else 语法

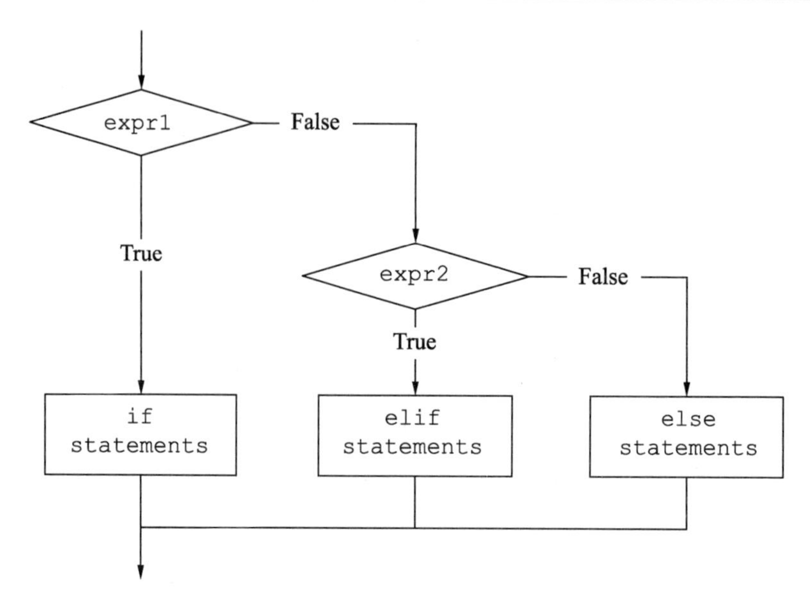

图 1.18　if-elif-else 执行流程

示例代码 1.4 从终端读入成绩，根据不同的分数打印成绩级别。

代码 1.4　score.py 打印成绩级别

```
#!/usr/bin/env python3
score = int(input())                              # 从终端读入整数
assert 0 <= score <= 100, 'invalid input'
if score >= 90:
    print('Grade A')                              # 90 - 100
elif score >= 70:
    print('Grade B')                              # 70 - 89
elif score >= 60:
    print('Grade C')                              # 60 - 69
else:
    print('Grade D')                              # 0 - 60
```

【代码说明】

- 程序使用 input()函数从终端读入数据，读入的数据是字符串形式，需使用 int 构造方法将其转换为整数；
- assert 语句的作用是测试代码执行的前提条件，如果不成立就会抛出异常，在默认状况下会退出程序；
- 在每一个 if-elif 分支后是用于测试 score 变量的逻辑表达式，其中>=运算符用于测试大于等于关系是否成立。

【程序运行结果】

```
$ ./score.py
98    ~ 键盘输入
Grade A  ~ 程序输出
```

分支控制语句的执行依赖于 if-elif 关键字后的表达式求值结果。下一节（1.5.2 节）将介绍表达式的“真假”判断，以及如何通过逻辑运算将其组成更复杂的表达式。

【思考和扩展练习】

几乎所有语言都有 if-else 结构，但略有不同。查询你听说过的其他编程语言[①]，找到其中的 if-else 结构和 Python 的结构进行对比。

1.5.2　布尔运算

布尔运算是对“真”“假”二值逻辑的运算。Python 中有专门的布尔类型（bool），其值为 True 或 False。布尔类型可以通过布尔运算组成更复杂的逻辑表达式。首先要关心的是表达式的值为“真”的情形：

- 算术比较运算符（如>、>=、==、<=、<、!=）关系成立时；
- in 运算符测试的包含关系成立时；[②]
- is 运算符测试的引用相同关系成立时；
- 非布尔类型（值为整数类型、字符串或其他对象类型）的表达式在需要时（单独用作条件判断或参与布尔运算时），值可以被隐式转换为 bool 类型，非 0 值和非空对象的布尔值为真，否则为假。

注意：is 运算符用来比较两个名字是否指向同一个对象（在 CPython 实现中即为比较对象的内存地址），而==运算符是用来比较两个对象的值是否相等。

以下是一些示例。

布尔类型表达式：

```
123 > 50
123 in [1, 12, 123]
a is b
```

非布尔类型表达式：

```
a        如果 a 不为 None，则判断为 True
123      非 0 值判断为 True
None     空对象判断为 False
```

习惯上用{0,1}来表示真、假，0 意味着逻辑假，1 意味着逻辑真。有 4 种基本布尔运算：“非”“与”“或”“异或”。非运算又可与后 3 种运算组成“与非”“或非”“异或非”运算。布尔运算如图 1.19 所示。

Python 提供了 3 种布尔运算符：非运算（not）、与运算（and）和或运算（or）。用

① 可以上网检索，也可以请教身边的编程高手。

② 拥有__contains__()方法的类型，如各种容器类型，可以使用 x in c 这样的表达式判断值 x 是否在该容器 C 内。

布尔运算可以组合成复杂的逻辑表达式，例如：

```
x < 10 or y > 20 or c < 100
```

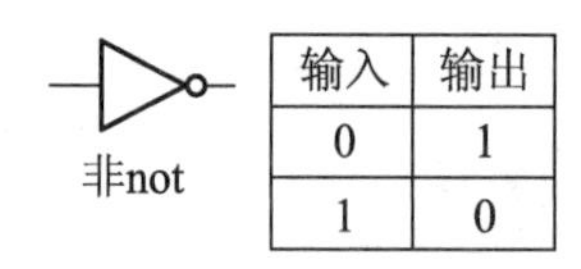

输入	输出
0	1
1	0

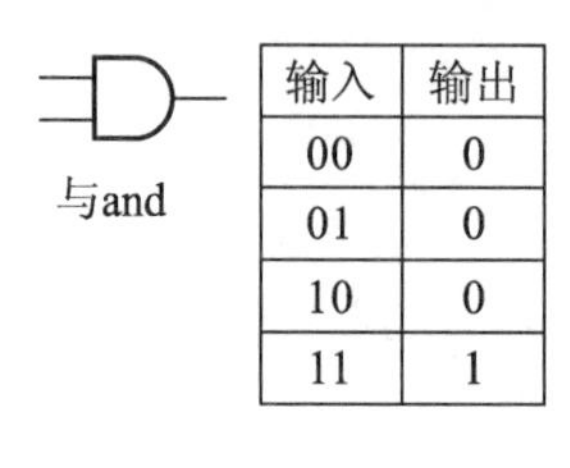

输入	输出
00	0
01	0
10	0
11	1

或ar

输入	输出
00	0
01	1
10	1
11	1

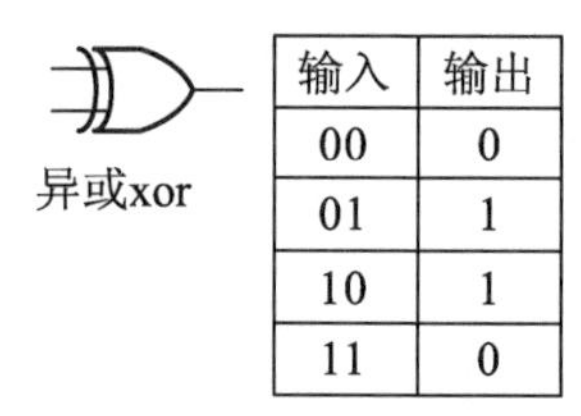

输入	输出
00	0
01	1
10	1
11	0

与非nand

输入	输出
00	1
01	1
10	1
11	0

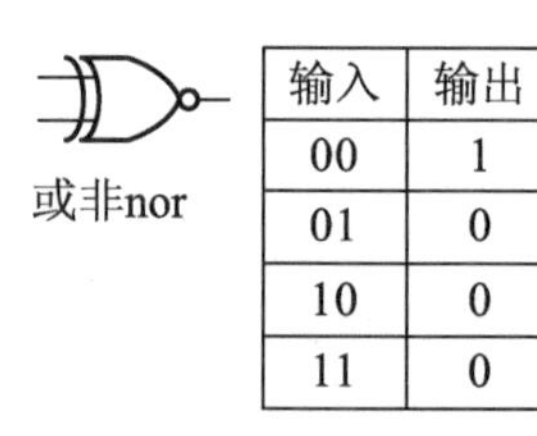

输入	输出
00	1
01	0
10	0
11	0

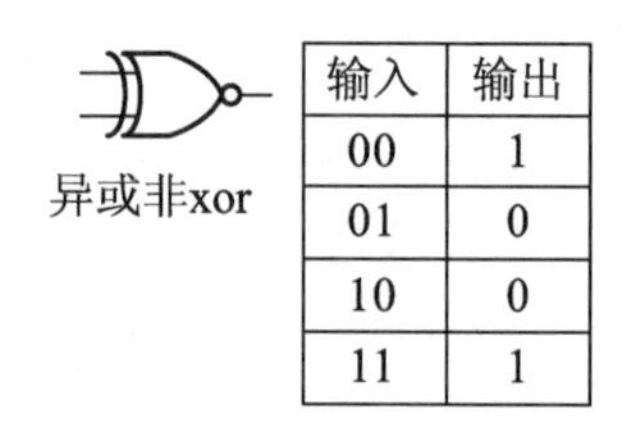

输入	输出
00	1
01	0
10	0
11	1

图 1.19　布尔运算

需要注意的是，布尔运算有“短路性质”。即，如果计算到某个表达式就可以得出结论，那么后续的表达式就不会计算。比如上述例子，如果 x<10 为真，由或运算的性质就能够断定整个表达式为真。在表达式有副作用的情况下要尤其注意，因为处于布尔运算后面的表达式不一定被求值。这是需要避免的程序设计风格。

【思考和扩展练习】

（1）为什么多数程序设计语言在逻辑运算中不提供异或运算？

（2）自学位运算和位运算符。

1.5.3　while 循环

1. 基本语法

while 循环用以反复地执行某段代码，直至某种条件不成立[①]。while 循环的基本语法如图 1.20 所示。

① 当然，这里也可以说“直至达成某种条件”。对于 while 循环控制表达式来说，“不成立”的说法更贴切，对于稍后要讲到的 break 语句来说，“达成”的说法更贴切。

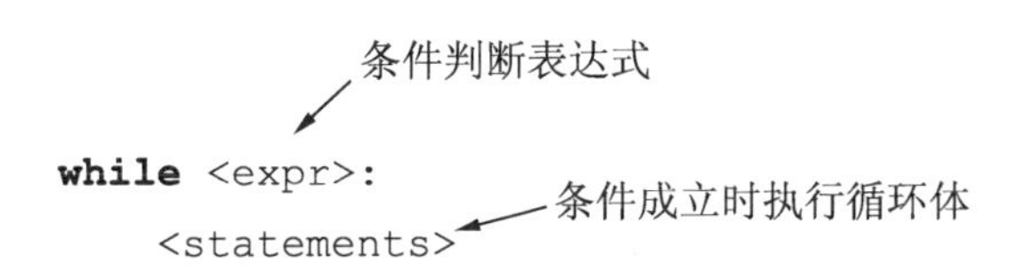

图 1.20 while 语法

while 语句首先测试表达式的值，如果值为真，则执行其后的语句块。执行后继续测试表达式，如果值为真，则再次执行其后的语句块，如此周而复始，直至表达式为假。其流程如图 1.21 所示。

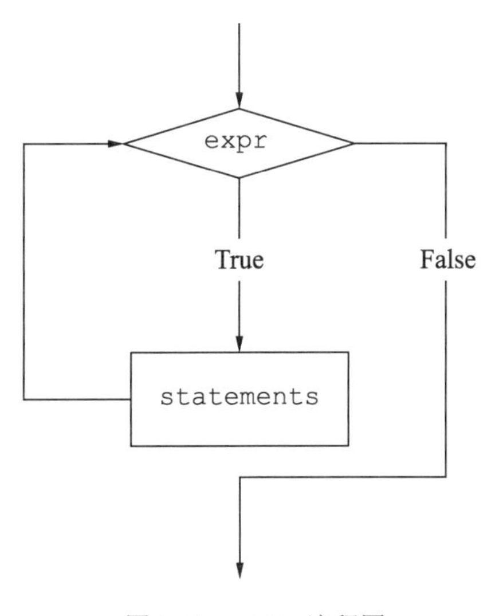

图 1.21 while 流程图

以下代码展示 Python 中的无限循环：

```
while True:
    print("hello")
```

第 1 行的表达式为布尔值 True，这是 Python 的关键字。对 True 的测试当然为真。由于循环内没有其他跳出循环的指令，该循环会一直循环下去。第 2 行 print 语句以 4 个空格缩进，是 while 的循环体语句块。在交互式执行界面输入该代码，会得到无限循环打印的'hello'字符串[①]。

在绝大多数情况下，循环总要终止[②]。在循环过程中，程序要改变某些状态或接收外部输入，以获得循环的终止条件。在 1.3.6 节我们已经见过用 while 循环实现的欧几里得算法。接下来的例子将向读者展示 while 循环的另一个具体应用。

① 无限循环时，可以按 Ctrl+C 键强行从执行中退出。

② 之所以是“在绝大多数情况下”，是因为的确有一直循环下去的情况，比如操作系统的主循环或响应式框架的事件循环等，这些循环会一直工作直至关机或进程退出。

2. 斐波那契数列示例

斐波那契数列（Fibonacci sequence），是法国数学家列昂纳多·斐波那契（Leonardoda Fibonacci）以兔子繁殖为例子而引入的数列：

1, 1, 2, 3, 5, 8, 13, 21, 34, ……

该数列从第 3 项开始，每一项都等于前两项之和。如图 1.22 所示为用斐波那契数列生成鹦鹉螺的螺旋线。

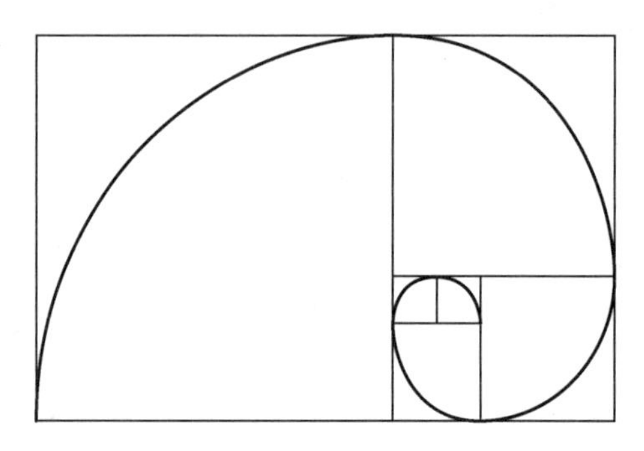

图 1.22　用斐波那契数列生成鹦鹉螺的螺旋线

代码 1.5 打印斐波那契数列值在 50 以内的前若干项。

代码 1.5　fib.py 打印斐波那契数列

```
#!/usr/bin/env python3
a, b = 1, 1
while a < 50:
    print(a, end=' ')
    a, b = b, a+b
```

【代码说明】

- 变量 a 和 b 赋初值 1；
- 循环的执行条件是 a<50；
- 循环中不断更新 a 和 b 的值以存储计算出来的最新数列项；
- 循环中将 a 的值打印出来；
- end=' '是 print 的关键字参数（参见 2.1.8 节），使 print 以空格作为输出结尾。

如图 1.23 所示形象地说明了代码的执行过程。

初学者在阅读代码时如果感到吃力，可以在纸上写出类似的过程以便于理解。经过一段时间的操练后，头脑中会慢慢建立起直观的图景，那时就可以直接想象代码的执行过程了。

【程序运行结果】[①]

```
$ ./fib.py
1 1 2 3 5 8 13 21 34 55 89 $
```

本书将在后文的讲解中反复使用到计算斐波那契数列问题。

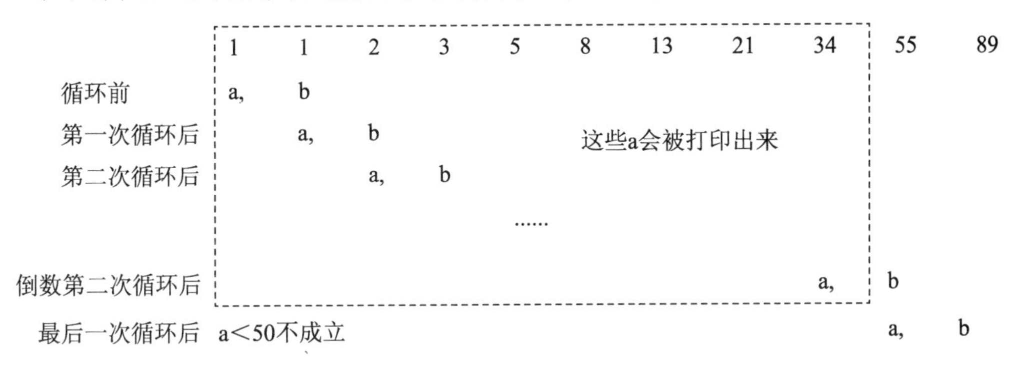

图 1.23　斐波那契数列递推计算过程

3. 完整语法

在 Python 中，可以通过 else 关键字为 while 循环指定一个“结束动作”，如图 1.24 所示。

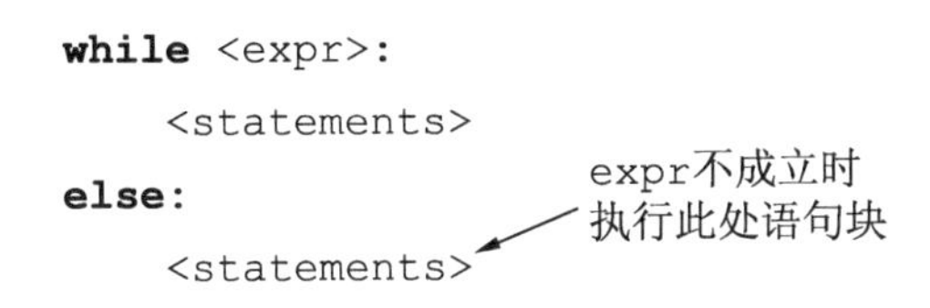

图 1.24　完整的 while 语法

在测试表达式的值为假时，while 循环终止，执行 else 后面的结束语句块，流程如图 1.25 所示。

可以将上述打印斐波那契数列的代码 1.5 修改如代码 1.6 所示。

代码 1.6　打印斐波那契数列，结尾换行

```
#!/usr/bin/env python3
a, b = 1, 1
while a < 50:
    print(a, end=' ')
    a, b = b, a+b
else:
    print()
```

① 注意，最后的终端提示符没有换行。这是因为在 while 循环结束后没有输出换行。在程序的结尾加一个 print 语句换行，或者用接下来讲述的 else 关键字为 while 循环指定结束动作，以输出最后的换行符。

【程序运行结果】

```
$ ./fib.py
1 1 2 3 5 8 13 21 34
$
```

执行程序后，可以看到在 while 循环结束后，程序友好地输出换行。

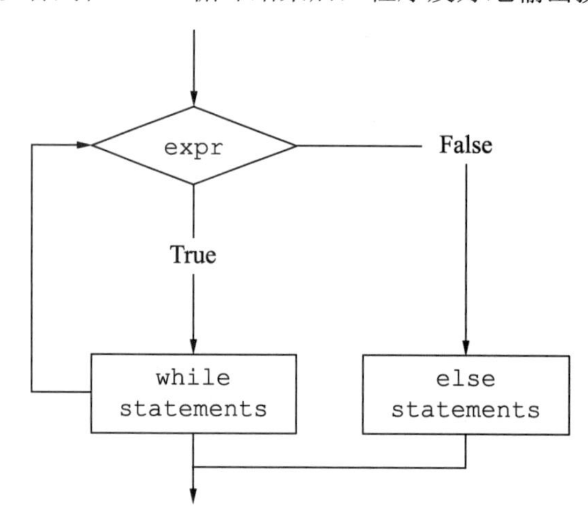

图 1.25　完整的 while 语句流程图

4．break和continue语句

和其他很多语言一样，Python 的循环中也提供了 break 和 continue 指令。break 用于结束整个循环，continue 用于结束本次循环。从执行流程上说，前者用于跳出循环，后者用于跳回到循环起始。以 break 退出循环时，不执行 else 后的语句块。流程图 1.26 所示为 while 语句中 break 和 continue 的执行流程。

示例代码 1.7 将展示 break 和 continue 语句的用法。程序从控制台读入 10 行文本，统计每一行的单词总数，在输入完毕后打印单词总数。在执行过程中，如果用户输入空行，则跳过继续要求输入，如果用户输入 quit，则直接跳出程序。

代码 1.7　words.py 统计输入的单词数目，break 和 continue

```
#!/usr/bin/env python3
# -*- coding: utf-8 -*-
from sys import stdin
cnt = 0
total_words = 0
while cnt < 10:
    line = stdin.readline().strip()                    # strip 去掉行位的换行符
    if line == '' :
        continue                                       # 是空行则跳过
    elif line == 'quit' :
        break                                        # 是 quit 则退出
    else :
```

```
        words = len(line.split())
        print('words', words)
        total_words += words                    # 统计总词数
        cnt += 1                                # 循环计数
else:
    print('-'*10)
    print('total words: ', total_words)
```

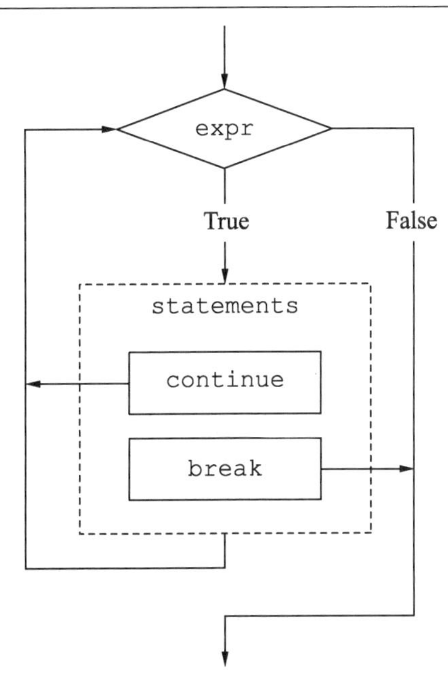

图 1.26　while 循环中 continue 和 break 语句流程图

【代码说明】

- stdin.readline()从标准输入（参见 1.6.4 节）读入一行文本，作为字符串类型（str）返回；
- str 类型的 strip()方法用以去掉行尾的换行符；
- split()方法用以将字符串按空格分隔后作为列表返回。

【程序运行结果】

```
$ ./words.py
hello world                  ~ 用户输入
words 2
I love Python                ~ 用户输入
words 3
quit                         ~ 用户输入
$
```

1.5.4 for 循环

1. 基本语法

for 循环用来对可迭代对象进行遍历操作，基本语法如图 1.27 所示。

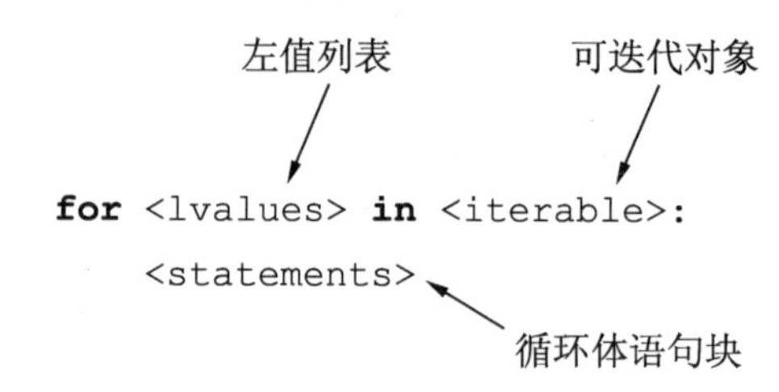

图 1.27 for 循环的基本语法

紧跟 for 关键字之后的是一个左值列表，in 关键字之后表达式的求值结果应当是可迭代对象①。for 循环每次取出可迭代对象的一个值，将其赋值给 in 关键字前面的左值，然后执行循环体语句块。

【示例 1】 用 for 遍历列表容器。

用 for 循环遍历容器是非常方便的。以下示例显示了如何使用 for 循环遍历列表。由于代码简单，直接在交互式执行环境进行演示如下：

```
>>> fruits = ['apple', 'banana', 'grape']
>>> for item in fruits:
...     print('I have a ' + item + 's.')
I have apples.
I have bananas.
I have grapes.
```

在上述示例中，for 循环体执行了 3 次，在循环执行的过程中，变量 item 取遍列表 fruits 中的 3 个值。对元组、字符串、集合遍历方法和列表类似，请读者自行实验。

【示例 2】 用 for 遍历字典。

字典存储的“键值对”稍微复杂，因此遍历形式也多一些。可以使用 keys 方法取出字典的键进行遍历，或者用 values()方法取出字典的值进行遍历。示例如下：

```
>>> price = {
...     'apple':3.12,
...     'banana':4.23,
...     'grape':5.11
... }
>>> for key in price.keys():
...     print('I have ' + key + 's.')
```

① 本书将在 2.7.1 节讲述可迭代对象。此刻读者只需要知道字符串、列表、元组、集合、字典和 range 类型对象都可以放在此处。

```
I have apples.
I have bananas.
I have grapes.
```

如果希望在遍历的时候同时使用键和值，可以用 items()方法取出字典的键和值，赋值给一组循环变量。例如：

```
>>> for key,value in price.items():
...     print('key' + '\t: ' + value + '/kg')
apple : 3.12/kg
banana : 4.23/kg
grape : 5.11/kg
```

【示例 3】 在循环中计数。

有时候希望在循环中计数，Python 中提供了 enumerate 类型用来从可迭代类型构造出枚举类型。enumerate 配合循环的用法如下：

```
>>> fruits = ['apple', 'banana', 'grape']
>>> for i,item in enumerate(fruits):
...    print(i, item)
1 apple
2 banana
3 grape
```

【示例 4】 用 range 对象进行循环。

如果希望 for 循环能够进行固定次数循环，就要使用 range 对象。range 对象“代表了”等差数列，但并不存储这些值①。可以使用 list 构造方法构造出列表如下：

```
>>> list(range(5))                       ~ 起点为 0 的整数数列
[0, 1, 2, 3, 4]
>>> list(range(5,10))                    ~ 公差为 1 的等差数列
[5, 6, 7, 8, 9]
>>> list(range(1,10,2))                  ~ 公差为 2 的等差数列
[1, 3, 5, 7, 9]
```

或者直接用 for 循环遍历数列。以下示例展示了固定 5 次的循环。其中，循环变量 i 在循环中取遍 0，1，2，3，4。

```
>>> for i in range(5):
...    print('+ ' * (i+1) )
+
+ +
+ + +
+ + + +
+ + + + +
```

2．完整语法

for 循环也支持 else 语句块，完整语法如图 1.28 所示。

---

① range 对象的这种行为的原理将在 2.7.1 节讲述。

```
for <lvalues> in <iterable>:
    <statements>
else:
    <statements>  ←——  循环正常结束（非break）
                       执行此处代码
```

图 1.28　for 循环的完整语法

当循环正常结束时，执行 else 之后的语句块。在 for 循环里也可以使用 break 和 continue，行为和 while 中类似。**以 break 结束循环时，else 语句块不会执行**。其流程如图 1.29 所示。

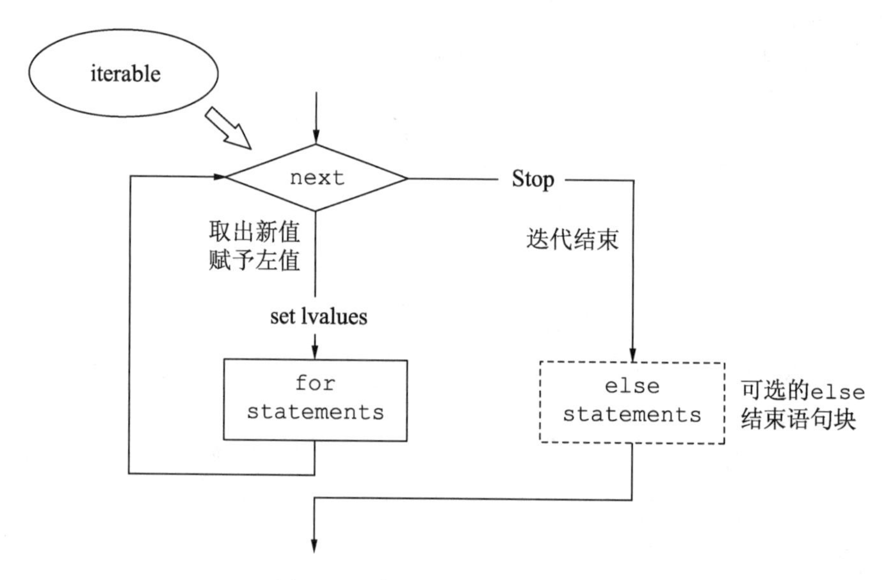

图 1.29　for 循环的完整语法流程

【思考和扩展练习】

（1）查阅文档，找到可迭代对象的说明。

（2）查阅其他语言的 for 循环语法，比较与 Python 的异同。

1.5.5　条件表达式

条件表达式也使用 if-else 关键字，所以在这里一并介绍。条件表达式语法如下：

```
x if C else y
```

当条件 C 为真时，表达式的值为 x，否则为 y。恰当地使用条件表达式，可以让代码很简洁。如果需要根据不同的条件，计算不同的值，就可以考虑使用条件表达式。

🔔注意：条件表达式可以用在适用表达式的地方，如 if-while 的条件，或者给某个左值赋值。前一节所述的 if 语句不是表达式，不能用于类似上下文的地方。

1.5.6　定义简单函数

到目前为止，本书示例已经调用过很多内建函数，如 len()和 help()等。通过调用函数并传递不同的参数，程序员可以反复使用某种功能。将需要反复使用的代码设计为函数，是令人愉快的事情。本节将介绍创建简单函数的方法。

本书将在 2 章完整讲述函数的各种知识。之所以先简单介绍编写简单函数的方法，是因为只须稍微具备相关知识就能大大扩展编程技能。如果按部就班等到第 2 章之后再编写函数，则无疑会失去很多学习乐趣和教学时机。

定义函数的语法如图 1.30 所示。def 关键字用来定义函数。在函数语句块中可以包含所有我们学过的赋值、分支控制和表达式计算等语句。在函数中可以使用 return 语句返回值，当 return 语句执行时，函数执行完毕，程序跳转回调用函数的代码处继续执行。示例代码 1.8 将前述（1.5.3 节）计算斐波那契数列的代码改写成函数。

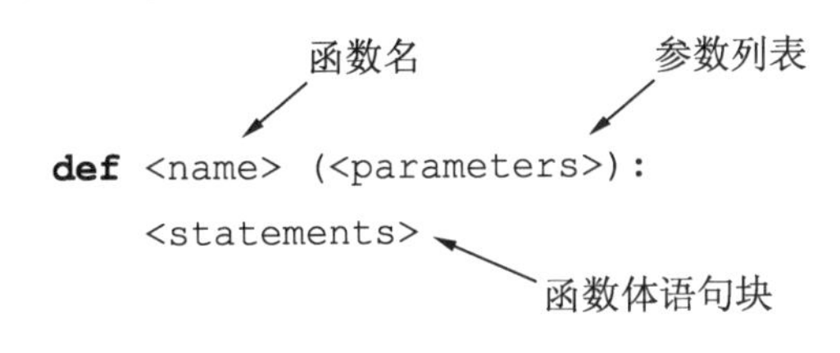

图 1.30　函数定义语法

🔔注意：在程序能够调用函数前，函数定义语句必须已经被执行过。也就是说，函数定义需要放置在函数调用之前（或者通过导入模块的方式加载执行）。

代码 1.8　fib.py 函数定义和调用的完整例子

```
#!/usr/bin/env python3
def fib(n):
    a, b = 1, 1
    result = []
    while a < n:
        result.append(a)
        a, b = b, a+b
    return result
print(fib(10))
print(fib(30))
```

【程序运行结果】

```
$ ./fib.py
[1, 1, 1, 2, 3, 5, 8]
[1, 1, 1, 2, 3, 5, 8, 13, 21]
```

1.5.7 小结

本节重点讲述了 Python 的 3 种分支控制结构：if-else 分支、while 循环和 for 循环。其中，前两个比较简单，直接用表达式的求值结果作为程序执行流程的控制条件；for 循环则是比较高级的抽象，用以遍历可迭代对象，如 range 对象及列表等各种容器。

本节还简单讲述了函数的定义语法。函数是程序设计的重要手段，将重复的代码封装为函数，可以让程序变得简洁、清晰。

分支控制和函数是随时随地要用到的程序设计方法，本书将在 1.7 节通过一组示例，让读者进一步熟悉这些方法。

1.6 输入/输出

程序需要从外部获得信息并将计算结果传递出去。本节将介绍最常用的 3 种与程序传递信息的方式：标准 I/O、命令行参数和环境变量。

【学习目标】

- 了解 I/O 重定向的方法；
- 掌握用 Python 进行标准 I/O 读写的方法；
- 了解传递命令行参数的方法；
- 掌握用 Python 读取命令行参数；
- 掌握 Linux 设置环境变量的方法；
- 掌握用 Python 读取环境变量的方法。

1.6.1 标准输入/输出（I/O）流

原始的输入输出是键盘、磁盘、终端等设备，“流”是对这些输入输出设备的抽象。

本书已经反复使用 print()函数在终端输出信息，本节将会讨论向各种各样的“目的地”进行输出的方法。print()函数的默认行为是向**标准输出流**进行写入操作。在使用终端启动程序的默认情况下（就像本书一直以来做的一样），标准输出流被关联至终端。如果程序希望从终端读取数据，最简单的方法是使用 input()函数。该函数从**标准输入流**

读取数据，在终端启动程序时，标准输入流也被关联至终端。I/O 流的默认配置，如图 1.31 所示。

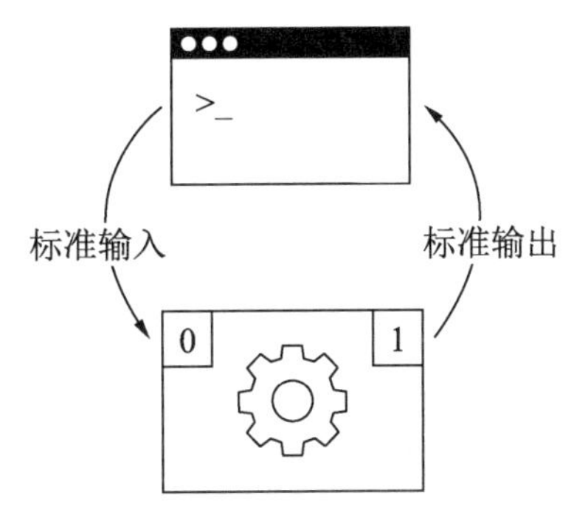

图 1.31　I/O 流的默认配置

代码 1.9 从标准输入流读取一个字符串，使用 eval()函数进行表达式计算。再将表达式本身连同等号和计算结果输出至标准输出流。

代码 1.9　stdio.py 读写标准输入/输出流

```
#!/usr/bin/env python3
e = input()
print(e, '=', eval(e))
```

代码执行示例：

```
$ ./stdio.py
1+2+3       ~ 输入
1+2+3 = 6 ~ 输出
```

在讨论更多的输入/输出函数之前，先介绍 UNIX 系统提供的一个重要机制：I/O 重定向。

1.6.2　重定向标准 I/O 至文件

程序优先采用标准输入/输出流进行通信的一个重要动机是可以很容易地对其进行重定向。通过重定向标准输入流，可以在不修改可执行文件的情况下，让程序从文本文件中获取输入表达式。重定向标准输入流，如何 1.32 所示。

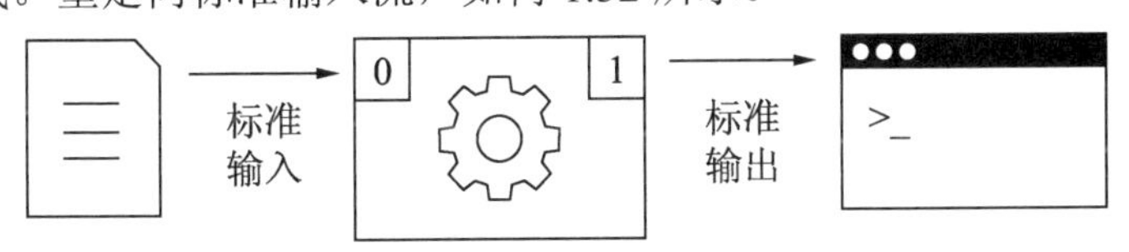

图 1.32　重定向标准输入流

编辑一个文件 input.txt 包含一行文本：1+2+3+4。然后将文件置于和上一节的 stdio.py 程序相同的目录下，用如下命令运行程序。

```
$ ./stdio.py < input.txt
1+2+3+4 = 10     ~ 输出
```

可以看到，程序会直接在终端输出运行结果。在启动程序的命令中，小于号标记（<）告诉执行环境，在启动程序时，将标准输入流关联至指定文件 input.txt。类似地，可以在启动程序时，将标准输出重定向至某个文件：

```
$ ./stdio.py > output.txt
1+2+3+4+5                                   ~ 用户终端输入
$ cat output.txt                            ~ 用 cat 命令查看输出的文件
1+2+3+4+5 = 15
```

重定向标准输出流，如何 1.33 所示。

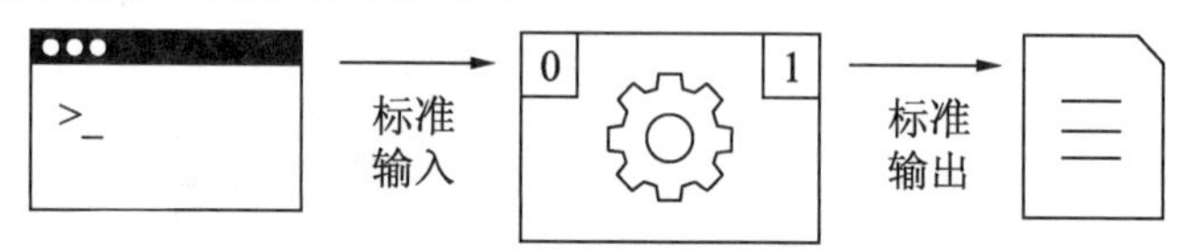

图 1.33　重定向标准输出流

重定向标记（>）告诉执行环境，在启动程序时，将标准输出流关联至指定文件 output.txt。可以看到程序不再输出至终端，而是创建 output.txt 文件进行输出。也可以同时重定向程序的标准输入和标准输出至不同的文件，请读者自行尝试。

【思考和扩展练习】

（1）思考在图 1.33 中，数字 0 和 1 有何实际含义。

（2）I/O 重定向是如何实现的。

1.6.3　用管道行串接 I/O

基于标准 I/O 工作的程序可以很容易通过管道行（pipeline）进行串接。这是将程序组装起来完成更复杂任务的便捷方法。例如，要对如下文本数据（学号　姓名　成绩）data.txt：

```
01|张三|95
02|李四|99
03|王五|80
```

进行两项处理：

- 将用于分隔的竖线替换成逗号；
- 按成绩排序。

UNIX/Linux 的终端环境提供的内建程序 tr 和 sort 可以分别完成这两个任务。tr 命令可以根据指定的替换表进行字符替换：

```
$ tr "|" "," < data.txt
01,张三,95
02,李四,99
03,王五,80
```

sort 命令可以根据指定的分隔符（-t）及指定列（-k）进行数值排序（-n）：

```
$ sort -n -t "|" -k 3 < data.txt
02|李四|99
01|张三|95
03|王五|80
```

现在我们想把这两个程序组合起来，在一条指令中完成任务，并且不使用临时文件。使用竖线 | 连接要执行的程序，就可以将前面程序的标准输出作为后面程序的标准输入，如图 1.34 所示。

运行结果：

```
$ sort -n -t "|" -k 3 < data.txt | tr "|" ","
03,王五,80
01,张三,95
02,李四,99
```

上述管道行串接 I/O 如图 1.34 所示。

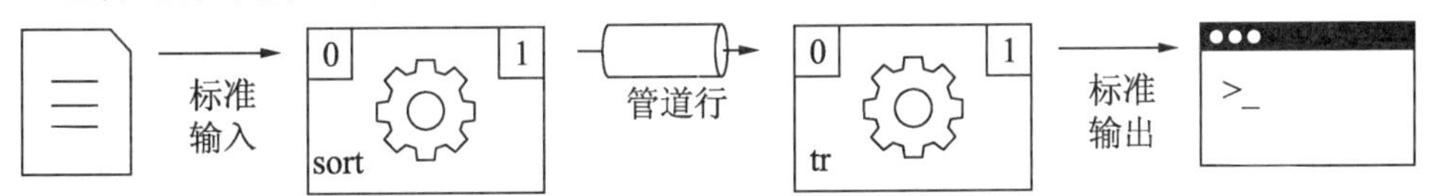

图 1.34　管道行串接 I/O

【思考和扩展练习】

思考管道行是如何实现的。

1.6.4　标准 I/O 流对象

启动程序时，操作系统通常会为进程打开 3 个流：标准输入、标准输出和标准错误。在 shell（终端运行环境）中启动程序时，这 3 个流默认关联至终端。一般来说，各种编程环境对这 3 个流均有定义。在 Python 中可以通过导入 sys 模块来访问这 3 个流（stdin、stdout、stderr）。通过流对象进行 I/O 处理，可以获得比 input()之类简单、I/O 函数更全面的处理能力。

代码 1.10 和代码 1.11 分别展示了从标准输入流按行读入数据和一次性读入全部数据的方法。请读者尝试补齐并运行这些代码片段。本书将在 1.8 节用到这些方法。

代码 1.10　片段：从标准输入按行读入数据

```
from sys import stdin
for line in stdin:
....
```

代码 1.11　片段：从标准输入一次性读入全部数据

```
from sys import stdin
all = stdin.read():
    ....
```

1.6.5 命令行参数

命令行参数是在程序启动时向程序传递的参数，用来指定源文件、目标文件或控制程序的具体行为。比如 UNIX 下的查看文件列表命令 ls。加-l 命令行参数调用时，会列出更详细的文件信息如下：

```
$ ls
1.txt data.txt   argv.py   rmsp.py
$ ls -l           ~ 带命令行参数的调用
total 64
-rw-r--r--  1 zhangdi  staff   51  9 21 13:27 1.txt
-rw-r--r--  1 zhangdi  staff   51 10 11 22:02 argv.py
-rw-r--r--  1 zhangdi  staff   31  9 22 10:00 data.txt
-rwxr-xr-x  1 zhangdi  staff  347  9 21 17:50 rmsp.py
```

命令行参数是执行环境向程序传参的机制，各种编程语言大都提供处理命令行参数的方法。Python 通过导入 sys 模块的 argv 符号对命令行参数列表进行访问。其中，argv[0]是脚本名[①]，从 argv[1]开始依次是命令行的各个参数。命令行参数如图 1.35 所示。

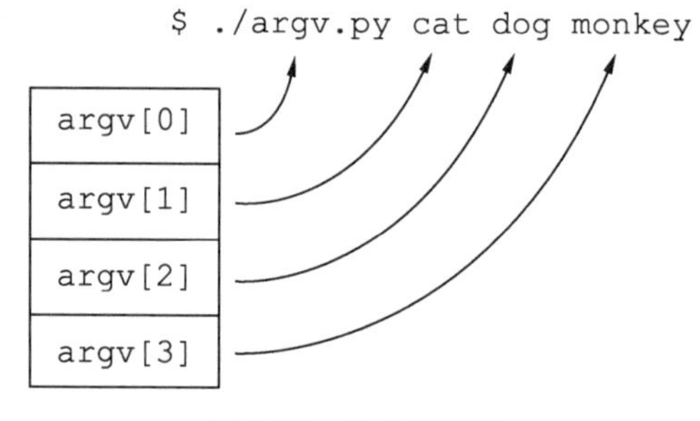

图 1.35　命令行参数

代码 1.12 打印全部命令参数。

代码 1.12　argv.py 打印全部命令行参数

```python
#!/usr/bin/env python3
from sys import argv
for i,arg in enumerate(argv):
    print("arg", i, ":", arg)
```

【程序运行结果】

```
$ ./argv.py cat dog monkey
arg 0 : ./argv.py
arg 1 : cat
arg 2 : dog
arg 3 : monkey
```

可以将代码 1.2 所示求最大公约数的函数改为从命令行接收参数的程序。该程序接收

① 根据不同平台的实现，可能含有路径。

两个命令行参数，计算最大公约数之后将结果写入标准输出，如代码 1.13 所示。

代码 1.13　gcd.py 求最大公约数，使用命令行参数

```
#!/usr/bin/env python3
from sys import argv
a = int(argv[1])
b = int(argv[2])
while b!=0:
    a, b = b, a%b
print(a)
```

【程序运行结果】

```
$ ./gcd.py 24 15
3
$ ./gcd.py 125 205
5
```

【思考和扩展练习】

上一节的标准 I/O 对象 stdin 和本节的命令行参数对象 argv 都来自 sys 模块。查阅文档了解更多 sys 模块的知识。

1.6.6　环境变量

环境变量是操作系统在程序运行时指定的一组环境参数。程序可以读取这些参数的值，并据此改变自身行为。在 UNIX/Linux 终端中输入 env 命令，可以看到系统设置的环境变量。由于环境变量很多，这里只列出以下几个：

```
$ env
......
TMPDIR=/var/folders/j_/d0ry5sq101144mmw2nlc8w8m0000gn/T/
......
USER=zhangdi
......
LANG=zh_CN.UTF-8
......
```

【代码说明】

- TMPDIR 用来指示程序建立临时文件的位置；
- USER 是当前登录的用户名；
- LANG 指明了当前的语言环境。

程序可以通过导入 os 模块中的 environ 字典对象访问环境变量，如代码 1.14 所示。

代码 1.14　sayhi.py 输出包含用户名的欢迎句子

```
#!/usr/bin/env python3
from os import environ
print("hello", environ['USER'])
```

【程序运行结果】

```
$ ./sayhi.py
hello zhangdi
```

1.6.7 格式化字符串

截至目前，本书的程序都是使用拼接生成包含某种可变部分的字符串，不但功能有限，而且可读性差。**格式化字符串是用模板标记生成字符串的方法**，在许多语言中都有实现。学习格式化字符串要掌握两个关键点，一是在字符串模板内指定可变部分来源的语法，二是控制显示格式的语法。

1. 格式化字面值

在串字面值前加上字母'f'或'F'，就可以通过**花括号占位符**在字面值中指定替换的部分所对应的变量或表达式如下：

```
>>> name = 'Mike'
>>> f'My name is {name}'
'My name is Mike'
>>> fruit = 'Apple'
>>> price = 1.20
>>> F'{fruit}: ${price}/kg'
'Apple: $1.2/kg'
>>> F'{fruit} FOR SALE: ${price*0.8}/kg'
'Apple: $0.96/kg'
```

2. format()方法

使用字符串的 format()方法，可以在设计模板时略去引用的变量名，从而反复使用该模板，如下：

```
>>> name = 'Mike'
>>> 'My name is {}'.format(name)
'My name is Mike'
>>> fruit = 'Apple'
>>> price = 1.20
>>> '{}: ${}/kg'.format(fruit,price)
'Apple: $1.2/kg'
```

在花括号占位符内可以加入序号以指定占位符对应的来源，如下：

```
>>> fruit = 'Apple'
>>> price = 1.20
>>> '{0} {0}: ${1}/kg'.format(fruit,price)
'Apple Apple: $1.2/kg'
```

3. 显示格式标记

在上述例子中，浮点数 1.20 被显示为 1.2，而 0.96 被显示为 0.96。如果希望准确控制小数点后面显示两位数，就要在花括号占位符内加入冒号跟随的标记{:.2f}，从而使结果更像“价格”。

```
>>> fruit = 'Apple'
>>> price = 1.20
>>> F'{fruit}: ${price:.2f}/kg'
'Apple: $1.20/kg'
>>> '{0}: ${1:.2f}/kg'.format(fruit,price)
'Apple: $1.20/kg'
```

注意：读者不需要努力练习以记忆各种显示格式标记。因为格式化字符串远远不能满足“排版需求”，所以工程师在绝大多数情况下只使用格式化字符串的“拼接替换”机制生成核心内容。更多的格式排版需求往往由 CSS 之类能够精确控制格式的标记语言另行实现。各种格式标记在日常编程中使用频率很低，即便记住也可能在一段时间后遗忘。富有经验的工程师在遇到实际的格式化需求时，通常是查阅文档或上网搜索相关的内容。

1.6.8 小结

本节讲述了程序与外部环境传递信息的基本方法。在有宿主操作系统的环境下，最基本的信息传递方式有 I/O 流、命令行参数和环境变量。I/O 流，尤其是标准 I/O 流，通常用来进行数据传输。命令行参数通常用来对程序行为进行精确控制。环境变量用以向程序提供运行环境的配置信息。利用 I/O 重定向或其他进程控制手段，可以很容易地将基于这些通信方式的程序集成到更大的软件体系中。

1.7 简单练习

本节中的部分问题涉及微积分（1.7.5 节）和数值计算（1.7.6 节）的初步知识。如果读者不了解这些知识，可以跳过相关小节，这并不会影响阅读本书后面的章节。

本节是为初学程序设计的读者准备的内容，目的在于让读者通过一系列示例掌握各种分支控制结构。读者了解语法后，需要通过练习才能获得实在的编程能力。出于直观、趣味性考虑，本节中的部分例子使用了 turtle 绘图库。相关示例会引导读者逐步接触这个绘图库。

【学习目标】

- 熟练掌握程序设计的基础手段；
- 能够将实际问题转换为程序代码实现；
- 了解程序设计在本节所涉及学科中的应用；
- 了解 turtle 模块的基本使用方法。

注意：在学习本节内容时，上策是先阅读问题描述然后尝试自己动手编程解决问题，中策是先阅读代码获得思路然后动手独立写出，下策是抄写代码理解后再行独立写出。对于有一点程序设计基础的读者，建议采用上策或中策。对于完全没有程序设计基础的读者来说，采用先抄写的方法也许是必经之路。

1.7.1 示例：打印金字塔图形

问题描述：编写函数，打印如下金字塔图形。该函数接收一个参数 n，用以指定金字塔层数。再编写程序，通过接收命令行参数获得金字塔层数。

```
    *
  * * *
* * * * *
```

笔者在教学中发现大部分初学者都能用循环正确地打印出该图案，但很多人都经历了混乱的调试过程。初学者在一开始往往都能想到使用固定次数循环来控制打印，但在具体打印空格和星号的次数上，往往需要反复试凑。究其原因，主要是没有清晰地推算循环次数和所打印内容之间的关系。下面展示了推算循环次数的过程，无论是初学者还是有经验的工程师，都应当尽量养成先使用纸、笔推演而后编码的习惯。越是避免在敲击键盘时思考，就越能够避免错误。

以打印 4 层金字塔图案为例：用 range(4)对象控制 for 循环，循环变量会取遍 0、1、2、3，于是可以推算打印的前置空格数和星号数目如下：

```
                        循环变量  前置空格   星号
      *                    0         6        1
    * * *                  1         4        3
  * * * * *                2         2        5
* * * * * * *              3         0        7
--------------------------------------------------
                           i     2n-2i-2    i*2+1
```

进一步写出代码 1.15 所示程序。

代码 1.15　pyramid.py 打印金字塔

```
#!/usr/bin/env python3
def pyramid(n):
    for i in range(1,n+1):
        print(' '* 2 * (n-i) , end='')
        print('* ' *(i*2-1) )
if __name__ == '__main__':
    from sys import argv
    pyramid(int(argv[1]))
```

【代码说明】

- if__name__=="__main__"这行之后的代码在程序独立运行时被执行，在文件以模块导入时不执行。这是 Python 为函数编写测试运行代码的常见方式。读者可以参考阅 2.2.3 节了解相关知识。

【程序运行结果】

```
$ ./pyramid.py 7
            *
          * * *
        * * * * *
      * * * * * * *
    * * * * * * * * *
  * * * * * * * * * * *
* * * * * * * * * * * * *
```

【思考和扩展练习】

（1）使用 while 循环完成本例。

（2）思考如何不使用循环完成本例。①

1.7.2 示例：3X+1 问题

问题描述： 3X+1 问题又称 Collatz 猜想[3]。从任意正整数 n 开始，如果是奇数就乘以 3 再加 1，如果是偶数就除以 2。如此经过若干步，一定会得到 1。编写程序（见代码 1.16），针对前若干个正整数验证猜想的正确性。

代码 1.16 threex.py 验证 3X+1 猜想

```
#!/usr/bin/env python3
def threex(n):
    cnt = 0
    while n!=1 :
        cnt += 1
        if n%2 :
            n = n*3+1
        else:
            n = n/2
    else:
        return cnt
if __name__ == '__main__':
    from sys import argv
    for i in range(1, int(argv[1])+1):
        print("{}: {}".format(i, threex(i)))
```

【代码说明】

- threex()函数返回猜想描述的计算执行步数；
- 测试代码根据命令行参数验证前若干个正整数。

① 提示：使用 2.4 节介绍的方法。

【程序运行结果】

```
$ ./threex.py 10
1: 0
2: 1
3: 7
4: 2
5: 5
6: 8
7: 16
8: 3
9: 19
10: 6
```

【思考和扩展练习】

上述示例如果猜想不正确，程序能正常结束吗？如何修改程序以处理这种情况？

1.7.3 示例：绘制正多边形

问题描述： 编写程序绘制正多边形。程序从命令行接收正多边形的边数及外接圆直径。

Python 标准库的 turtle 模块①提供了绘图功能。它的工作原理是控制一个绘图笔在平面上移动以绘制曲线。程序中反复使用如下两条命令来绘制图形：

- forward(size)：绘制长度为 size 的线段；
- left(angle)：将绘图笔前进方向左转 angle 度。

绘制正多边形的实现，如代码 1.17 所示。

代码 1.17 polygon.py 绘制正多边形

```
#!/usr/bin/env python3
# -*- coding: utf-8 -*-
from sys import argv
from math import sin, pi                  # 正弦函数和圆周率
import turtle
n = int(argv[1])                          # 命令行参数 1 是边数
d = float(argv[2])                        # 命令行参数 2 是外接圆直径
t = turtle.Pen()                          # 获得画笔
t.pensize(2)                              # 设定线宽
# 绘制多边形
for _ in range(n):
    t.forward(d*sin(pi/n))
    t.left(360/n)
t.hideturtle()                            # 隐藏光标
turtle.exitonclick()                      # 单击画布退出
```

【代码说明】

- 在代码中的 for 循环仅仅起到控制循环次数的作用，循环变量并没有使用。所以代

① 这个名字来自于古老的 LOGO 绘图语言。

码使用下划线用作循环变量名，以提示读者并不需要在循环体内访问它。

```
for _ in range(n):
```

【程序运行结果】

```
$ ./polygon.py 8 200
```

会出现画布窗口和如图 1.36 所示绘制的图形。

【思考和扩展练习】

（1）如何修改上述示例程序，使第 2 个参数成为可选参数（当只传一个参数时，程序默认以 100 为外接圆半径绘制正多边形）？

（2）阅读 argparse 和 getopt 模块的文档。修改程序的调用方式，使其支持更灵活的命令行参数传递形式：

```
$ ./polygon.py -n 8 -d 200 -s 3
```

其中-n、-d、-s 分别代表边数、直径和线宽。思考如何设计这些参数的默认值。

（3）当用户执行程序而没有传递任何参数时，程序应当有什么行为？根据你的想法修改程序。

（4）编写程序，绘制如图 1.37 所示的图形。

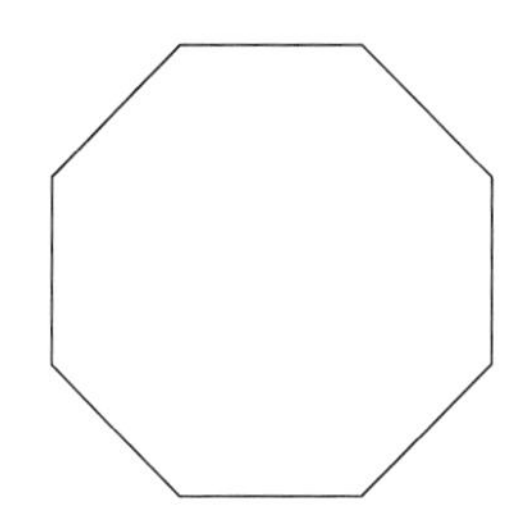

图 1.36　使用 turtle 库绘制的八边形

图 1.37　四边螺旋线

1.7.4　示例：绘制函数曲线

问题描述：在 400×400 的直角坐标范围内绘制正弦曲线。

为了充分利用绘制空间，首先对正弦曲线进行适当变换：

$$y = 200 \cdot \sin\left(\pi \cdot \frac{x}{100}\right) + 200$$

绘制正弦曲线的实现代码，见代码 1.8。

代码 1.18　sin.py 绘制正弦曲线

```
#!/usr/bin/env python3
# -*- coding: utf-8 -*-
import turtle
from math import sin,pi
def drawline(t,x1,y1,x2,y2):                    # 绘制直线
    s = t.pen()                                 # 保存笔的状态
```

```
    t.penup()                                   # 抬起笔
    t.goto(x1,y1)                               # 移动到线段起点
    t.pendown()                                 # 放下笔
    t.goto(x2,y2)                               # 绘制直线
    t.pen(s)                                    # 恢复笔的状态
def move(t,x,y):
    s = t.pen()
    t.penup()
    t.goto(x,y)
    t.pen(s)
def func(x):
    return 200 * sin(pi*x/100) + 200
t = turtle.Pen()
t.pensize(2)
# 绘制坐标轴
drawline(t,-20,0,410,0)
drawline(t,0,-20,0,410)
# 绘制正弦曲线
move(t, 0, func(0))
for i in range(1,400):
    t.goto(i, func(i))
# 隐藏绘图笔
t.hideturtle()
turtle.exitonclick()
```

【代码说明】

- drawline()函数用于绘制直线。
- move()函数用于移动光标而不画线。
- turtle 库的绘图笔处于“放下”状态时，移动绘图笔会画出笔迹。如果希望移动绘图笔而不画出笔迹，就需要先“抬起”绘图笔再移动。这就需要反复地使用 penup()和 pendown()方法。为了简洁，本例将画直线和移动绘图笔的组合动作设计为函数 drawline()和 move()。用 pen()方法保存绘图笔的状态，做完操作后，再用 pen()方法恢复绘图笔状态。
- 在这里使用 range(1,400)控制循环，循环变量会取遍 1～399 作为自变量 x 计算函数值 y。

【程序运行结果】

```
$ ./sin.py
```

会出现画布窗口和如图 1.38 所示绘制的图形。

【思考和扩展练习】

（1）思考如何为坐标轴加上刻度和箭头，编写程序实现之。

（2）思考如何编写通用的程序，用以绘制各种数学函数。

1.7.5 示例：蒙特卡洛方法

问题描述：编写程序，模拟蒙特卡洛方法求如图 1.39 所示的正弦曲线包围的阴影部

分面积的过程。

蒙特卡洛方法：随机在给定的区域内生成点，统计落在阴影内部的点的比例，将总面积乘以该比例，即可得到阴影面积的近似值，如图 1.40 所示。

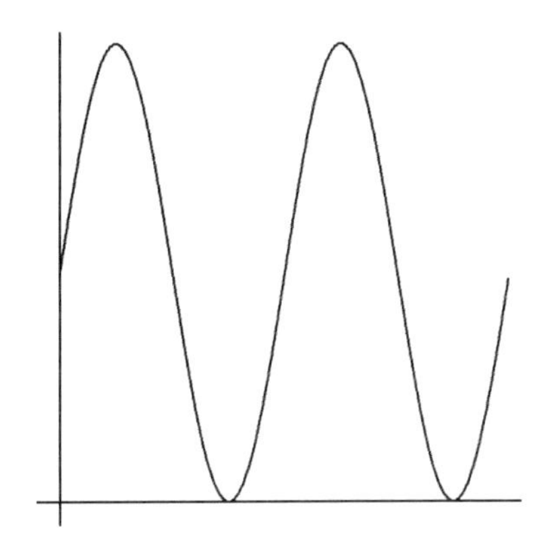

图 1.38　使用 turtle 库绘制的正弦曲线

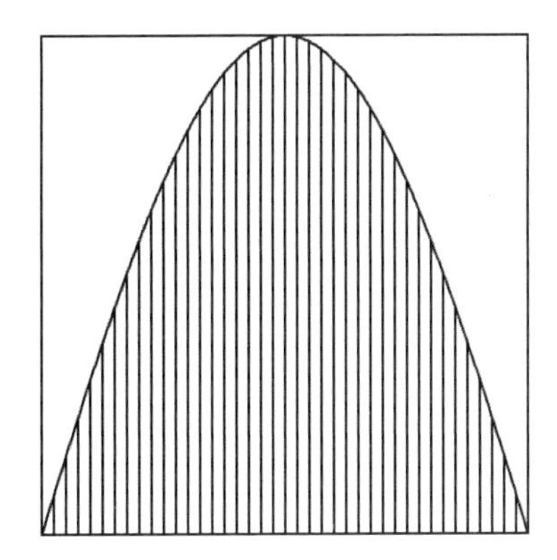

图 1.39　正弦曲线阴影面积

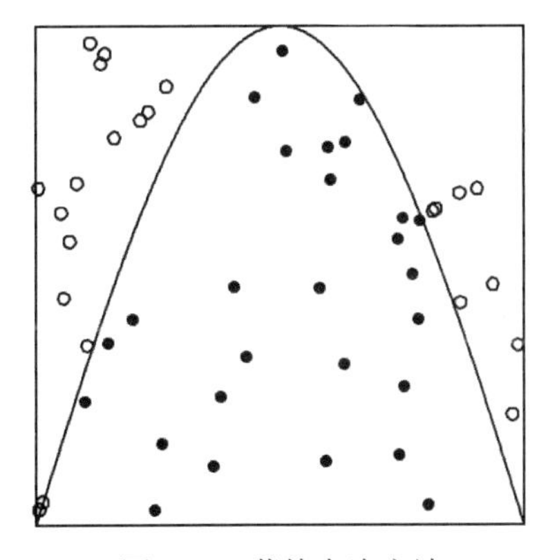

图 1.40　蒙特卡洛方法

在 400×400 的区域内绘制半周期的正弦曲线，曲线方程为：

$$f(x) = 400 \cdot \sin(\pi \cdot \frac{x}{400})$$

具备微积分知识的读者可以很容易地求出阴影面积为：

$$\int_0^{400} f(x)\mathrm{d}x = 400^2 \cdot \frac{2}{\pi} \approx 101859.16$$

不具备微积分知识的读者可以默认接受这个结果。有了精确的计算结果，可以将代码 1.19 的运行结果和该数据进行比对。

代码 1.19　monte_sim.py 模拟蒙特卡洛方法

```
#!/usr/bin/env python3
import turtle
import random
from math import sin,pi
from sys import argv
n = int(argv[1])                        # 命令参数用来指定点数
t = turtle.Pen()                        # 获取画笔
t.pensize(2)                            # 设定线宽
for _ in range(4):                      # 绘制 400×400 正方形
    t.forward(400)
    t.left(90)
def f(x):                               # 正弦函数
    return 400 * sin(pi*x/400)
for i in range(401):                    # 绘制正弦曲线
    t.goto(i, f(i))
def move(t, x, y):                      # 移动光标，用来画点
    s = t.pen()
    t.penup()
    t.goto(x, y)
    t.pen(s)
count = 0                               # 计数阴影内点数
for i in range(n):
    x = random.uniform(0, 400)          # 产生[0,400]区间随机数
    y = random.uniform(0, 400)
    if(y < f(x)):
        move(t, x, y)
        t.dot(10, 'black')
        count += 1
    else:
        move(t, x, y-5)
        t.circle(5, 360)
else:
    print(f"total dots: {n}")
    print(f"inner dots: {count}")
    print("area is {}".format(400*400*count/n))
t.hideturtle()
turtle.exitonclick()
```

【程序运行结果】

以 500 点数运行程序，运行结果如下：

```
$ ./monte_sim.py 500
total dots: 500
inner dots: 316
area is 101120.0
```

会出现画布窗口和如图 1.41 所示绘制的图形

【思考和扩展练习】

（1）学习过概率和统计理论的读者，请计算蒙特卡洛方法的误差。

（2）请尝试根据图 1.42 所示，用细长矩形面积之和近似求出相应面积。

（3）编写程序，绘制图 1.42。

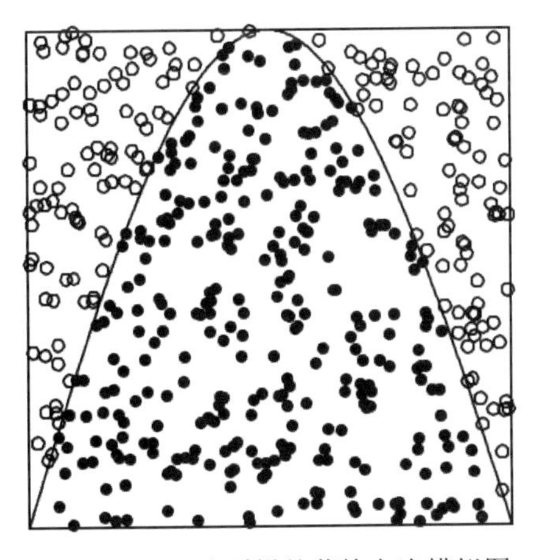

图 1.41　500 次采样的蒙特卡洛模拟图

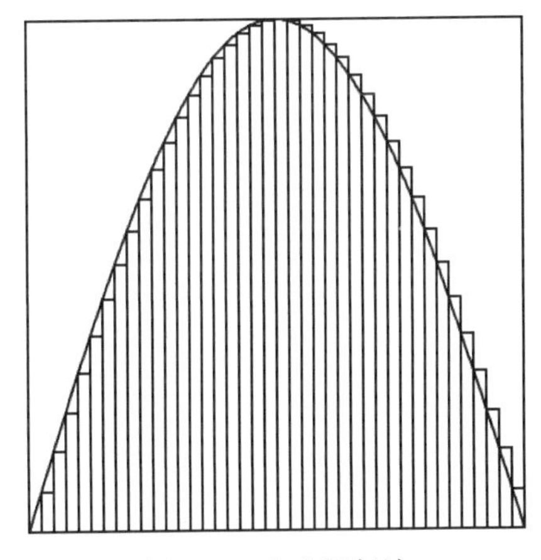

图 1.42　积分近似法

1.7.6　示例：埃特金迭代法求方程的根

数值计算是计算机的重要应用领域。对于工科类学生而言，数值计算显得尤为重要。

问题描述：用简单迭代法求方程 $x^3-13x+12=0$ 的根。

上述方程可以因式分解为$(x+4)\cdot(x-1)\cdot(x-3)$，可知方程有 3 个根-4、1、3。很多方程无法进行简单因式分解，也无法推导出求根公式，这时候用数值方法得到方程的根就是唯一办法。

埃特金迭代法的基本思想：

首先将待求解的方程 $f(x)=0$ 变换为 $x=\varphi(x)$，选定 x_0，用如下公式进行迭代计算：

$$x_{k+1}{}' = \varphi(x_k)$$

$$x_{k+1}{}'' = \varphi(x_{k+1}{}')$$

$$x_{k+1} = \frac{(x_{k+1}{}'' - x_{k+1}{}')}{x_{k+1}{}'' - 2x_{k+1}{}' + x_k}$$

得到迭代序列 $x_0,x_1,\cdots,x_n,\cdots$在很多情况下，数列会收敛到 $f(x)=0$ 的一个根。当接近迭

代终点时，要注意被 0 除的问题。一般取一个很小的 ε 在 $|x_{k+1}'' - x_{k+1}'| < \varepsilon$ 时结束计算。

如果不知道循环的次数，但知道循环的终止条件，往往使用 while 循环比较合适。对待求解的方程进行变换得到：

$$x = \varphi(x) = (x^3 + 12)/13$$

埃特金迭代法的实现，如代码 1.20 所示。

代码 1.20　root.py 埃特金迭代法

```
#!/usr/bin/env python3
from sys  import argv
x = float(argv[1])                          # 从命令行获得迭代初值
def phi(x):                                 # 迭代函数
    return (x**3 + 12)/13
while True :
    x1 = phi(x)
    x2 = phi(x1)
    print(x,x1,x2)                          # 打印中间结果
    if abs(x2-x1)<1e-20 :                   # 判断是否达到迭代终点
        x = x2
        break
    else:
        x = x2 - (x2-x1)**2/(x2-2*x1+x)
# 打印最终结果
print(f'root: x={x2}')
```

【程序运行结果】

在运行示例中，分别以(−5, 0, 5)作为初值进行迭代，求得方程的 3 个根(−4.0, 1.0, 3.0)。

```
$ ./root.py -5
-5.0 -8.692307692307692 -49.596757816603045
-4.633637431126367 -6.729765889795242 -22.522262116636398
-4.312840370941419 -5.2477987986386605 -10.193937651157373
-4.094912686583765 -4.358828075852047 -5.447310810361147
-4.010442530089406 -4.038657780017554 -4.144120330725059
-4.000136664117704 -4.00050462321364 -4.001863459239868
-4.000000023640827 -4.000000087289208 -4.00000032229862
-4.000000000000001 -4.0000000000000036 -4.000000000000013
-4.0 -4.0 -4.0
root: x=-4.0
$ ./root.py 0
0.0 0.9230769230769231 0.9835790063373131
0.9878226984900146 0.9972239345965173 0.9993611463086975
0.9999899539303033 0.9999976816995139 0.9999994650088204
0.9999999999930131 0.9999999999983876 0.999999999999628
1.0 1.0 1.0
root: x=1.0
$ ./root.py 5
5.0 10.538461538461538 90.95329295192745
4.590330617466819 8.363344380828009 45.921426836094376
4.168971910508688 6.496776475808971 22.016663146300097
3.75821991161083297 5.006301015765117 10.574859382657447
3.3976795481820954 3.9402755107943324 5.628908896564066
3.140785338015766 3.3063368589557487 3.703417152213995
```

```
3.0224099593916924 3.046892308809036 3.0989219574182623
3.000651549290658 3.00135351167482 3.0028124081264953
3.0000005663187896 3.000001176200785 3.000002442879512
3.0000000000004285 3.00000000000089 3.0000000000018483
3.0 3.0 3.0
root: x=3.0
```

【思考和扩展练习】

（1）思考埃特金迭代法在哪些情况下可能会陷入无穷循环，修改程序以摆脱这种情况。

（2）选取不同的迭代初值，查看迭代行为，思考如何确定迭代初值。

（3）上述方程也可以使用 $x=\varphi(x)=x^3-12x+12$ 作为迭代公式，比较不同迭代公式的行为。

（4）思考如何编写通用的埃特金迭代算法，使之适用于不同的方程。

（5）查阅互联网，研究还有哪些求解非线性方程的迭代方法，编程实现并与埃特金方法比较。

1.7.7　小结

本节介绍的示例和习题涉及多个领域。读者（尤其是本科低年级的学生或中学生）应当积极在其他学科的学习中充分使用 Python。程序设计能力对数学、科学和工程学的学习有很大帮助。

1.8　程序执行模型

在上一节中，本书向读者展示了程序设计的一些具体示例。通过这些示例，读者应当已经了解到编写代码的初步方法。但这些示例比较初级。这种初级在于，从问题描述本身出发就容易设计并编写程序。比如埃特金迭代法，虽然其原理涉及较复杂的数学，但从编程角度来说，只需要按照算法步骤描述，就可轻易写出程序。

本书将向读者展示程序设计的核心思考方法。使用这些方法，可以让工程师在面临具体的局部问题时能够设计出恰当的程序。本节提出的问题种类分为以下 3 个层次：

- 无状态程序设计；
- 有状态程序设计；
- 利用顺序存储结构进行程序设计。

这和在本书 1.1 节中提到的基本模型“图灵机”是相吻合的。图灵机模型的核心思想正是由状态机配合线性存储器完成各种各样的计算任务。为了突出设计程序的本质方法，本节的前几个示例将程序设计手段限制于最简单的输入和输出、控制结构，以及简单的字符和字符串处理方面。

输入和输出、赋值、运算、条件判断、循环和分支、顺序存储结构，学会了这些，就足以写出解决各种问题的程序。基本上各种程序设计语言都支持这些特性。本节将带领读者使用这些核心程序设计手段，解决各种程序设计问题。核心能力一旦建立，就会自然得以推而广之。

【学习目标】

- 掌握使用状态机进行程序设计的方法；
- 了解栈和队列在程序设计中的应用。

1.8.1 手段限制

为了凸显本质，往往要在其他方面作出简化。1.8.1 节、1.8.2 节和 1.8.3 节讨论的问题从形式上来说大多都很简单，尤其是 1.8.2 节和 1.8.3 节。不仅如此，起初的几个例子还把 IO 手段限制在单个字符方面。因为唯有这样才能尽早向读者展示本节的核心主题。这就好比徒手盖房，虽然房子很简陋，但却对一砖一瓦都心中有数。

注意： 在初学阶段使用高级工具会阻碍核心能力的建立。

从标准输入流中逐个获得字符并输出的代码片段如下：

```
from sys import stdin
for c in stdin.read():
    print(c, end='')
```

上述代码中，stdin.read()方法从标准输入流读取全部数据。用 for 循环的循环变量 c 会取遍标准输入流的每个字符。print()函数将字符输出。这段程序只是简单地将输入复制到输出，每次一个字符。接下来的例子将根据具体问题的需求在循环里对数据进行处理。

1.8.2 无状态程序

最简单的程序是无状态的，即程序在计算过程中不需要“记住”什么。这类程序只需根据输入进行分类讨论即可，最常使用的就是 if-else 结构。在这类问题中使用查找表结构往往能让代码更简洁。

注意： 在实际问题中，单纯的“不需记忆状态”程序很少。但程序是由很多代码片段组成的，其中很多都具有无状态特性。清晰、高效地处理这部分代码，能大大提高编码质量。

问题描述： 根据手机中九宫格按键上的字母和数字的对应关系，如图 1.43 所示，将输入中的英文字母转换成对应的数字。

1	2 ABC	3 DEF
4 GHI	5 JKL	6 MNO
7 PQRS	8 TUV	9 WXYZ

图 1.43　手机中的九宫格按键盘

举例来说，程序应当在收到如下输入时：

```
010 - PYTHONer
+86 138PROGRAMM
```

给出如下输出：

```
010 - 79846637
+86 13877647266
```

问题分析：解决这个问题要构建下述程序结构。

- 在主循环中不断读入输入的字符；
- 设计某种字符替换机制；
- 将结果输出。

程序结构如图 1.44 所示。

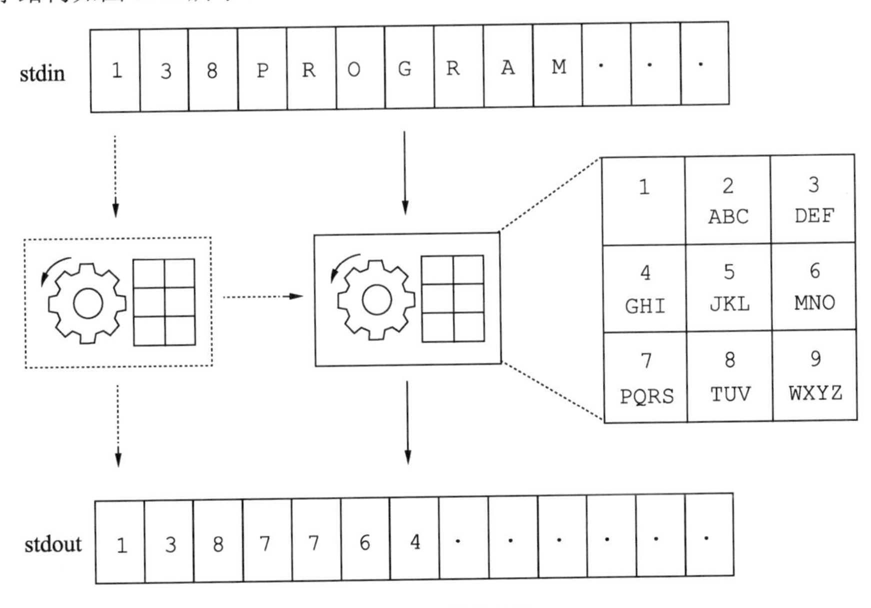

图 1.44　程序结构

既然 I/O 已经被限制在单个字符上，如何设计“替换机制”就是首要问题。根据不同输入决定不同的输出内容来看，这是一个“分情况讨论”的问题。显然可以使用 1.5.1 节介绍的 if-else 结构。这就是下文“版本 1”所示的解决方案。

版本1：使用if-else结构

这个简单的问题具有一定代表性。笔者在教学过程中做过试验，在现场练习中让学生编写代码，绝大多数初学者都会使用如下 if-else 结构：

```
if c=='A' or c=='B' or c=='C':
    print(c, end='')
elif c=='D' or c=='E' or c=='F':
    ...
```

这样写当然能够正确处理这个问题，但相当烦琐，如代码 1.21 所示。

代码 1.21　tel.py if-else 版本的字符转换

```
#!/usr/bin/env python3
from sys import stdin
for c in stdin.read():
    c = c.upper()
    if c=='A' or c=='B' or c=='C':
        print(2, end='')
    elif c=='D' or c=='E' or c=='F':
        print(3, end='')
    elif c=='G' or c=='H' or c=='I':
        print(4, end='')
    elif c=='J' or c=='K' or c=='L':
        print(5, end='')
    elif c=='M' or c=='N' or c=='O':
        print(6, end='')
    elif c=='P' or c=='Q' or c=='R' or c=='S':
        print(7, end='')
    elif c=='U' or c=='V' or c=='W':
        print(8, end='')
    elif c=='X' or c=='Y' or c=='Z':
        print(9, end='')
    else:
        print(c, end='')
```

【程序运行结果】

```
$ ./tel.py
010 - PYTHONer                    ~ 输入
+86 138PROGRAMM                   ~ 输入
（按 ctrl + D 键结束输入）
010 - 79846637                    ~ 程序输出
+86 13877647266                   ~ 程序输出
```

为了不用每次都输入测试数据，可以将其保存至文本文件中，使用输入重定向为程序提供数据。将输入数据存入 data.txt 文件中，然后执行如下程序：

```
$ ./tel.py < data.txt
010 - 79846637
+86 13877647266
```

关于该程序的讨论：

首先要指出的是该程序虽然行数很多，但结构清晰、易懂，不失为解决问题的良好起点。同时应当注意到代码中存在大量的冗余，如图 1.45 所示。①

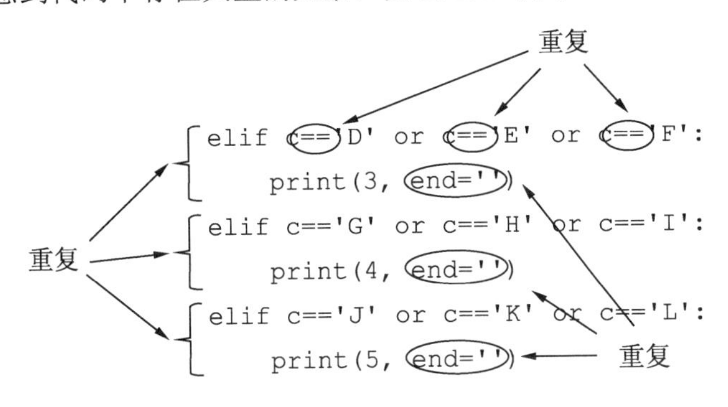

图 1.45　tel.py 版本 1 的冗余之处

注意： 程序设计语言提供了多种机制以消除冗余的代码。这是程序员应掌握的主要技巧之一。作为初学者，应当对“冗余的代码”保持敏感。在工程实践中大规模消除冗余代码的努力往往能够换来生产力的显著提高。请参见本节末尾的“思考和扩展练习”，尝试消除代码 1.21 的冗余之处。

当条件的取值集合为连续整数时，应当首先考虑使用顺序存储结构作为查找表，这通常能使程序格外简洁和高效。于是有了以下版本 2 的解决方案。

版本2：使用ASCII码作为查找表索引

大写字母 A 至 Z 的 ASCII 码②为 65～90。将字母转换为大写，然后转换为 ASCII 码，即可得到连续整数。再从结果中减去起始偏移 65，即可得到从 0 开始的整数序列。在 Python 中使用 ord 函数计算字符的 ASCII 码，如代码 1.22 所示。

代码 1.22　tel.py 查找表版本的字符转换

```
#!/usr/bin/env python3
# -*- coding: utf-8 -*-
from sys import stdin
table = '22233344455566677778889999'
A = ord('A')            # 字母 A 的 ASCII 码
for c in stdin.read():
    if c.isalpha():
        print(table[ord(c.upper()) - A], end='')
```

① 虽然该代码比较初级，但对初学者掌握 if-elif-else 结构和逻辑表达式具有一定意义。基础薄弱的读者可以作为抄写练习。

② ASCII 码（American Standard Code for Information Interchange，美国信息交换标准代码），是计算机世界最基础的编码。ASCII 码将英文字母、数字、常见符号和控制字符编码为 0～127 的整数。几乎所有的更广泛的字符集编码都和 ASCII 编码是兼容的。如果读者使用的是 Linux/UNIX 环境，在终端中输入 man ascii 命令即可查看 ASCII 编码表。

```
    else:
        print(c, end='')
```

版本3：使用字典作为查找表

字典结构可以实现一般性的查找表，不受“连续整数索引”限制，见代码 1.23。

代码 1.23　tel.py 查找表版本的字符转换

```
#!/usr/bin/env python3
from sys import stdin
table = {
    'A':2, 'B':2, 'C':2, 'D':3, 'E':3, 'F':3,
    'G':4, 'H':4, 'I':4, 'J':5, 'K':5, 'L':5,
    'M':6, 'N':6, 'O':6, 'P':7, 'Q':7, 'R':7, 'S':7,
    'T':8, 'U':8, 'V':8, 'W':9, 'X':9, 'Y':9, 'Z':9
}
for c in stdin.read():
    print(table.get(c.upper(), c), end='')
```

【代码说明】

- 字典类型的 get()方法（table.get()）用于根据键取出值。该方法与索引取值（[ ]）的不同之处在于可以传递第 2 个参数以指定查无此键时返回的默认值。

版本4：使用maketrans和translate

查找表替换在字符串中是如此常用，以至于 Python 将其实现为内建功能。开发者使用 maketrans 和 translate 可以构建一个转换表并据此对字符串进行转换。使用 Python 内建查找表替换的程序如代码 1.24 所示。①

代码 1.24　tel.py 使用 maketrans 生成查找表的版本

```
#!/usr/bin/env python3
from sys import stdin
table = bytes.maketrans(b'ABCDEFGHIJKLMNOPQRSTUVWXYZ',
                        b'22233344455566677778889999')
print(stdin.read().upper().translate(table))
```

笔者在多年的教学过程中发现，很多有过数年工作经验的工程师在遇到实际问题时首先考虑 if-else 结构，因为 if-else 能够解决一切“分情况讨论”问题。虽然比较省事，但这样做往往会导致烦琐的代码（有时也低效）。笔者的建议是，如果掌握了多种技巧，而这些技巧的应用领域有包含关系（比如用查找表能解决的问题用 if-else 都能解决，如图 1.46 所示），

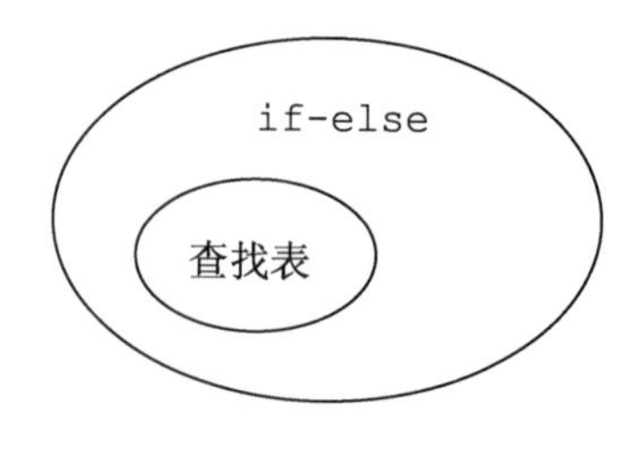

图 1.46　if-else 和查找表的应用范围关系

① 写给教师：把已有的知识灵活运用至各种新场景，再在新场景中习得新知识，这是自然的认知过程。这个过程是最高效的学习过程，也是各种工具不断构建的过程。人们最初利用很简单的工具（比如 C 语言的内建容器只有数组可用）完成各种任务，随着各种新场景的不断出现和经验的积累，人们构建出新的工具（如 Python 内建了更多的功能）。理想的教学过程应当能够复现这个过程。

在遇到问题时应当首先尝试那些应用范围较小的技巧，这往往会让你写出更漂亮的代码。具体到本节的问题而言，就是先考虑能否用查找表解决问题，如果不行，再用 if-else 分支进行逐个条件的判断。

【思考和扩展练习】

（1）针对版本 1：使用 in 操作符消除反复判断的级联 or 逻辑表达式。

```
elif c in 'DEF' :
    ...
elif c in 'GHI' :
    ...
```

（2）针对版本 1：print()函数每次都要指定参数 end=''。参见 2.6.3 节的扩展练习，利用那里提及的 partial()函数消除此种冗余。

（3）针对版本 1：思考有何方式消除级联 elif 冗余。

（4）分析 4 个版本实现的性能，并思考如何实际验证你的结论。

（5）bytes.maketrans()和 str.maketrans()都能生成转换表，二者有何区别？

1.8.3 有状态程序

前一节所示程序的特点是输出仅与当前输入有关：当输入字母 A 时就输出数字 2，当输入 M 时就输出数字 6。程序的核心就是循环加上查找逻辑，不需要“记住什么”。但一般的场景是：**输出不仅取决于输入，还取决于“状态”**。

当在键盘上按回车键时，计算机显然不是每次都给出一样的结果。比如，在字处理软件的编辑框中按回车键会换行，在第一人称的射击游戏中按回车键则往往是开枪。这就是状态对行为的影响。

这类程序归纳起来具有如下行为：

- 接收输入，产生输出；
- 拥有设计好的状态集合；
- 使用状态变量用以记录状态，在执行过程中，状态不断变化；
- 拥有设计好的查找逻辑；
- 使用查找逻辑，根据“当前状态”和“当前输入”决定“下一个状态”和“输出”。

具有状态记忆特性的程序执行过程如图 1.47 所示。

接下来将以一个具体示例来说明这类程序的结构和设计方法。

问题描述：缩减文本中的连续空格，将标准输入文本中的连续空格缩减为一个。这个问题是有现实意义的，很多程序设计语言都是“空格不敏感”的，编译系统在处理时往往要去掉多余的空格。

```
输入示例：
int    main(   )    {
```

```
    return   0   ;
}
输出示例：
int main( ) {
 return 0 ;
}
```

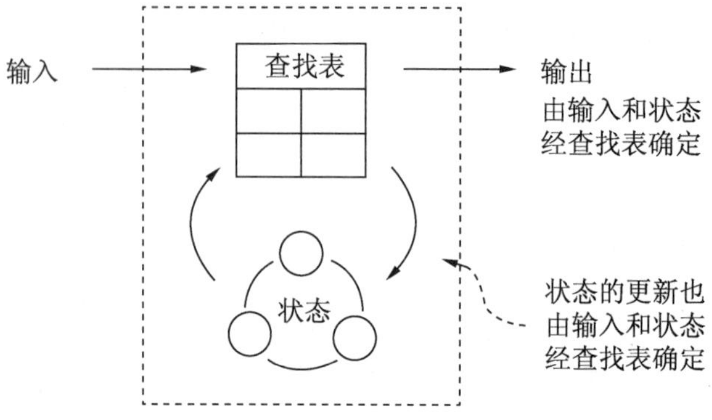

图 1.47　具有状态记忆特性的程序执行过程

问题分析：本问题虽然也很简单，但和 1.8.2 节的“手机中的九宫格键盘文本替换问题”有本质的不同。程序接收到空格字符，不能仅仅根据该字符确定输出行为，而是需要根据前一个字符是否是空格来决定。**程序需要记住“上一个收到的字符是否是空格”这个事实**，如图 1.48 所示。

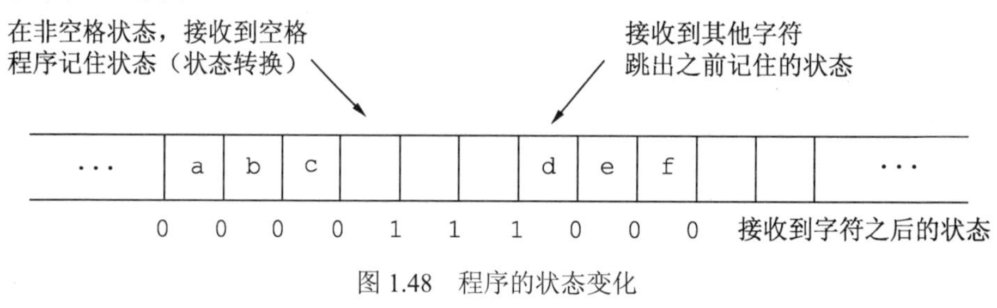

图 1.48　程序的状态变化

状态是“非此即彼”，看起来似乎是布尔类型，但为了将来的扩展方便，我们使用整数变量 s 来记录，值为 0 表示“之前没收到空格”，值为 1 表示“之前恰好收到空格”。如图 1.49 所示为程序工作时的状态转换过程。

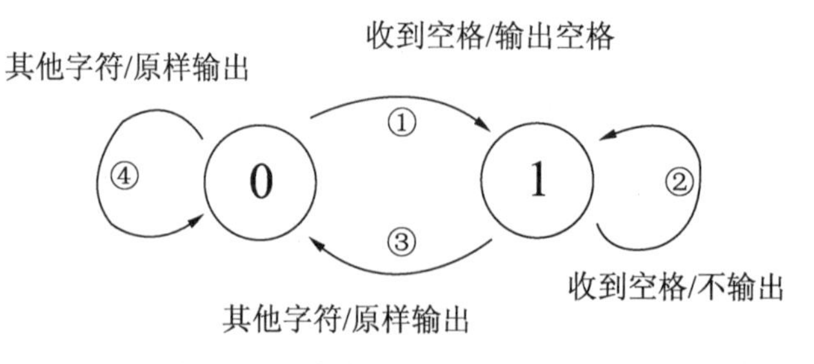

图 1.49　去除连续空格的状态机模型

在图 1.49 中，圆圈表示两个状态：

- 状态 0：当状态为 0 时，表示上一个字符不是空格；
- 状态 1：当状态为 1 时，表示上一个字符是空格。

带箭头的曲线表示状态的转换，各条曲线的含义分别是：

- 0->1：当状态为 0 时，收到空格，此时应当把这第一个空格打印出来。同时由于收到了空格，程序需要记住这件事，状态发生变化，变为状态 1。
- 1->1：当状态为 1 时，收到空格，表明正处于连续空格中，什么也不打印。
- 1->0：当状态为 1 时，收到字符，说明结束了连续空格状态，输出该字符，并且转换为 0 状态。
- 0->0：当状态为 0 时，收到字符，说明这是正常的字符序列，输出该字符，并且留在 1 状态。

也可以用查找表结构写出上述模型，如图 1.50 所示。

查找表输入		查找表输出	
当前状态	当前输入	下一状态	输出
0	空格	1	空格
0	非空格	0	原样输出
1	空格	1	无
1	非空格	0	原样输出

图 1.50　状态机查找表

查找表更容易和代码对应，但没有状态转移图直观。在实践中，如果状态图简单，则无须使用表格形式；如果复杂，则拆分状态图并配合使用表格，以避免错误。将上述模型转换为代码是非常容易的事情，不同的状态对应依据状态 s 值的程序分支，不同输入的行为（空格和非空格）则是再嵌套一层依据变量 c 值的程序分支，在最底层的分支里要做两件事情，即输出某个字符（或不输出）和修改状态。

版本1：状态机模型

根据前述模型，写出完整的程序，如代码 1.25 所示。

代码 1.25　rmsp.py 缩减连续空格

```
#!/usr/bin/env python3
# -*- coding: utf-8 -*-
from sys import stdin, exit
s = 0
for c in stdin.read():
    if s==0:                                # 状态 0
        if c==' ':
            print(' ', end='')              # 转换曲线 1
            s=1
        else:
```

```
            print(c, end='')                # 转换曲线 4
            s=0
    elif s==1:                              # 状态 1
        if c==' ':
            print('', end='')               # 转换曲线 2
            s=1
        else:
            print(c, end='')                # 转换曲线 3
            s=0
    else:
        raise ValueError(f's={s}')          # 不会执行至此
```

【代码说明】

- 最外层的分支和状态相对应。
- 内层分支和状态的转移曲线相对应。
- 程序写对的情况下，最后的 else 分支永远不会执行。如果执行到这里，说明代码因为疏忽写错了，抛出异常，打印 s 的值以辅助排错。
- 上述代码特意为了和状态转换图对应，加入了一些不需要的语句，如状态向自身跳转时对 s 的赋值语句，以及不需要输出时打印空字符串的语句。也许有的读者会想用条件表达式或者将一些行为相同的 print 合并放到分支外面，但在接下来的扩展中会看到，规整的结构带来的好处远胜于在编码初期节省一两行文本。

【程序运行结果】

将问题描述中的示例保存至文本文件 input.txt 中，运行程序结果如下：

```
$ ./rmsp.py < input.txt
int main( ) {
 return 0 ;
}
```

版本2：使用正则表达式处理文本替换

识别或替换某种文本模式，是程序设计的常见问题。在程序设计中，对这类问题的标准解法是采用“正则表达式”模型。许多程序设计语言都将正则表达式作为语言标准的一部分实现。用 Python 中的正则表达式机制替换多个连续空格为单个空格只需要一行代码，完整程序如代码 1.26 所示。

代码 1.26　字母转换——正则表达式

```
#!/usr/bin/env python3
from sys import stdin
import re
s = stdin.read()
s = re.sub(r' +', ' ', s)
print(s, end='')
```

【代码说明】

- 正则表达式 r' +'的含义是“一个或多个空格”；

- re.sub(r' +', ' ', s)的含义是将字符串 s（参数 3）中的“一个或多个空格”模式（参数 1），替换为“单个空格”（参数 2）；
- 正则表达式引擎的工作原理也是根据待识别的模式生成状态机，然后用状态机处理字符串。

扩展问题：更加复杂的状态。

前述例子使用了最简单的状态机（之所以最简单，是因为只有两个状态），现在稍微拓展一下问题：**将双引号围绕起来的文本看做字符串，保留其中的空格数量不变，仅仅缩减双引号外的空格**。为了简化问题，假设双引号总是成对出现，并且不考虑在双引号中还有转义双引号的情形。

```
输入示例：
"  xxx     xx   xx"
int    main(   )    {
     "doc     string     ..."
    return   0   ;
}
输出示例：
"  xxx     xx   xx"
int main( ) {
 "doc     string     ..."
 return 0 ;
}
```

这样一来，程序还需要记住“在双引号里”这个状态。于是便有 3 个状态：**刚收到空格**（引号外）、**刚收到非空格字符**（引号外），以及在**双引号内部的状态。注意，在引号内部是不需要区分空格和非空格字符的。**

状态图的扩展：可以完全保留之前画的状态转换图，只是在上面再添加一个新状态 2（引号内），再辅以一些转换箭头，如图 1.51 虚线部分所示。

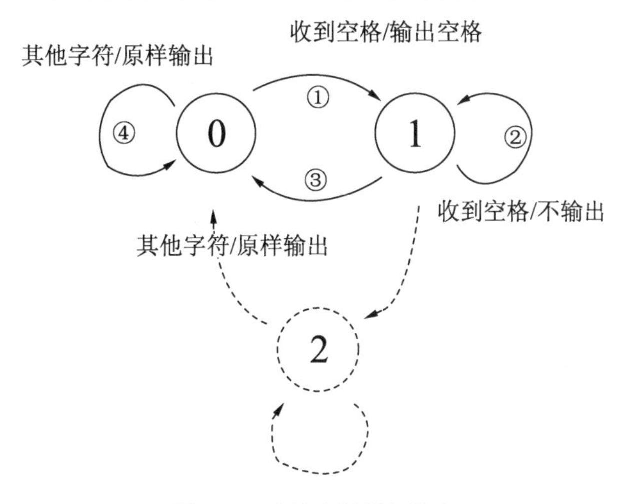

图 1.51　为状态机增加状态

版本3：在原有程序（代码1.25）上增加状态

既然状态转换图可以原样保留略作修改，那么之前的代码也可以整个拿过来再添加一些分支即可，如代码 1.27 所示。

代码 1.27　字母转换（3 个状态、保留双引号内空格）

```
#!/usr/bin/env python3
from sys import stdin, exit
s = 0
for c in stdin.read():
    if s==0:
        if c==' ':
            print(' ', end='')
            s=1
        elif c='"':
            print('"', end='')
            s=2
        else:
            print(c, end='')
            s=0
    elif s==1:
        if c==' ':
            print('', end='')
            s=1
        elif c='"':
            print('"', end='')
            s=2
        else:
            print(c, end='')
            s=0
    elif s==2:
        if c='"':
            print('"', end='')
            s=0;
        else:
            print(c, end='')
            s=2
    else:
        exit()
```

注意： 状态机是一种标准的程序设计手段。即便不了解这种模型的程序员也总是不自觉地设定一些状态并编写代码，处理状态的转换。理解这种模型的普遍性意义，能够更系统化地设计程序和软件系统，提升编码效率，避免或减少错误。

【思考和扩展练习】

（1）在互联网上检索正则表达式教程，学习正则表达式。

（2）查阅 Python 文档，了解 Python 对正则表达式的支持。

（3）如下是一个带注释的 C 语言程序。编写程序去除注释。实现要求：C 语言有两种注释方式，用//表示单行注释，用/* */表示跨行注释。将每段注释替换为一个空格。保留单行注释末尾的换行符。无须考虑/*字符在字符串或字符中的情况（假设没有字符串字面值）。

```
// comment
int main(void) {  // comment
/* comment */
   return 1*5+1/5;  /* comment
            * comment */
}
```

上述代码片段应当被替换为：

```
int main(void) {
   return 1*5+1/5;
}
```

1.8.4　线性存储器

有时候，仅仅记住有限个确定状态是不够的，这时就需要通过某种数据结构来存储数量不确定的数据。基本的数据结构是线性结构，这也最符合存储器的物理结构，如图 1.52 所示。

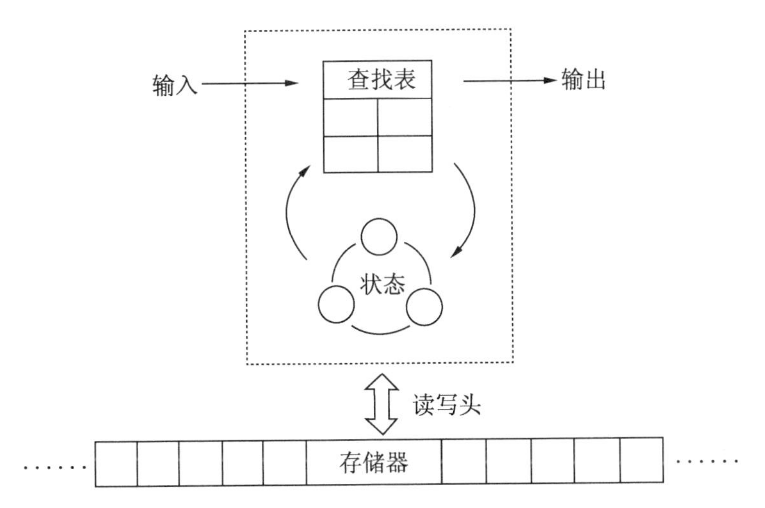

图 1.52　配合线性存储器的程序

能够动态扩展长度，支持任意位置插入删除的线性结构被称为列表（这正是 Python 的内建数据类型“列表”得名的原因）。然而，更简单的结构只在线性结构的一端放入或取出数据，这种结构被称为“栈”（stack）。稍微复杂一点的线性结构在一端放入数据，在另一端取出数据，这种结构被称为“队列”（queue）。[①]

栈在列表的一端添加和删除数据，这两个操作被称为入栈（push）和出栈（pop），也被形象地译为“压入”和“弹出”。栈操作示意图如图 1.53 所示。

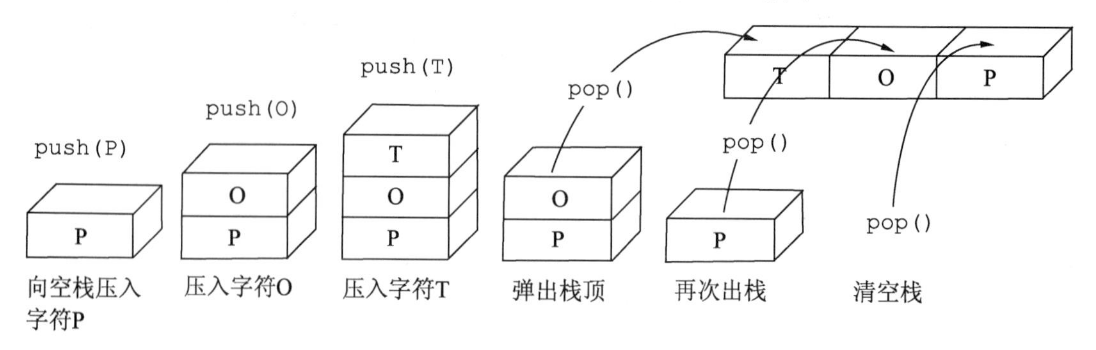

图 1.53　栈操作示意图

Python 的列表类型可以很容易地实现入栈和出栈操作。向列表尾部添加元素的方法被命名为 append，这是列表类型的习惯。只使用 append()和 pop()对列表进行访问，就相当于在使用一个栈，例如：

```
>>> s = []
>>> s.append('P')
>>> s.append('O')
>>> s.append('T')
>>> s
['P', 'O', 'T']
>>> s.pop()
'T'
>>> s.pop()
'O'
>>> s.pop()
'P'
>>>
```

队列在列表的一端添加数据，在另一端获取并删除数据。队列是和栈相对称的数据结构。队列的特点是先进先出（FIFO First-in，First-out），或称为“先来先服务”。读者可以形象地把队列想象成一个管道，从管道的一端放入数据，从另一端取出数据。数据的取出顺序也就是放入的顺序。在计算机科学术语中，向队列中添加数据被称为“入队”（enqueue），从队列中取出数据被称为“出队”（dequeue）。队列操作示意图如图 1.54 所示。

① 更为基本的结构是“数组”，数组是具有固定长度的线性结构。很遗憾，数组并不是 Python 的基础结构，Python 包办了很多底层实现。本书将在 3 章关于列表的底层实现中介绍数组的概念。

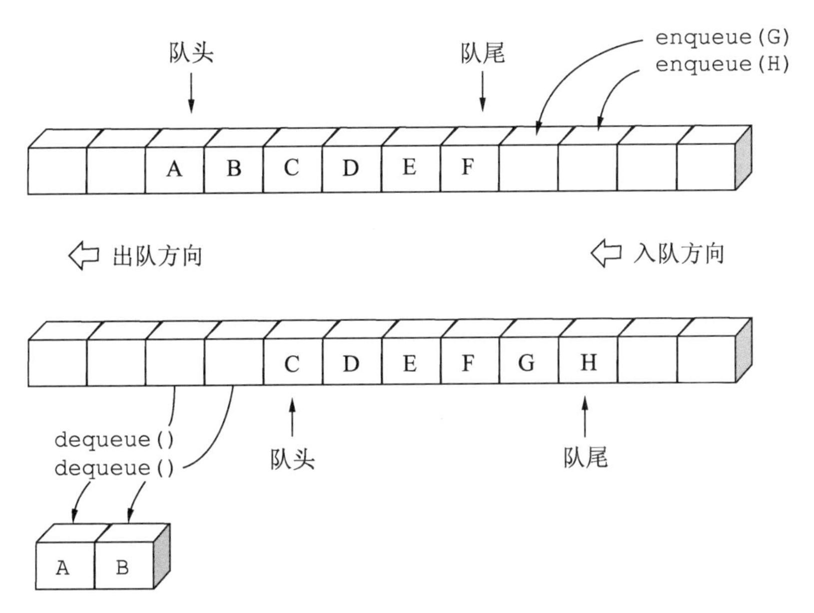

图 1.54　队列示意图

Python 的 queue 模块的 Queue 对象实现了典型的队列结构。该对象针对线程间的消息通信场景而设计，所以使用 get()和 put()作为出队和入队的方法名。

```
>>> q = Queue()
>>> a.put('A')
>>> q.put('A')
>>> q.put('B')
>>> q.put('C')
>>> q.get()
'A'
>>> q.get()
'B'
>>> q.get()
'C'
```

Python 的 collections 模块实现了更一般的双端队列（double-ended queue）结构 deque，在两端都可以进行存、取操作。

```
>>> from collections import deque
>>> dq = deque()
>>> dq.append('A')
>>> dq.append('B')
>>> dq.append('C')
>>> dq
deque(['A', 'B', 'C'])
>>> dq.popleft()
'A'
>>> dq.popleft()
'B'
>>> dq.popleft()
'C'
```

本节介绍了两种重要的结构：栈和队列。接下来的 1.8.5 节和 1.8.6 节将分别举例介绍这两种数据结构在程序设计中的应用。

1.8.5 使用栈设计程序

为了演示栈这种结构在程序设计中的应用，请看如下问题：

注意：本节的示例将在异常处理（1.10 节）中再次用到。不要轻易因为逆波兰表达式的概念有些晦涩而跳过本节。

问题描述：逆波兰表达式是将运算符写在运算数后面的表达式[①]，也叫做后缀表达式，参见 1.2.3 节。下面给出了逆波兰表达式的例子。逆波兰表达式是不需要括号和优先级规则的，运算的次序已经包含在运算符的出现次序中了。在以下示例中，第 2 列的括号是为了让读者方便理解特意加上的。

```
逆波兰              加上括号便于理解              对应的中缀表达式
1 2 +                                            1 + 2
1 2 + 3 *           (1 2 +) 3 *                  (1 + 2) * 3
4 8 3 2 * - /       (4 (8 (3 2 *) -) /)          4 / (8 - 3 * 2)
```

计算过程如图 1.55 所示。

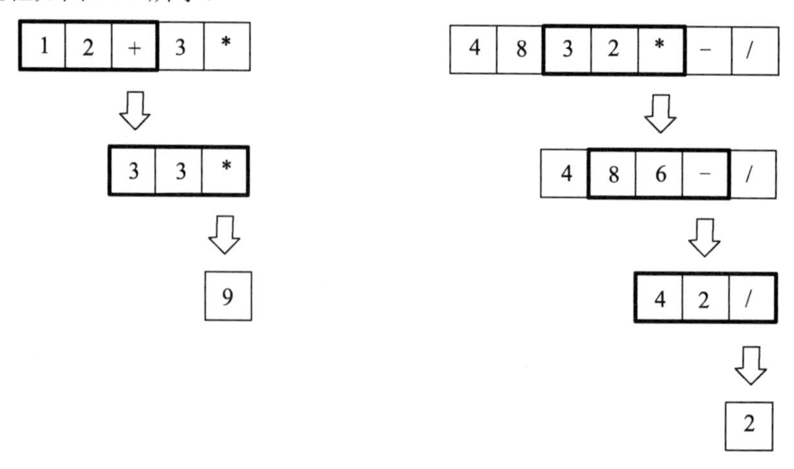

图 1.55　逆波兰表达式计算过程

在类 UNIX 操作系统的命令行中，默认安装的程序 dc 可以用来计算逆波兰表达式。运行 dc 后，输入表达式，以 p 结尾即可看到表达式的结果。[②]

```
$ dc
1 2 + p                输入
```

① 在算术中常见的表达式叫做中缀表达式，如：(1+2)×3。

② 实际上，p 的作用是打印表达式计算过程中的栈顶元素，这一点会在接下来的算法中讲解。

```
3                       输出
1 2 + 3 * p
9
4 8 3 2 * - / p
2
```

请读者试着写下一些逆波兰表达式进行计算，用 dc 程序验证结果。

问题分析：在计算过程中可以看到，从左至右扫描的程序在看到运算符之前需要“记住”已经出现的运算数。需要记住的运算数的数量是不定的。进一步观察可以发现如下事实：**后出现的运算数总是先进行运算**。比如算式 4 8 3 2 * - /，运算过程如下：

- 最后出现的两个运算数 3 和 2 与最先出现的乘号进行，3*2 运算得到 6；
- 这个结果连同倒数第 3 位出现的 8 和第 2 个出现的减号进行 8-6 运算得到 2；
- 最先出现的 4 最后进行计算，4/2 得到结果 2。

在这个过程中需要一个**后进先出的存储结构**来存储扫描到的操作数，这就是栈。

栈是一种逻辑结构，任何实现了“后进先出（LIFO：Last-in，First-out）”的结构都可以被称为栈。在本例中以 Python 的列表实现栈，append()方法在列表的尾部添加数据（入栈），pop()方法在列表的尾部读取数据并移除（出栈）。使用栈这种抽象数据类型，计算逆波兰表达式的方法可以描述如下：

- 从左向右扫描表达式；
- 如果遇到操作数，将其入栈；
- 如果遇到运算符，将栈顶的两个数出栈并运算，将结果再次入栈；[①]
- 扫描完成后，栈顶元素就是计算结果。

这个描述很抽象，但理解抽象的算法描述也是程序员必备的能力之一。常用的方法是构造一个例子，根据算法的描述，按部就班求解一遍。以 2*(3+4)为例，该表达式的逆波兰表示为 2 3 4 + *。从左向右扫描表达式会首先遇到 3 个操作数 2、3、4，这 3 个操作数依次入栈。再扫描到+运算符，根据算法描述，把栈顶的运算数 3、4 出栈计算 3+4，得到结果 7，将其入栈。这时候栈里的数据是 2、7。最后扫描到*运算符，同样将栈顶运算数取出进行计算，2*7 得到结果 14，将其入栈。扫描完毕，此时栈顶元素 14 就是计算结果。计算过程示意图，如图 1.56 所示。

代码实现：根据上述算法描述，可以写出如代码 1.28 所示程序。

代码 1.28　rpn.py 逆波兰表达式计算

```
#!/usr/bin/env python3
from sys import stdin
from operator import add, sub, mul, floordiv
op_dict = {
    '+': add,
    '-': sub,
    '*': mul,
    '/': floordiv
```

① 这里假定都是双目运算符。

```
    }
    for line in stdin :
        s = []
        for tok in line.split():
            if tok.isdigit():
                s.append(int(tok))
            else:
                op = op_dict[tok]
                b = s.pop()
                a = s.pop()
                s.append(op(a, b))
        else:
            print(s[0])
```

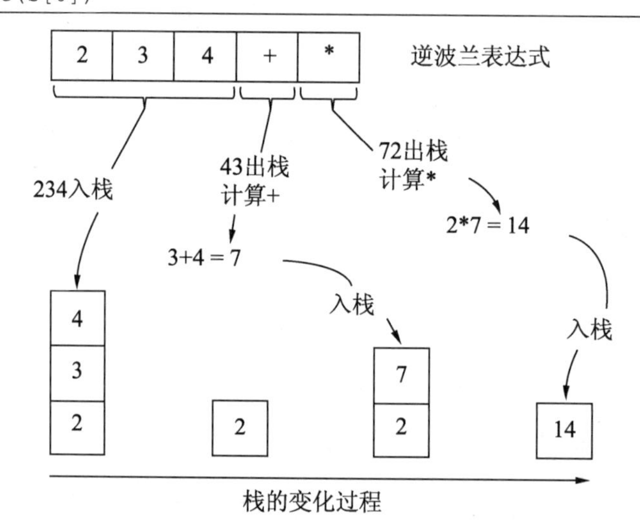

图 1.56　逆波兰表达式算法中栈的变化

【代码说明】

- operator 模块包含了 Python 的各种运算符的函数形式；
- op_dict 是字典，用以将字符串标识的运算转换为真正的运算函数；
- 字符串的 split()方法，用以将字符串按空白字符切割为单词后返回列表。①

```
>>> s = "13 24 56 + *"
>>> s.split()
['13', '24', '56', '+', '*']
```

【程序运行结果】

```
$ ./rpn.py
1 2 3 4 * + - ~          输入
-13   ~                  输出
2 3 4 + *  ~             输入
14   ~                   输出
```

① 可以通过指定更多参数设定分隔符。

【思考和扩展练习】

（1）UNIX/Linux 命令行的 dc 程序用 p 命令来打印栈顶元素，quit 命令退出。另外，dc 程序会将输入当做连续的算式，而非一行一个。请编写程序，模拟 dc 的这种行为。

（2）修改代码 1.28，使其支持浮点数表达式。

（3）当用户在终端输入无效表达式时会导致什么情况发生？如何处理这些情况？[①]

（4）以下是中缀表达式((1+2)*3)转换为后缀表达式(1 2 + 3 *)的算法过程。阅读并理解该算法，根据算法编写转换程序。

> （1）自左开始扫描表达式。
> （2）如果扫描到数，则输出。
> （3）如果扫描到左括号，则入栈。
> （4）如果扫描到右括号，反复读取栈顶：如果栈顶不是左括号，则将栈顶的运算符出栈输出。直至栈顶为左括号，将这个左括号出栈丢弃，同时丢弃前述右括号。
> （5）如果不是上述情况，则扫描到的定然是运算符，反复读取栈顶：如果栈顶为运算符，并且扫描到的运算符小于等于栈顶运算符优先级，则栈顶运算符出栈输出。直至栈顶为较低优先级运算符或左括号，将扫描到的运算符入栈。
> （6）扫描结束后，栈里的所有运算符出栈输出。
> （7）输出即为逆波兰表达式。

栈是有重要意义的数据结构。当问题本身具有“后进先出”的特性时，其解法往往会涉及栈。这种特性是普遍的。因为人的头脑构建复杂概念的方式是递归的（由小的概念不断复合构成大概念），而对复杂问题的解析往往需要先拆解大问题为多个小问题，然后解决依次得到的小问题，再返回来解决最初的大问题。本节用来举例的后缀表达式计算和扩展练习的表达式转换正是递归概念的体现（参见 1.2.4 节）。本书将在 2.4 节详细讨论递归，并且在 2.4.6 节揭示递归和栈的关系。

1.8.6　使用队列设计程序

队列在通信相关应用中有着天然的应用：先发送的数据当然先处理。但在初学阶段不适宜用此类问题举例，因为这涉及通信协议，如 TCP/IP 协议等复杂知识。本节以广度优先搜索（Breadth-First-Searching，这是由 Edward F. Moore 在 1959 年首先发表的算法[4]）解决简单寻路问题为示例，展示队列这种数据结构在程序设计中的应用。

问题描述：在 N×N 的方格形地图内有出发点、目的地和障碍物，如图 1.57 所示。寻找从出发点到目的地的最短路径。本例设定只能上、下、左、右移动，不能走斜线。

问题建模：首先要将问题转换为 Python 可以处理的数据类型。在本例中使用嵌套列表来描述二维方格地图。用字符 O 表示通路，用字符#表示障碍物。在地图边上用障碍物加了

① 本书将在 1.10 节讨论该问题。

一圈“围栏”，这样在寻路的过程中不用刻意判断是否到达地图边界，如图 1.58 所示。

为此设计两个函数 make_terrain()和 draw_terrain()，前者用以根据障碍物坐标列表生成地图，后者打印地图，如代码 1.29 所示。

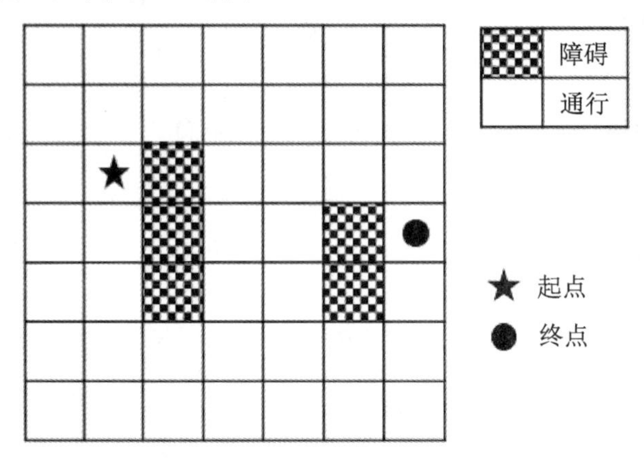

图 1.57　寻路地图场景

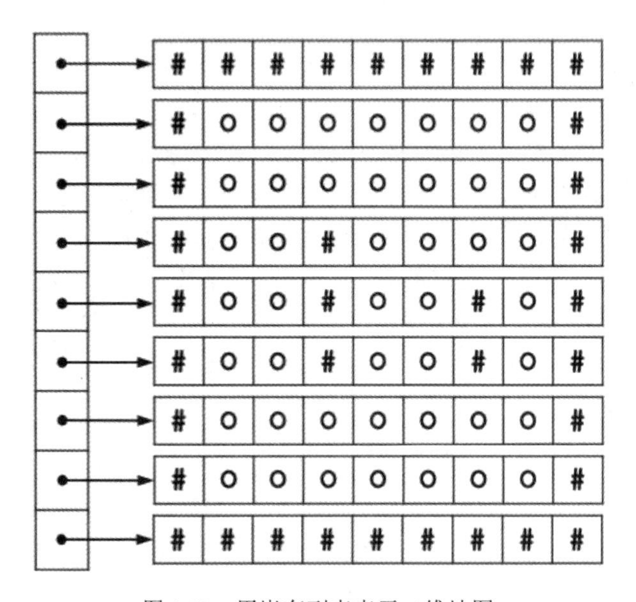

图 1.58　用嵌套列表表示二维地图

代码 1.29　terrain.py 生成和绘制二维地图

```
def make_terrain(x, y, obstacle ):
    m = []
    m.append(list('#'*(y+2)))
    for _ in range(x):
        m.append(list('#'+'O'*y+'#'))
    m.append(list('#'*(y+2)))
    for ob in obstacle:
```

```
        m[ob[0]][ob[1]] = '#'
    return m
def draw_terrain(m):
    print()
    for row in m:
        for grid in row:
            if(grid=='0'):
                print(' ', end=' ')
            else:
                print(grid, end=' ')
        else:
            print()
```

【程序运行结果】

生成前述两堵墙的 7×7 地图：

```
$ python3 -i terrain.py
>>> wall = ((3,3), (4,3), (5,3), (4,6), (5,6))
>>> s = make_terrain(7, 7, wall)
>>> draw_terrain(s)
# # # # # # # # #
#               #
#               #
#     #         #
#     #     #   #
#     #     #   #
#               #
#               #
# # # # # # # # #
```

算法分析：解决这个问题有很多种方法，在本节中使用普通的广度优先搜索算法来处理。本书将在 3.6 节的综合练习中介绍更先进的算法来解决类似的问题。

广度优先算法的关键是维护一个“探路前线”，每次从这个“前线”中拿出一个节点继续探路，将新探到的节点置为新的前线。探路的过程是尽可能地先搜索邻近的位置（广度优先）[①]：**优先从那些较早搜索过的节点再往外搜索**。这就符合**先进先出**的特性，用**队列**结构存储“探路前线”。广度优先搜索的示意图，如图 1.59 所示。

假设从 S 出发到 E 点。首先从 S 开始向四周探路，走一步可以到达 S 点上、下、左、右的位置，在地图中标记这些点到出发点的距离（S 右边是障碍物所以不标注）。此时探路的前线变为 3 个标注为 1 的点，通过这 3 个点再次向外探路得到 5 个标注为 2 的点。如此周而复始，最终标记完全部的点。标记的数字就是从出发点走到这些点的最短步数。为了找到路径，还需要从终点反向构建路径。构建方法也很简单，只要沿着某一条数字递减的路径一直递减到 0 即可。用广度优先算法的寻路过程，如图 1.60 所示。

完整的算法描述：

（1）将起始位置距离值设为 0，将该位置放入队列。

① 而不是往远走（深度优先）。

（2）当队列空时则转到步骤（5）。当队列不空时，取出元素，访问取出位置的邻居。

（3）如果邻居位置没有访问过，将邻居节点置为已访问，并且将距离置为取出节点的距离+1。

（4）转到步骤（2）。

（5）此时已经完成地图全部位置的探索，从目的节点反向出发。

（6）探索周围邻居，找到一个距离值小的节点记录下来。

（7）如果该节点距离值是 0，则算法结束。如果该节点距离值不是 0，则以该节点为出发点转到步骤（6）。

根据该算法描述，写出如代码 1.30 所示程序。

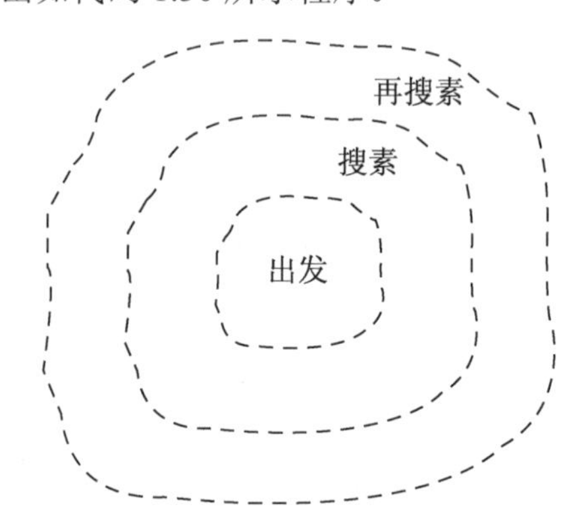

图 1.59　广度优先搜索的示意图

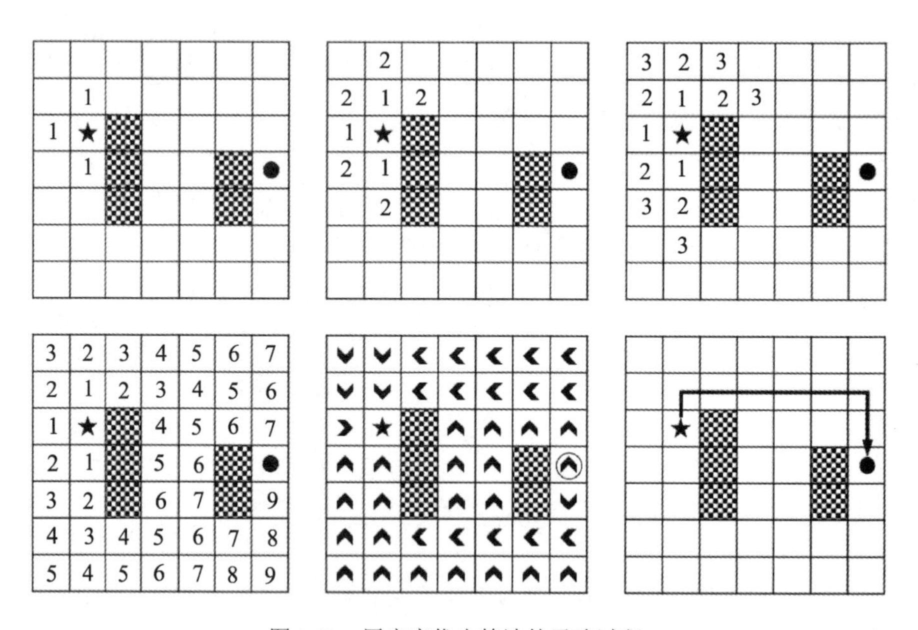

图 1.60　用广度优先算法的寻路过程

代码 1.30　bfs.py 搜索最短路径

```
#!/usr/bin/env python3
# -*- coding: utf-8 -*-
from terrain import make_terrain, draw_terrain
from queue import Queue
def bfs(row, col, wall, S, E):
    m = make_terrain(row, col, wall)
    q = Queue()
    q.put(S)
    m[S[0]][S[1]] = 0
    while not q.empty():
        x,y = q.get()
        neighbor = (x-1,y), (x+1,y), (x,y-1), (x,y+1)
        for i,j in neighbor:
            if m[i][j]=='O':
                m[i][j] = m[x][y] + 1
                q.put((i,j))
    # 以下为构建路径
    path_map = make_terrain(row, col, wall)
    x, y = E[0], E[1]
    path_map[x][y] = 'E'
    while m[x][y] != 0:
        neighbor = (x-1,y), (x+1,y), (x,y-1), (x,y+1)
        for i,j in neighbor:
            v = m[i][j]
            if v != '#' and v < m[x][y]:
                x, y = i, j
                path_map[x][y] = '*'
                break;
    else:
        path_map[x][y]='S'
    return path_map
```

【程序运行结果】

将 terrain.py 和 bfs.py 置于相同目录下，执行程序：[①]

```
$ python3 -i bfs.py
>>> wall = ((3,3), (4,3), (5,3), (4,6), (5,6))
>>> S, E = (3,2), (4,7)
>>> draw_terrain( bfs(7,7,wall,S,E) )
# # # # # # # # #
#               #
#   * * * * * * #
#   S #       * #
#     #     # E #
#     #     #   #
#               #
#               #
# # # # # # # # #
```

① 由于程序较复杂，将其拆分为模块，关于模块的用法请参见 2.2 节。

【思考和扩展练习】

（1）如图 1.61 所示，游戏地图往往有不同类型的“地形”，比如硬地、草地和森林，经过不同地形所耗费的行动力也不同。如何解决这种场景下的寻路问题呢？

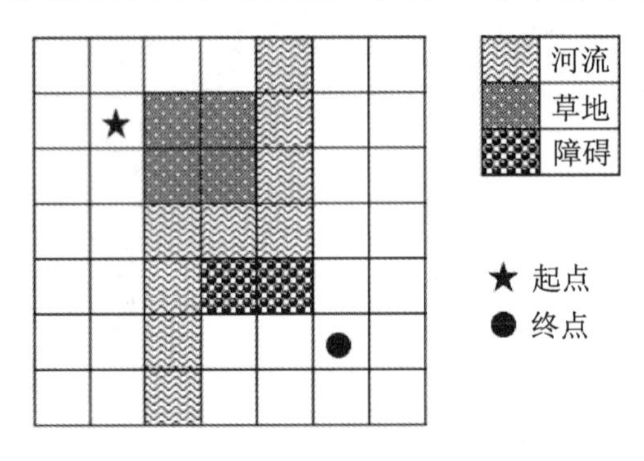

图 1.61　具有地形的地图

（2）游戏地图不仅有正方形格点，还有蜂窝状格点，如图 1.62 所示。如何表示蜂窝状的地图格点？如何处理相应的寻路问题呢？

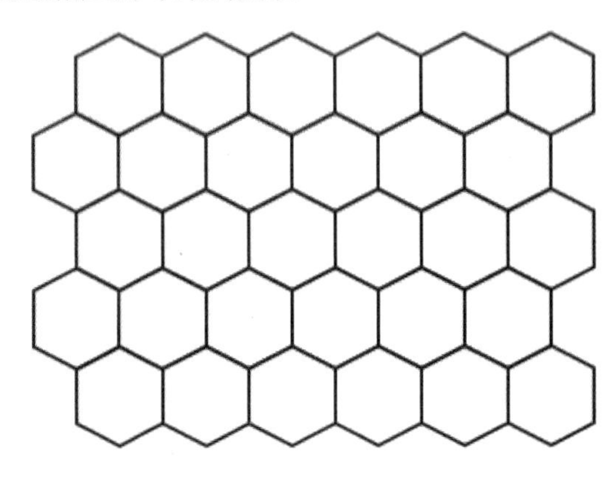

图 1.62　蜂窝状地图

1.8.7　小结

本节讲述了程序设计的基本模型（这些基本模型并不简单）：状态机和线性存储器模型，这是图灵计算模型的核心。没有现成工具直接解决问题时，工程师可以回退到基本模型构建解决方案。

在线性存储模型部分，本节介绍了栈和队列这两种数据结构。这两种结构的应用是普遍的，很多问题的解决手段或直接或间接地都用到了栈和队列。

熟练掌握基本模型，而后将这些基本模型灵活运用于具体领域，是用程序设计解决实际问题的前提。

1.9　算法的性能描述

程序运行的性能是编写者应当重点关注的问题。当问题本身的规模很大或者程序要反复、频繁运行时，程序的性能就会在实践中产生至关重要的影响。描述算法的性能是对算法进行分析和优化的前提。本节将以简单的冒泡排序算法为例，讲解算法的性能表示。冒泡排序是一种简单的排序算法，具体描述如下：

- 遍历序列，当看到两个相邻元素次序有误时，将二者交换；
- 反复遍历序列，直至某次遍历没有执行任何交换操作时，算法结束。

冒泡算法示意图，如图 1.63 所示。

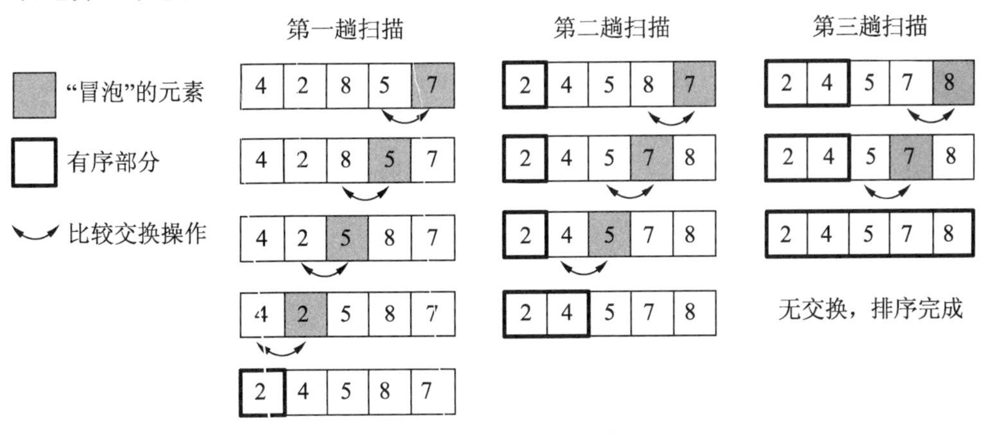

图 1.63　冒泡排序算法示意图

根据上述描述，可以写出如代码 1.31 所示的程序。

代码 1.31　bsort.py 冒泡排序

```
#!/usr/bin/env python3
def bubbleSort(s):
    l = len(s)
    for i in range(l-1):
        no_swap = True
        for j in range(l-i-1):
            if s[j] > s[j+1]:
                no_swap = False
                s[j], s[j+1] = s[j+1], s[j]
        else:
            if no_swap: break
s = [5,4,2,3,1]
bubbleSort(s)
print(s)
```

【代码说明】

- 上述代码中，no_swap 用来标记是否进行了交换。在每趟遍历前复位该标记，如果进行了交换，则设置标记为 False。在每趟遍历结束后检查该标记，以决定是否继续。

【程序运行结果】

```
$ ./bsort.py
[1, 2, 3, 4, 5]
```

请读者自行设计一些数据，运行代码并观察结果。

如何描述这个算法的性能呢？直观的想法当然是测试程序的运行时间。但在不同体系结构的计算机上的运行时间是不同的。不同编程语言其代码的运行时间也有较大差别。这样一来，测量时间得到的并不是“算法的性能”，而是“算法在某种机器上使用某种语言实现的程序运行时间”。

为了抽象地进行算法分析，需要引入“关键操作”的概念。**关键操作**是指算法中的某种频繁的费时操作，这种操作在算法的执行用时中占据主要部分或者与算法的时间性能成正比。比如在冒泡排序算法中有很多操作，如读取某个数据、比较两个数据、将两个数据交换，以及循环控制流程的反复跳转等。在算法分析中，并不需要逐项统计这些操作的次数和耗时[①]，而是以核心操作“比较”作为评价算法的依据，因为其他操作的次数和该操作大体上[②]呈正比例关系。算法分析关心关键操作随**问题规模**的增长速度。在冒泡排序中，问题规模就是指待排序的序列长度。[③]

当冒泡排序的问题规模为 n 时，在最坏情况下，需要进行$(n-1)+(n-2)+\cdots+1$ 次比较。根据等差数列求和公式，很容易得到总的比较次数为 $f(n)=\frac{1}{2}n^2-\frac{1}{2}n$，这被称为算法最坏情况下的**时间复杂度**。在最好的情况下，只需要一次遍历算法就结束了，需要进行$(n-1)$次比较。在这些结论中，首先要关注的是最坏情况下的算法的阶。冒泡排序的最坏情况下时间复杂度是二次函数，计算机科学中用 $\Theta(n^2)$ 渐进计法来表示 $f(x)$的这个属性。

确切地说，$\Theta(g(n))$ 表示存在 $g(n)$，以及正常数 c_1，c_2 和 n_0 使得当 $n>n_0$ 时，$c_1g(n)<f(n)<c_2g(n)$。具体到冒泡排序，就是指能有两条平方函数的曲线在 n 较大时将 $f(n)=\frac{1}{2}n^2-\frac{1}{2}n$ 夹在中间。换言之，就是能找到二次函数分别作为 $f(n)$的上、下界。

如果只能找到上界，则使用大写英文字母 O 记为 $O(g(n))$[④]。对于冒泡排序而言，如果考虑到所有情况（包括最坏情况和最好情况），则算法的时间复杂度为 $O(n^2)$。这意味着算法的耗时随问题规模的增长最多不超过二次函数的增长速度。

精确地研究算法的性能，需要对执行环境进行细致的定义。因为不同的指令集体系结

① 处理器级别的优化的确要考虑每条指令的执行情况。

② 之所以说“大体上”，是因为并不一定在每次比较中都要做交换操作。

③ 问题规模并不一定能够用单个数来表示，比如字符串匹配就要用待匹配字符串和模式字符串两个长度来表示。

④ 如果只能找到下界，则使用 $\Omega(g(n))$ 。

构会显著影响某种操作的性能。有时候无须改变算法，从汇编层面上略做优化就可以将性能提升数倍。这是我们在算法性能的抽象讨论中首要关心阶而不是系数的原因。

【思考和扩展练习】

（1）思考如何定义欧几里得算法的“问题规模”。推导欧几里得算法最多会在多少步终止，并给出算法的最坏情况下的时间复杂度表示。提示：考查余数的缩小速度。

（2）UNIX/Linux 中提供了命令行工具 time 用于测试程序运行时间，Python 中也提供了 timeit 模块用以测试代码运行时间。研究这两个工具的使用方法，对程序性能进行实测。

（3）在冒泡排序中，是否使用 no_swap 标记对算法性能有什么影响？

（4）尝试使用其他语言如 C 语言，编写冒泡排序算法，并设计测试程序与本节的 Python 代码进行性能比较，根据比较结果，能够得出什么结论？

1.10 异常处理

程序的执行会遇到意外情况，由于程序执行导致的运行错误被称为“异常”（exception）。在产生异常时，正常执行流程会被打断，转而执行某种预先设定的行为。[①]

程序员经常会写出不正确的代码。这些代码有时会导致程序运行错误，这种情况也会产生异常，往往导致程序崩溃，甚至引发重大事故。有时程序会在执行错误代码后继续运行很久，这种情况会使程序更加难以调试，并且会出现奇怪的错误问题。

说明： 引起重大事故的错误根源是多方面的（比如安全意识淡薄、安全投入不足、管理制度不完善等），但在信息时代往往是由于错误的软件设计引起的。[②]

异常处理机制是用以解耦正常代码和错误处理代码的流程控制手段。使用异常处理结构，程序员可以更清晰地构建健壮的程序。在不同的程序设计语言中，异常处理的重要性也有所不同。在 Python 中，异常机制无处不在，不使用异常处理就无法写出健壮的 Python 程序（很多 Python 函数表示错误的唯一方式是异常）。

本节将使用 1.8.5 节的逆波兰表达式计算程序作为示例，演示部分异常处理手段。如果读者跳过了 1.8.5 节的内容或对该节的内容理解不够清晰，建议再次阅读该节内容。

【学习目标】

- 了解 Python 的异常处理语法；

---

① 这是术语“异常”的通用定义，从最底层的处理器执行模型到 Python 中的异常处理均是如此。另有术语“中断”，中断与异常的不同在于，中断触发是由于外部事件引起的（比如键盘信号），而异常是由于程序自身的执行（比如除以 0）引起的。

② 如 1980 年的 Therac-25 辐射治疗仪致死事故，以及 2007 年的丰田刹车失灵事故。

- 了解异常处理的执行流程；
- 了解各种异常类型。

1.10.1 基本语法

Python 异常处理的基本语法如图 1.64 所示。

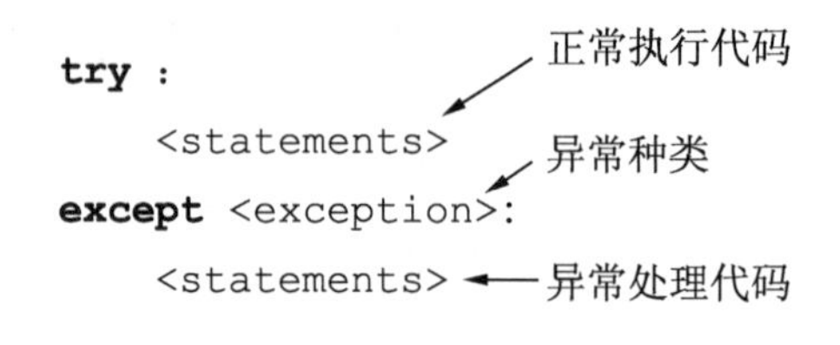

图 1.64 异常处理的基本语法

try 关键字跟随的语句块是程序的正常执行逻辑。当产生<exception>类型的异常时，该代码会停止执行，转而执行 except 关键字后面的异常处理代码。Python 内建的异常类型请参见标准库文档 [5]。另外本书将在第 4 章讲解如何创建自定义异常类型。如果不指定异常种类，则会默认捕获全部能够获得的异常。在 except 语句块执行后，程序不会再执行 try 语句块剩下的代码，而是直接执行 try-except 结构之后的代码。这个过程被形象地称为“捕获异常”（catch exception）。其执行流程如图 1.65 所示。

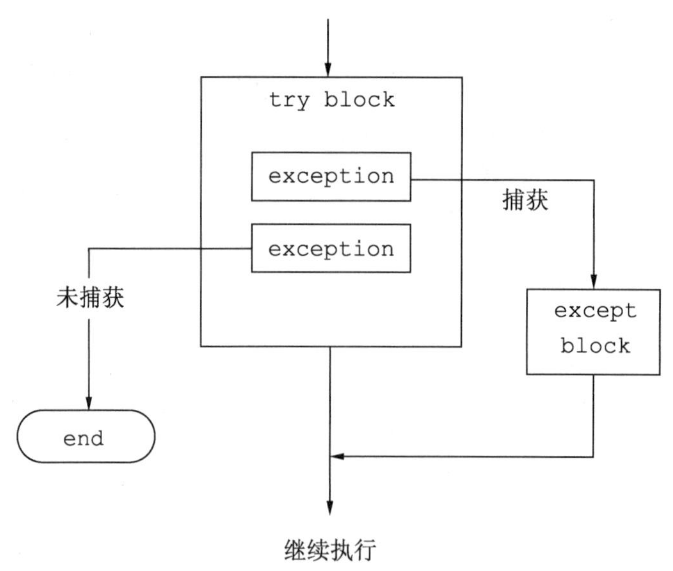

图 1.65 异常处理基本语法的执行流程图

示例代码 1.32 演示异常处理基本语法的使用。

代码 1.32　divide.py 捕获 ZeroDivisionError 异常

```
#!/usr/bin/env python3
try:
   1/0
   print('Try block')
except ZeroDivisionError:
   print('Exception caught')
print('Finish')
```

【代码说明】

- 1/0 执行会产生“被零除错误”（ZeroDivisionError）异常；
- 如果不做任何处理，程序会崩溃并打印错误信息；
- 用 try-except 结构捕获 ZeroDivisionError 异常后程序不会崩溃，而是在触发异常后跳转执行 except 语句块；
- 3 条 print 语句中，第 1 条不会被执行，第 2 条和第 3 条会被执行。

【程序运行结果】

```
$ ./divide.py
Exception catched
finish
```

raise 关键字用于主动触发异常，程序代码 1.33 有相同的执行结果。

代码 1.33　divide.py 主动触发 ZeroDivisionError 异常

```
#!/usr/bin/env python3
try:
   raise ZeroDivisionError
   print('try block')
except ZeroDivisionError:
   print('Exception catched')
print('finish')
```

回顾 1.8.5 节的逆波兰表达式计算程序。在正常输入情况下，程序会逐行读入表达式并输出计算结果。当输入有问题时，程序会崩溃，如下：

```
$ ./rpn.py
1 2 + 3 *
9
1 0 /         ~ 被 0 除
Traceback (most recent call last):
  File "rpn.py", line 20, in <module>
    s.append(op[tok](a, b))
ZeroDivisionError: integer division or modulo by zero
```

捕捉该异常，可以让程序在出现被 0 除的输入情况下重新获取输入，而非崩溃退出，如代码 1.34 所示。

代码 1.34　rpn.py 捕获 ZeroDivisionError 异常

```
#!/usr/bin/env python3
from sys import stdin
```

```
from operator import add, sub, mul, floordiv
op = {
    '+': add,
    '-': sub,
    '*': mul,
    '/': floordiv
}
for line in stdin :
    s = []
    try :
        for tok in line.split():
            if tok.isdigit():
                s.append(int(tok))
            else:
                b = s.pop()
                a = s.pop()
                s.append(op[tok](a, b))
        else:
            print(s[0])
    except ZeroDivisionError :
        print('Divided by zero.')
```

【程序运行结果】

```
$ python3 rpn_divide.py
4 0 /
Divided by zero, check expression
4 2 /
2
```

如图 1.66 所示，标示了代码中可能产生被 0 除异常的位置。如果不使用异常处理，仍希望检测被 0 除错误，代码会变成如图 1.67 所示的结果。这种代码的缺点在于：

- 错误处理代码和正常执行代码交织在一起。随着错误处理的面面俱到，正常执行的代码会被“淹没”其中，代码将非常难以阅读；
- 此处由于只需要跳出一层循环，可以使用 break。如果要跳出多层循环或函数，就必须逐级向外传递错误状态码并跳转，在破坏代码结构化的同时会给程序员带来极大的困扰。

在某些传统领域（如 C 语言）中，错误就是这样处理的。大规模地编写和维护这样的代码需要程序员具备丰富的经验并且在编码时小心谨慎[①]。幸运的是，绝大多数流行程序设计语言（如 Python、Java 和 C#）都引入了异常处理机制。[②]

【思考和扩展练习】

（1）出现 ZeroDivisionError 异常时，打印如下信息：

```
9 4 5 + 3 6 2 / - / +
  ~~~~~ ~~~~~~~~~ ^
```

① 有兴趣的读者可以尝试浏览 Linux 内核源代码。

② 然而程序员一如既往地写着存有错误和脆弱的代码。

（2）使用不带异常类型的 except 语句捕获所有异常的意义是什么？程序应当有什么行为？

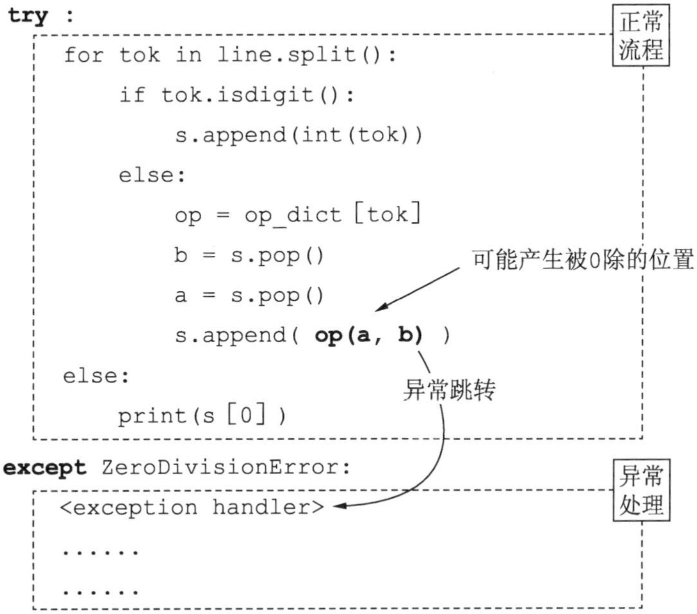

```
try :
    for tok in line.split():
        if tok.isdigit():
            s.append(int(tok))
        else:
            op = op_dict [tok]
            b = s.pop()
            a = s.pop()
            s.append( op(a, b) )
    else:
        print(s [0] )
except ZeroDivisionError:
    <exception handler>
    ......
    ......
```

正常流程
可能产生被0除的位置
异常跳转
异常处理

图 1.66 产生被 0 除异常的位置

```
for tok in line.split():
    if tok.isdigit():
        s.append(int(tok))
    else:
        op = op_dict[tok]
        b = s.pop()
        a = s.pop()
        if b!=0:
            s.append(op(a, b))
        else:
            print('Divided by zero.')
            break
else:
    print(s[0])
```

图 1.67 不使用异常机制进行错误处理

1.10.2 提升程序的健壮性

“计算机科学中，健壮性（Robustness）是指一个计算机系统在执行过程中处理错误，以及在算法遭遇输入、运算等异常时继续正常运行的能力”[①]。Robustness 也经常被音译为“鲁棒性”。

如何继续正常运行呢？在按行计算逆波兰表达式的示例中，一个比较好的方法是告诉用户表达式的错误原因。因错误输入导致的问题需要仔细分析，经总结可以发现会出错的地方如图 1.68 所示。

```
for tok in line.split():
    if tok.isdigit():
        s.append(int(tok))
    else:
        op = op_dict[tok] ①
        b = s.pop()
                      ②
        a = s.pop()
        s.append(op(a, b))③
else:
    print(s[0]) ④
```

① tok既不是整数，也不是运算符

② 扫描到运算符，栈里却没有运算数

③ 被0除

④ 计算完毕后，栈里剩下不止一个数

图 1.68　错误输入可能导致的出错之处

这些错误对应的异常如下：

- 在字典中使用不存在的键值索引会导致 KeyError 异常；
- 列表没有元素时 pop()会导致 IndexError 异常；
- 被 0 除会导致 ZeroDivisionError 异常；
- 计算完毕，栈内剩下不止一个数，并不会导致异常，需要编写代码检查错误。

根据上述分析，修改后的程序如代码 1.35 所示。

代码 1.35　rpn.py 能够给出各种错误原因的版本

```
#!/usr/bin/env python3
from sys import stdin
from operator import add, sub, mul, floordiv
op_dict = {'+': add,
    '-': sub,
    '*': mul,
    '/': floordiv
}
for line in stdin:
    s = []
    try :
        for tok in line.split():
            if tok.isdigit():
                s.append(int(tok))
            else:
                op = op_dict[tok]
```

① 来自维基百科“健壮性”条目。

```
                b = s.pop()
                a = s.pop()
                s.append(op(a, b))
        else:
            if len(s)==1:
                print(s[0])
            else:
                print('Too many operands.')
    except ZeroDivisionError:
        print('Divided by zero.')
    except IndexError:
        print('Too many oprators: ' + tok)
    except KeyError:
        print('Invalid token: ' + tok)
```

【程序运行结果】

```
$ ./rpn_except.py
1 2 +           ~ 正常输入
3
1 2 + +         ~ 错误输入
Too many oprators: +
1 % 2
Invalid token: %
1 2 2 - /
Divided by zero.
1 2 3 +
Too many oprands.
1 2 3 + +       ~ 正常输入
6
```

从各种输入结果可以看出，程序针对不同错误输入类型均给出了恰当的错误提示，并且保持不崩溃。

【思考和扩展练习】

（1）上述程序（代码 1.35）处理了所有可能出现的异常吗？

（2）在 except 后不加任何异常类型（如下所示），程序会有什么行为？为什么说这种写法应当避免？

```
try:
    ...
except:
    ...
```

（3）在 except 后加若干异常类型组成的元组，程序会有什么行为？思考在什么情景下使用以下写法。

```
try:
    ...
except (IndexError, KeyError):
    ...
```

1.10.3 完整的异常捕获机制

异常对象：程序可以使用异常对象在异常源和捕获代码之间传递信息。抛出异常时可以通过异常对象的构造函数参数为异常对象附带数据。这些数据可以在异常捕获代码中，使用关键字 as 为异常对象命名后通过 args 成员获得，如代码 1.36 所示。

代码 1.36　except.py 在抛出异常的同时传递信息

```
#!/usr/bin/env python3
# -*- coding: utf-8 -*-
try:
    raise Exception('arg1', [1,2,3])     # 抛出带数据异常
except Exception as e:                   # 捕捉异常对象并命名
    x, y = e.args                        # 访问异常数据
    print('x =', x)
    print('y =', y)
```

【程序运行结果】

```
$ python3 except_obj.py
x = arg1
y = [1, 2, 3]
```

finally 子句：可以使用 finally 关键字为 try-except 设置结束行为。其语法如图 1.69 所示。

```
try:
    <statements>
except <exception>:
    <statements>
finally:
    <statements>
```

图 1.69　异常 finally 子句

放置在 finally 子句中的代码一定会被执行，无论是否有异常发生。finally 子句用于执行必需的清理工作，比如释放 try 子句中分配的资源，如代码 1.37 所示。

代码 1.37　代码段：用 finally 子句关闭文件

```
fp = None
try:
    fp = open('demo.txt')
    ...
except FileNotFoundError:
    ...                                  # 处理文件不存在的情况
except ... :
    ...                                  # 处理其他异常
```

```
finally:
    if fp:                                  # 如果成功打开了文件
        fp.close()                          # 则关闭文件
```

with 关键字：为了减少 try-finally 的使用频率，Python 引入了 with 关键字和上下文管理器模式。其语法如图 1.70 所示。

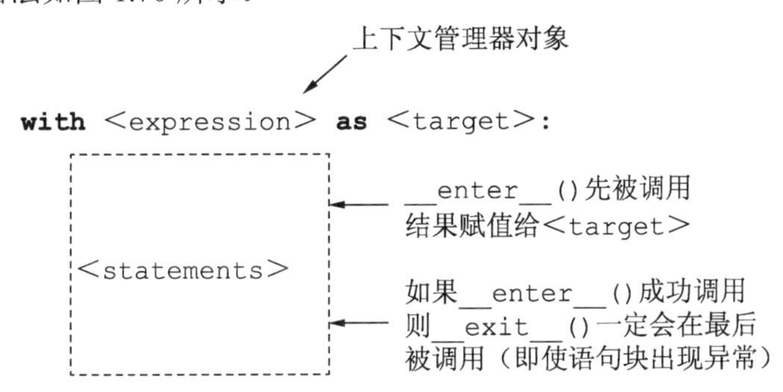

图 1.70　上下文管理器对象和 with 的用法

其中，expression 的求值结果是一个上下文管理器对象（Context manager object）[①]。如果要在 with 语句块中访问该对象，就使用 as 关键字为该对象绑定至左值 target。with 结构执行结束后，上下文管理器对象的__exit__()方法一定会被调用（即使 with 语句块出现异常）。文件句柄是上下文管理器对象。利用 with 语句可以将上述例子（代码 1.37）简写为代码 1.38 的形式。

代码 1.38　代码段：用 with 自动关闭文件

```
try:
    with open('demo.txt') as fp:
        ...
except FileNotFoundError:
    ...
except ... :
    ...
```

else 子句：在 try-except 结构后的可选 else 子句在 try 正常结束后执行，如图 1.71 所示。

```
try:
    <statements>
except <exception>:
    <statements>
else:
    <statements>
```

图 1.71　异常 else 子句

① 上下文管理器对象是指实现了上下文管理协议（__enter__()和__exit__()方法）的对象。

使用 else 子句与直接将代码置于 try 子句结尾的区别在于，前者代码产生的异常不会被 except 捕获。[①]

综述：综合异常对象、else 和 finally 子句的异常捕获机制如图 1.72 所示。

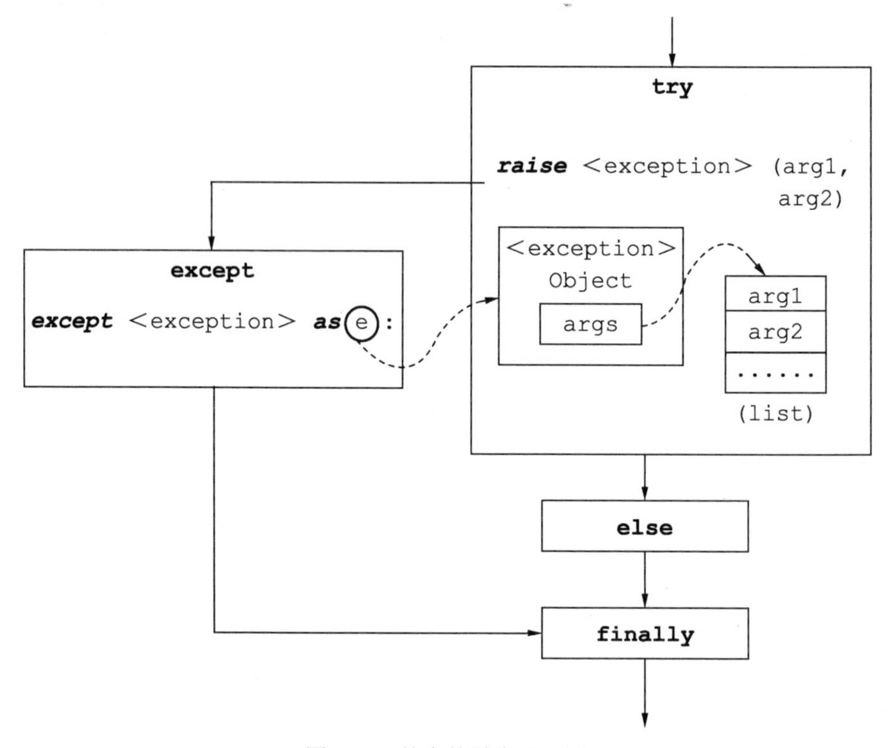

图 1.72 整合的异常处理图

【思考和扩展练习】

（1）思考 else 子句的应用场景并举例。

（2）阅读 PEP 343 以了解 Python 引入 with 关键字的来龙去脉。

1.10.4 小结

本节讲述了 Python 的异常处理机制。Python 中广泛地使用了异常机制[②]。异常处理用以将正常工作的代码和错误处理代码解耦。正确使用异常处理机制的前提是清晰地了解程序中可能产生的异常，并且谨慎选择在异常产生时的应对策略。异常最多产生于程序和外部交互的场景，如网络通信、文件 I/O 和数据库操作等。

在 1.10.2 节中我们讨论了求解逆波兰表达式的程序的健壮性问题。在程序设计实践中，对不同系统的健壮性要求是不同的。游戏客户端的崩溃也许只是影响用户体验，而应

① 请对比 for 和 while 的 else 子句，这些 else 子句的执行条件都是与之配套的“主句”正常结束。

② 甚至包括一些常规流程控制，如判断迭代器终点，参见 2.7 节。

用于医疗设备或生产现场的程序出错，则意味着人员伤亡或重大财产损失。不同的安全级别会直接影响程序设计语言的选择和软件开发模式的不同。因此读者应当认真对待程序中可能发生的错误。

1.11 程序调试

对于初学者而言，单步跟踪程序的运行并观察变量的值，是非常好的学习方法。Python 提供了调试器 pdb。用 Python 解释器运行程序时加上-m pdb 选项可以启动 pdb 调试界面。

```
$Python-m pdb bsort.py
> .../bsort.py(1)<module>()
-> def bubbleSort(s):
(Pdb)
```

help 命令用于列出 pdb 支持的全部命令。

```
(Pdb) help

Documented commands (type help <topic>):
========================================
EOF    bt         cont      enable  jump  pp       run      unt
a      c          continue  exit    l     q        s        until
alias  cl         d         h       list  quit     step     up
args   clear      debug     help    n     r        tbreak   w
b      commands   disable   ignore  next  restart  u        whatis
break  condition  down      j       p     return   unalias  where

Miscellaneous help topics:
==========================
exec  pdb

Undocumented commands:
======================
retval  rv
```

l 命令用来查看代码。

```
(Pdb) l
  1  -> def bubbleSort(s):
  2         l = len(s)
  3         for i in range(l-1):
  4             no_swap=True
  5             for j in range(l-i-1):
  6                 if s[j] > s[j+1]:
  7                     no_swap=False
  8                     s[j], s[j+1] = s[j+1], s[j]
  9             else:
 10                 if no_swap: break
 11     s = [5,4,2,3,1]
(Pdb)
```

可以用 b 命令设置断点。

```
 (Pdb) b 4
Breakpoint 1 at .../bsort.py:4
(Pdb) l
 12   bubbleSort(s)
 13   print(s)
[EOF]
(Pdb) l 0       ~ 0 表示从第 0 行开始，如果不加，l 会继续往下看
  1  -> def bubbleSort(s):
  2       l = len(s)
  3       for i in range(l-1):
  4 B         no_swap=True        ~ 第 4 行加入的断点
  5           for j in range(l-i-1):
  6               if s[j] > s[j+1]:
  7                   no_swap=False
  8                   s[j], s[j+1] = s[j+1], s[j]
  9           else:
 10               if no_swap: break
 11   s = [5,4,2,3,1]
```

运行程序可以看到，一趟遍历之后，最大的元素已经被置于列表的尾部。

```
 (Pdb) run                                  ~ run 重启程序
Restarting bsort.py with arguments:
> .../bsort.py(1)<module>()
-> def bubbleSort(s):
(Pdb) c                                     ~ c 命令继续运行
> .../bsort.py(4)bubbleSort()
-> no_swap=True
(Pdb) print s                               ~ 打印待排序列表的内容
[5, 4, 2, 3, 1]
(Pdb) c
> .../bsort.py(4)bubbleSort()
-> no_swap=True
(Pdb) print s                               ~ 一趟遍历之后的列表
[4, 2, 3, 1, 5]
...
```

调试器的功能非常丰富，读者可参见官方文档，此处不再赘述。

1.12 总　　结

本章以程序设计的基本模型（状态机、线性存储结构）为核心，结合 Python 语言的语法特点组织讲解。程序设计是利用编程语言将实际问题建模，再利用某种算法解决的过程。通过本章的学习，读者应当对程序设计的部分方法和模型有了一定认识。

当问题变大时，就需要对复杂性进行管理。这既包括编码的复杂性，也包括运行的复杂性。前者要在软件全生命周期内达到少写代码之目的，后者则通过权衡空间和时间的代价达到最佳效率（既针对机器，也针对人）。这是本书后面章节所关注的内容。

第2章　函　　数

在日常生活中，人们会将重复性的工作步骤写成清单，比如制作巧克力蛋糕的步骤。这样就无须每次都重新陈述工作步骤而只需展示该清单。类似地，将需要反复执行的代码段封装为函数，就无须重写代码。为了执行函数中的代码，就要调用函数并且传递参数。函数可以在程序需要执行该任务时被调用。在不同的场景中函数又被称为子过程、方法或子程序等。将程序恰当地组织为若干函数，可以提高程序的可读性和可维护性。程序的执行环境也以函数接口的形式向程序提供各种精心设计的功能。单纯从语法角度看，函数的知识并不多。然而，**程序设计语言对待函数的态度恰恰是其灵魂所在**。函数能否独立存在，还是必须作为成员方法存在，如何传递函数，能否（如何）定义匿名函数，函数的绑定时机，向函数传递参数时的底层机制等，程序设计语言的主要特性都会汇聚于此。函数机制的设计会对编程模式产生决定性影响。

本章首先（2.1 节）讲述函数的基础知识，包括使用动机、传参方式、匿名函数和闭包。

在函数基础之后（2.2 节）讲述模块机制。模块是 Python 的重要机制，但在本书中的篇幅很短，不足以独立成章。在读者学会使用函数组织代码后，程序规模会显著扩大，编写模块的需求也随之而来，故将模块的知识并入本章并置于较靠前的位置。

接下来的 2.3 节讨论在嵌套的作用域（内建名字、模块、函数）中名字的查找机制，并介绍了栈帧和对象生命期的概念。这些内容对准确掌握本章后半部分的递归和高阶函数至关重要。

除了复用代码之外，构建递归程序是函数的重要用途。递归的意义不仅在于具体的编码，更是一种分析和解决问题的重要思路。本书着重笔墨（2.4 节）讨论递归这一主题，不仅讲述递归原理和算法设计思路，还讲述消除递归，以及减少递归调用次数等优化方法。

对象的成员方法是函数的重要表现形式，在 Python 中也有全面应用。故本书在 2.5 节提前讲解创建对象及定义成员方法的简要语法，而非按部就班地拖至第 4 章面向对象中讲解。

2.6 节则介绍高阶函数和函数式编程初步思想。这是在 Python 中广泛使用的程序设计手段。读者掌握这些手段后才能全面利用 Python 的混合风格特性。在本章的最后（2.7 节）讲述迭代器和生成器函数。

2.1 函数基础

本节讲述函数的基本概念和 Python 的相应语法。

【学习目标】

- 掌握定义 Python 函数的方法；
- 掌握 Python 的各种参数传递方法；
- 掌握通过函数进行代码复用的方法；
- 掌握 Lambda 表达式和匿名函数，能够使用 lambda 关键字创建简单匿名函数；
- 掌握回调函数的概念，能够设计和使用回调函数接口；
- 了解闭包的概念和意义。

2.1.1 函数的作用

将完成某项任务的代码抽象为函数的意义在于：

- 复用代码；
- 实现分工；
- 提升可读性。

复用代码：在实际编码中，工程师往往先写出一些能工作的原始代码。当需要再次实现类似的功能时，如果“复制、粘贴”会使代码变得冗长混乱。当出现重复的迹象时，应当想到使用函数（或其他的技巧）来消除这种冗余。在不断重复的代码片段中，把那些不变的部分提取出来写成函数体，把那些变化的部分作为函数的参数。

实现分工：在协作中，先约定函数的调用规范，再分写代码。明确的接口带来明确的分工，而分工使得人们可以专注于自己的工作而不受影响。比如在使用 Python 标准库时，库的维护者也在不断地优化。版本升级时，只要接口不变，就无须重写代码即可享受升级带来的好处。

提升可读性：如果既不需要复用，也不需要分工，是不是就可以一口气写下数百行的代码呢？答案是否定的。工程师能够轻松驾驭的代码在 30~50 行。所面临的代码规模越大，就越是要确保自己能够轻松理解每一段代码。控制每段代码的规模，层层地进行构建是必然的做法。如果有一段上百行的代码，就要重新审视和划分，以降低单段代码的长度。

程序设计的“技巧”，大致作用有两类。一类是组织代码的方法（函数、对象、设计模式），这类技巧的根本目的是提升人的效率（少写代码、少犯错误、提升可读性和可维护性）。另一类是让代码本身更高效的方法（如算法、IO 优化、并发、降低功耗），这类技巧的根本目的是提升机器的效率。函数的目的在于前者：提升人的效率。

2.1.2 定义和调用函数

将 1.5.6 节中计算斐波那契数列的函数定义重新展示，如图 2.1 所示。

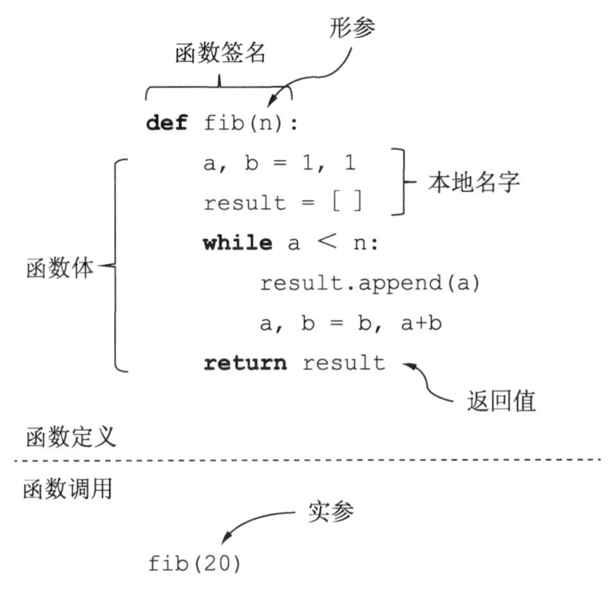

图 2.1　函数定义

这个示例包含了构成函数的大部分要素：

函数签名：图 2.1 所示代码是一个函数定义语句。片段中的第一行是函数签名（signature），包含：关键字 def、函数名、用括号包含的参数列表、冒号。在函数签名后面的缩进代码定义了函数体，这是函数被调用时执行的代码。

形参：在函数定义中的参数（如上述例子中的 n），被称为形参（形式上的参数，parameter）。函数定义并不会执行函数内部的语句。

返回值：函数体中包含的 return 语句用于将控制权返回函数的调用处。return 后还可以返回函数的计算结果，称为函数的返回值。当函数没有 return 语句时会返回 None 对象。

函数调用和实参：在函数调用时传递给函数的参数被称为实参（实际传递的参数，argument）。①

本地名字：在代码示例中的参数 n，用来进行计算的 a、b，以及用于返回列表的 result 都是本地名字（习惯上也称其为本地变量）。这意味着在除了函数内部的其他位置，无法

① 形参和实参是对于 parameter 和 argument 的中文译法，也有分别译为参数和引数。在本书中，如不会引起歧义，均称为参数，如需特殊说明，则采用形参和实参译法。

访问到这几个名字（n、a、b、cnt）。函数返回后，它们也会消失（被释放）。[①]

函数需要先定义再调用。Python 脚本在运行时执行 def 语句。**当执行 def 语句时，将会创建一个新的函数对象，并将其绑定至 def 之后的名字（习惯上也将其称为函数名）。**所以在调用函数前，程序必须先执行创建该函数的 def 语句。在 def 语句执行之前试图调用函数会引发错误。如下所示的代码。

```
fib(100)    # 在定义前调用函数
def fib(n):
    ...
    return cnt
```

会提示如下错误：

```
NameError: name 'fib' is not defined
```

【思考和扩展练习】

（1）如下代码能顺利执行吗，为什么？

```
def foo():
    fib(100)
def fib(n):
    ...
    return cnt
foo()
```

（2）Python 程序执行时不检查函数的参数和返回值类型，这种设计有何优劣？

（3）虽然 Python 语言本身的执行不检查参数和返回值类型，但提供了“函数注记”（Function Annotation）用以标记其类型。请通过互联网检索其用法和作用。

（4）如果在同一个文件中定义了两个名字相同的函数，会导致什么情况发生？

（5）数学意义上的函数和程序中的函数有何区别？

2.1.3 提供机制而非策略

如何在函数里封装恰当的功能，这是程序设计者时刻要考虑的问题。实际情况千差万别，但有一条原则是应当优先遵循的：**提供机制而非策略**。很难形象地解释这句话，但大体上的意思是：**为了应对各种具体任务，应当首先实现某种核心功能（机制），再通过对这种核心功能的进一步扩展，获得完成各种具体任务的能力（策略）**。这个原则不仅适用于计算机领域，也适用于各个工程领域乃至社会生活。遵循这个原则，可以让人们为了某件事情所付出的“努力”效益最大化。具体到设计函数的功能，就是能够尽量实现代码复用的最大化。

① 请注意：当关注“能否访问到某个名字”时或“能否用某个名字访问对象”时，我们在谈论“名字的作用域”。当关注“某个对象是否存在”或“对象何时被释放”时，我们在谈论“对象的生命期”。学习者学习简单函数后建立起的认识是：对象在函数里能访问，当函数退出时被释放。这会造成一种错觉，误以为作用域和生命期一样。但随着后面的学习，我们可以看到，这是两个截然不同的概念。

以上述斐波那契数列计算为例。笔者在教学中发现，当要求初学者编写“获得斐波那契数列小于 n 的各项之函数”时，他们经常设计出如代码 2.1 所示函数。

代码 2.1　初学者的错误示例

```
def fib(n):
    a, b = 0, 1
    while a < n:
        print(a)
        a, b = b, a+b
```

试想如果 Python 的 sum()、max()等方法不是返回结果，而是直接打印出来，那将是多么令人抓狂的事情。初学者犯上述错误的表面原因在于没有认真阅读要求，将“获得”与“打印”混淆。更深层次的原因在于：**函数的设计应当尽量提供机制，而不是实现策略。**如上一小节的示例中在返回值中返回一个列表，**让函数的调用者去决定下一步行为**（求和或是打印等），就叫做“提供机制”。[①]

2.1.4　用函数消除重复代码

在写代码之前提取核心功能，需要程序员具有洞察力[②]。但随着代码的进化，情况会变得愈发复杂。这时就需要**对代码进行观察并重构**。通过观察找到重复的代码，手段自然随之而来。下面请看示例代码 2.2。

代码 2.2　table.py 打印数学用表

```
#!/usr/bin/env python3
import math
for i in range(4):
    print(i, '\t', i*i)
else:
    print('-'*20)
for i in range(5):
    print(i, '\t', i*i*i)
else:
    print('-'*20)
for i in range(4):
    print(i, '\t', math.sin(i))
else:
    print('-'*20)
```

该程序分别打印平方表、立方表和正弦函数表[③]，运行结果如下：

```
$ ./table.py
0   0
1   1
2   4
3   9
--------------------
```

① 本节的错误示例在函数内把行为“写死”（直接把数列打印出来）是为“实现策略”。

② 洞察力有一部分来自于经验。

③ 这里的自变量步长为 1，不适合打印正弦函数。可变步长的程序版本，作为练习留给读者来完成。

```
0   0
1   1
2   8
3   27
4   64
--------------------
0   0.0
1   0.8414709848078965
2   0.9092974268256817
3   0.1411200080598672
--------------------
```

观察上述程序可以看到，代码片段重复了 3 次，只有循环次数和具体打印的函数不同。在实际中，抽取重复代码片段的工作应当在头脑中完成，为了叙述清晰，这里把重复的代码写出来：

```
for i in range(__):                    # __ 中是循环次数
    print(i, '\t', _______)            # _______ 中是数学用表使用的函数
else:
    print('-'*20)
```

把重复的部分抽取出来作为函数体，把其中可变的部分作为参数。可变的部分有两处：一是控制循环次数，二是提供数学运算。于是可以设计如图 2.2 所示的打印数学用表的通用函数 table()（在这里用 for 的 else 分支将代码整理得更为清晰）。

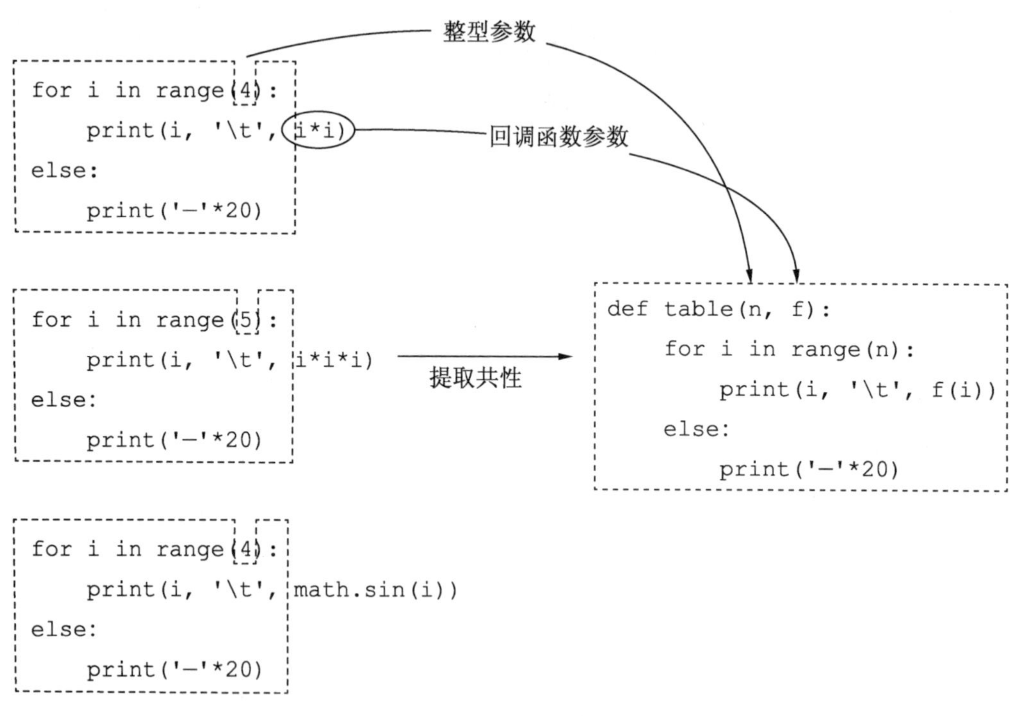

图 2.2　函数抽象

table()函数接收两个参数：第一参数 n 是数学用表的打印行数，第二参数 func 是用于

计算的数学函数。传递“函数”（在这里是作为参数传递），是程序设计的常见方法，使用非常广泛，在后面的学习中，还会继续看到。[①]

为了使用 table()函数，需要在调用时传递函数作为参数。可以使用 def 自定义函数后传参，也可以传递已有函数。如果函数简短，还可以使用 Lambda 表达式定义匿名函数。代码 2.3 将展示传递函数作为参数的不同手段。

代码 2.3　table.py 数学用表打印函数

```
#!/usr/bin/env python3
# -*- coding: utf-8 -*-
from math import sin
def table(n, func):
    for i in range(n):
        print(i, '\t', func(i))
    else:
        print('-'*20)
def sqare(x):
    return x*x
table(4, sqare)                                    # 传递自定义函数
table(5, lambda x:x*x*x)                           # Lambda 表达式
table(4, sin)                                      # 传递已有函数
```

【代码说明】

- square()是自定义的平方函数；
- lambda 关键字用于定义匿名函数，将在下一节讲解；
- math.sin()是标准库的正弦函数；
- 代码运行结果和前述程序（代码 2.2）相同，此处不再赘述。

2.1.5　Lambda 表达式

Lambda 表达式用于创建较小的匿名函数，并且直接作为表达式使用。任何可以使用函数的地方，都可以使用 lambda 关键字定义的函数。

“作为表达式使用”，意味着直接将其作为参数。而无须像函数定义 def 语句那样，定义函数绑定某个名字，再使用这个名字。“匿名”则避免在临时定义函数使用一次的场景下出现很多不必要的名字。

如下的 lambda 语句：

```
lambda parameters: expression
```

① table 函数由于以函数作为参数，有时也被称为高阶函数。在 Python 中，传递函数的语法很简单，适合在入门阶段讲授。有的文章也称这为“函数式”风格，但在笔者看来这远称不上。函数式风格的特点是用函数不断地构建计算过程。Python 中有这类手段，但专门地讲述函数式编程不是本书的目的。本书不会特意指出哪些技巧是“函数式编程”，而是希望读者把相关技巧当做很自然的程序设计手段。

相当于定义如下的匿名函数：

```
def <lambda>(parameters):
return expression
```

以下的代码片段以三次方函数为例，展示了 Lambda 表达式与其等价函数定义形式：

```
sqrt = lambda x: x*x*x

def cubic(x):
    return x*x*x
```

在下一小节中，读者将继续看到 Lambda 表达式的应用。

【思考和扩展练习】

（1）通过互联网检索 Lambda 一词的由来。

（2）比较各主流程序设计语言对匿名函数的支持。

2.1.6 回调函数

前述 table()函数的第 2 个参数 f 称为“回调函数”（callback）。这是指服务的提供方（在本例中是 table()函数）可以调用服务的使用方提供的方法。针对具体问题的实现，代码很少用到回调函数。编程的环境越复杂，用到回调函数的机会越多。比如驱动程序接口、图形界面、网络框架等。使用回调函数的原因往往是在实现某种功能时，有一些操作是必不可少却无法确定的，需要由用户提供。

举例来说，把数字卡片按大小排序是很容易的。依次取一张卡片插到合适的位置，遍历所有卡片即可（插入排序，复杂度为 $O(n^2)$）。如果把数字卡片换成身份证，虽然排序的方法一样，但是**需要事先告知依据何种原则排序**，以身份证号码还是以姓氏笔画排序。比较大小的规则（比较函数）不同，排序结果也不同。按照出生日期排序和按照姓氏笔画排序的结果当然也不同。

【示例】 sorted()函数应用。

内建函数 sorted()用于将容器对象进行排序后返回有序列表。用户可通过回调函数控制 sorted()的排序行为。如下示例对二元元组序列排序。

```
>>> data=[(3,2), (5,1), (4,9)]
>>> sorted(data,key=lambda x:x[0])                    # 按数对第 2 个元素排序
[(3, 2), (4, 9), (5, 1)]
```

其中，在调用 sorted()时传递的第 2 个参数[①]：

```
key=lambda x:x[0]
```

告诉该函数，排序时将二元数对的第 1 个元素取出作为排序依据。sorted()在工作时，会反

① 这里使用到了“关键字参数”的传参方式，将在 2.1.8 节详述。

复调用该函数以取出用于排序的键值。如果希望设定不同的排序准则，传递其他函数即可。比如希望将数对的两个数相乘结果排序，用以下代码即可得到相应的结果。

```
>>> sorted(data,key=lambda x:x[0]*x[1])
[(5, 1), (3, 2), (4, 9)]
```

2.1.7 闭包

有时要在运行时补齐要素才能构造出所需函数。这就需要用到闭包（closure）[①]。

继续打印数学用表的话题。在程序中需要反复打印数学用表。但不同用户使用的计算函数不同（正弦、余弦等），分割线样式也不同。打印函数有 3 个变数：数值范围、映射函数，以及分割线样式。按前述实现方式如下：

```
def table(n, func, sep):
    for i in range(n):
        print(i, '\t', func(i))
    else:
        print(sep*20)

table(10, math.sin, '+')
......
table(12, math.sin, '+')
......
table(14, math.sin, '+')
```

观察上述代码，很容易能够发现反复重复的代码片段，如图 2.3 所示。

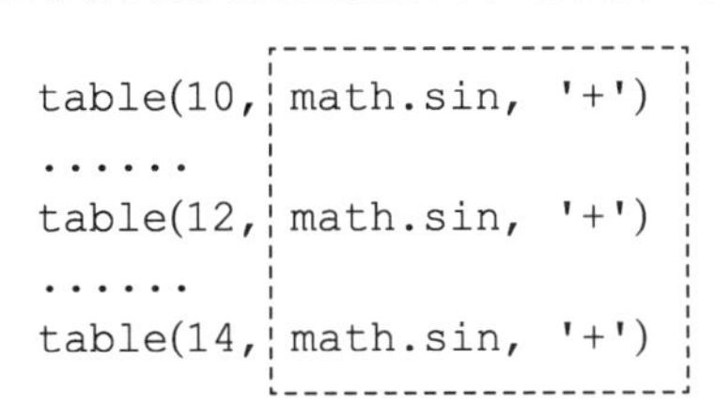

图 2.3 重复传递相同实参

这两个完全一样的实参在每次调用中均被重复。既希望能够以简洁的方式（如 table(5)）来调用函数，又希望能够在需要的时候设定函数的各种具体行为（选择哪种数学函数打印，以什么字符作为分割线）。**解决办法是提供一个通用的模板，在运行时拼成完整的函数。**具体到本问题，就是要实现一个函数，根据传入的计算函数以及分隔符，生成一个打印数学用表的函数，然后返回供用户使用。如代码 2.4 所示。

---

① 关于闭包，读者会看到一些很令人困惑的定义：用第一类函数（first class function）实现的词法作用域名字绑定技术。闭包是存储函数和其执行环境的整体。在目前阶段，上述定义对读者理解闭包并没有什么帮助。故本书并不采用这些会使读者困惑的定义。

代码 2.4　table.py 用闭包创建函数

```
def table(func, sep='-'):
    def foo(n):                              # 在函数 table 中定义函数 foo
        for i in range(n):
            print(i, '\t', func(i))
        else:
            print(sep*20)
    return foo                               # 将定义的函数 foo 返回
cubic_list = table(lambda x:x*x*x, '=')
cubic_list(20)
cubic_list(10)
```

调用者调用 table()，将返回的函数关联至名字 cubic_list。此处 table()所返回的，并不是单个的值或是对象，而是所生成的函数对象(ret)和其所需的执行环境（参数 func 和分隔符 sep）。**这并不寻常，因为普通的函数调用结束后，本地对象的生命期也结束了，如果没有别的引用，它们应当被释放。但如果返回的函数(ret)使用了外层函数(table)的本地对象，这些本地对象的生命期也随之延长。**形象地说：一个尚未完工的“开口函数”，加上了若干“零件”，封好后作为整体交付使用。这正是“闭包”一词的由来。闭包提供了更深层次的代码复用能力。

在本书的例子中，读者可以直观地类比一个自助冰激凌店。这个冰激凌店可以给顾客提供各种口味的冰激凌（闭包），但需要顾客自备诸如樱桃、小糖粒、蔓越莓干等点缀物（创建闭包所需的各种变量）。冰激凌店只负责提供原味冰激凌、包装盒等原材料及“组装”服务。这样冰激凌店就最大限度地“复用”了不同口味冰激凌的共同部分，而且是通过标准化的服务来制作这些冰激凌。理论上，这个冰激凌店可以提供无限多种口味的冰激凌（芥末冰激凌、辣椒冰激凌、三文鱼刺身冰激凌……）。这是那些传统的自备点缀物的冰激凌店无法做到的。

在初学者看来（尤其是具备 C/java 基础的初学者），闭包是很神奇的。初学者有时候会受惑于一些对闭包语法特性的讲解（生命期、信息隐藏、访问本地变量等），并认为这些特性就是引入闭包的目的，从而愈发困惑。本书所提出的观点是，闭包是代码的一种组织形式。既然是代码的组织手段，它的主要目的就在于“少写代码”，其次在于“少犯错误”。读者只要牢记这点，就能拨云见日。

2.1.8　传参方式

Python 提供了灵活的参数列表形式。所幸的是，虽然规则复杂，但无须纠结于记忆细节。如果在设计函数时破坏了某些规则（比如在默认参数后接非默认参数）Python 解释器会给出错误提示。这些灵活形式分为**默认参数**、**位置参数**、**关键字参数**和**变长参数列表**。

默认参数（Default Argument Values）：通过在函数定义的参数列表中指定参数的默认值，可以在调用函数时省略全部或部分参数值。如图 2.4 所示，给出了一个带有默认参数的函数定义，以及省略默认参数的调用方式。

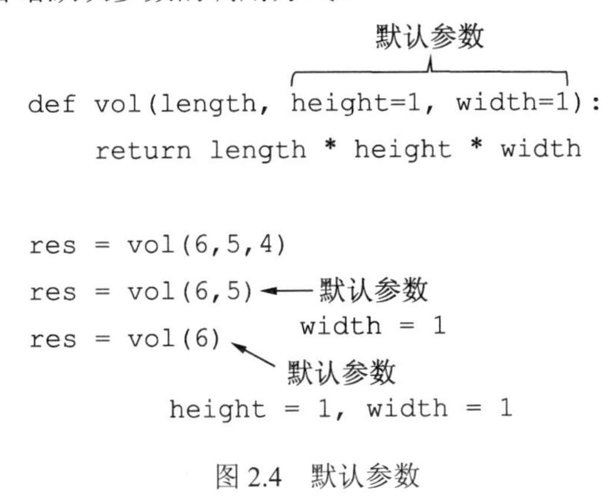

图 2.4　默认参数

定义函数时必须从左至右给出默认参数。下面的定义是非法的：

```
>>> def vol(length=1, height=1, width):
...     return length * height * width
...
  File "<stdin>", line 1
SyntaxError: non-default argument follows default argument
#（语法错误：默认参数后跟非默认参数）
```

然而不必在意这一点。我们永远不会遇到这样的函数，也永远不会成功写出这样的函数。[①]

位置参数（positional argument）：在传参时，不使用形参名标记的参数是“位置参数”，依照形参的次序与之一一对应。可以传单个参数，也可以使用展开式（Unpacking Argument Lists），如图 2.5 所示。

关键字参数（keyword arguments）：在传递参数时，可以指定所传实参和形参的对应关系，如图 2.6 所示。

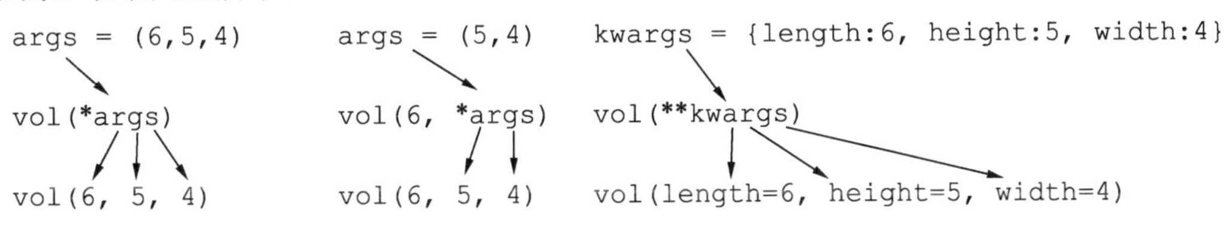

图 2.5　位置参数的展开式　　　　图 2.6　关键字参数的展开式

关键字参数必须跟在位置参数之后。如下传参则会引起错误：

① 导致程序不能运行的语法错误，一般不会引起大问题。那些诸如内存泄漏、死锁或是安全漏洞等能让程序在大部分时间“正常运行”的错误是最可怕的。

```
vol(length=5, 5)                # length=5 是关键字参数，单独的 5 是位置参数
SyntaxError: positional argument follows keyword argument
```

同样地，由于解释器会通过错误进行提示，所以也不必刻意去记忆这个规则。

变长参数列表（Arbitrary Argument Lists）：如果要接收可变数量的参数，就需要使用变长参数的函数定义方式：*args 表示可变数量的位置参数，*kwargs 表示可变数量的关键字参数。位置实参和关键字实参会被打包成元组和字典传递给函数。如图 2.7 所示，为变长参数。

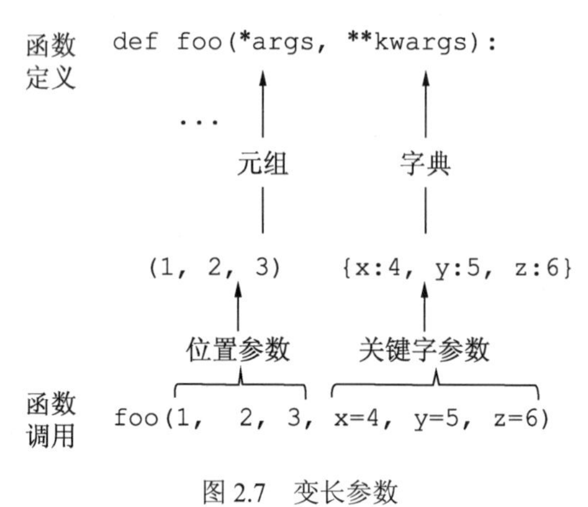

图 2.7　变长参数

2.1.9　文档字符串

在函数定义中可以包含文档字符串（Documentation String）。用 help()方法可以查看文档字符串，如下：

```
>>> def fib(n):
...     """ Return a fibonacci series in (0,n).
...         ...
...     """
...
>>> help(fib)
Help on function fib in module __main__:
fib(n)
    return a fibonacci series in (0,n)
    ...
```

文档字符串的书写习惯：第 1 行应当简短、精确地描述该函数之目的。注意，无须赘述名字或类型，因为 help()方法会自动得到并显示。行首以大写字母开始，句尾以句点结束。如果有多行，第 2 行应当为空白行，以突出首行的摘要作用。其后的描述应当包含调用习惯和副作用等。

2.1.10　小结

不论在哪种编程语言中，定义和调用函数都是最基本的手段。本节介绍了与函数定义和调用相关的基础知识。Python 语言在语法上的简洁性使初学者也可以使用一些在其他传统入门语言（C、C++、Java）中较高级（或没有）的特性，如回调函数和闭包。通过这样的次序，读者可以尽早建立起对函数的整体性概念。

Python 函数的各种传参方式常常令初学者头疼。减缓疼痛的办法是观其大略后就先放在一边，等用到或见到时再行检索。

在决定如何将代码组织为函数时，应当通过观察分析而非遵循教条。可以信赖的准则有二：减少代码和清晰易读。前者是明确的，后者则部分取决于程序员的“审美”能力。

在组织代码时要避免“过度工程”，即幻想着代码会应用于“并不存在的”庞大工程，进而在草创阶段就将代码划分得支离破碎。

注意： 我们写出的绝大部分代码在完成之后也就“寿终正寝”，绝大多数的项目在很短的时间之内也会被抛弃。牢记上述事实，就能遏制住“过度工程”的冲动。

2.2　模块和包

当程序变得复杂后，就需要将其切分为不同的文件以便于维护和复用。为此 Python 引入了模块机制。第 1 章中的代码已经使用过 Python 的内建模块，如 math、sys、turtle 等。本节将讲述如何编写模块。

【学习目标】

- 掌握 Python 模块的创建和导入方法；
- 能够通过判断__name__组织模块的测试代码；
- 了解 Python 的包机制。

2.2.1　处理名字冲突

模块机制和包机制从本质上说，就是给名字加前缀的方法。前缀用来区分相同的名字。在没有类似机制的语言中，名字会变得很冗长，如 C 语言的 pthread 线程库函数：pthread_mutex_lock()。使用模块机制能够灵活地使用前缀，名字冲突时使用模块前缀以区分，在没有冲突时直接使用名字。例如，通过如下用法避免 Python 标准库 math 的 gcd() 函数和用户自定义的函数名冲突：

```
import math
math.gcd(45, 125)
```

如果没有自定义的 gcd()函数，则可以通过如下用法避免每次调用时的 math.前缀：

```
from math import gcd
gcd(45, 125)
```

2.2.2 模块与 import

每个.py 文件都是一个模块。以代码 2.5 所示的文件 foo.py 为例。这个文件就是模块，名称是 foo，和去掉.py 后缀的文件名相同。

代码 2.5 foo.py 简单模块文件

```
greeting = 'hello python!'
def hello(s='world'):
    print(f'hello {s}!')
```

可以使用模块形式加载这段代码：

```
import foo
```

当模块首次被加载时，执行环境会为模块创建一个命名空间，然后执行模块内的代码，在 import 执行处创建名字（模块名）引用模块的命名空间。用 import 命令导入模块后，按如下方式使用模块里定义的名字：

```
foo.hello()
foo.greeting
```

可以使用 **as 关键字**修改用于引用模块的名字：

```
import foo as f
f.hello()
f.greeting
```

from 语句用来将模块中的指定符号导入，在当前命名空间中创建模块中的对象的引用。使用 from 语句导入的名字可以直接使用，不需要用模块名和 . 作为前缀：

```
from foo import hello
hello()
```

as 关键字同样可以用于 from 语句：

```
from foo import hello as hi
hi()
```

当要导入许多模块或符号时，可以使用逗号分隔：

```
import foo, math, sys
from foo import hello, greeting
```

可以使用 * 导入模块全部的符号，以下划线开头的符号除外：

```
from foo import *
```

可以在模块内通过定义列表__all__，以精确控制 import *的行为：

```
__all__ = ['hello', 'greeting']
```

2.2.3　在模块中包含测试代码

源文件可以按模块形式导入，也可以直接运行。Python 提供了内建变量__name__供程序检查自身在哪个模块中执行。当直接执行文件时，__name__的值为"__main__"。可以通过测试这个变量的值，为模块加上只在独立运行时执行的代码。如代码 2.6 所示。

代码 2.6　foo.py 包含测试代码的模块文件

```
#!/usr/bin/env python3
greeting = 'hello python!'
def hello(s='world'):
    print(f'hello {s}!')
if __name__ == '__main__':
    hello()
    hello('Python')
```

单独运行模块文件（代码 2.6），效果如下：

```
$ ./foo.py
hello world!
hello Python!
$ python3
>>> import foo
>>> foo.hello()
hello world!
```

导入模块（代码 2.6）的效果则如下：

```
$ python3
>>> import foo
>>>
```

可以看到，测试代码在运行脚本时被执行，用 import 语句导入模块时则不会执行。

2.2.4　模块搜索路径

导入模块时，Python 会先在内建模块中搜索，然后在 sys.path 列表包含的路径中搜索。该路径列表以当前路径为优先。在一个典型的 Linux 系统（Ubuntu 18.04）中 sys.path 的默认配置如下：

```
$ python3
Python 3.6.6 (default, Sep 12 2018, 18:26:19)
......
```

```
>>> import sys
>>> sys.path
['', '/usr/lib/python36.zip', '/usr/lib/python3.6',
   '/usr/lib/python3.6/lib-dynload',
   '/home/zhangdi/.local/lib/python3.6/site-packages',
   '/usr/local/lib/python3.6/dist-packages',
   '/usr/lib/python3/dist-packages']
```

在 Mac OS 系统中，Python3 的典型安装中 sys.path 的默认配置如下：

```
$ python3
Python 3.7.2 (v3.7.2:9a3ffc0492, Dec 24 2018, 02:44:43)
......
>>> import sys
>>> sys.path
['', '/Library/Frameworks/Python.framework/Versions/3.7/lib/python37.zip',
  '/Library/Frameworks/Python.framework/Versions/3.7/lib/python3.7',
 '/Library/Frameworks/Python.framework/Versions/3.7/lib/python3.7/lib-dynload',
'/Library/Frameworks/Python.framework/Versions/3.7/lib/python3.7/site-
packages']
```

可以通过设置 PYTHONPATH 环境变量或者直接修改 sys.path 来添加搜索路径，如下：

```
$ export PYTHONPATH=/opt/python3.6/lib
$ python3
Python 3.6.6 (default, Sep 12 2018, 18:26:19)
......
>>> import sys
>>> sys.path
['', '/opt/python3.6/lib', ......]
>>> sys.path.append('/home/lib')
>>> sys.path
['', '/opt/python3.6/lib', ...... , '/home/lib']
```

2.2.5 包

当程序规模进一步扩大，有模块名字冲突的风险时就要使用包（package）机制。在包含模块的目录下添加__init__.py 文件，Python 就会把该目录看作一个包。举例来说，我们建立了如下的目录结构：

```
mmm/                  顶层模块
    __init__.py       模块初始化代码
    xxx/              子模块
        __init__.py
        aaa.py
        bbb.py
        ...
    yyy/
        __init__.py
        jjj.py
        kkk.py
        ...
```

使用 import 语句导入包 mmm 时，Python 执行环境会搜索 sys.path 指定的路径以寻找相应的子目录。各个目录下的__init__.py 文件可以是空文件，也可以包含初始化代码。导入包和导入模块的语法是类似的。比如，为了使用 aaa.py 文件中定义的 foo()函数，可以有以下几种导入方式：

```
import mmm.xxx.aaa
mmm.xxx.aaa.foo()
......
from mmm.xxx import aaa
aaa.foo()
......
from mmm.xxx.aaa import foo
foo()
```

关于 Python 的包机制还有很多细节，但本书讲述的重点并不在此。有兴趣的读者可以参阅 Python 官方文档。

2.2.6　小结

Python 语言通过引入极少的语法要素就实现了模块和包机制。在组织大型程序时，如何抽取复用代码，以及如何设计接口才是工程师需要思考的。本书会用到 Python 的标准库及若干第三方模块。书中个别较复杂的示例也会将代码划分为模块。

2.3　作用域和栈帧

作用域描述的是某个名字在代码中的可见性。在函数内部首次赋值的变量名只能在该函数内部使用，这就是作用域规则的例子。作用域规则是程序设计语言本身的核心特性。函数创建了本地作用域，程序员可以放心地命名而无须担心会影响外部环境。有时在多层作用域嵌套的情况下，程序员又需要访问外层作用域的名字以达到某种设计目的。

【学习目标】

- 理解函数的本地作用域概念；
- 掌握访问外层作用域名字的方法；
- 理解函数的调用栈概念；
- 了解对象生命期的概念；
- 了解使用闭包延长局部对象生命期的方法。

2.3.1　名字的查找

命名：命名是将对象绑定至名字的过程。对某个名字赋值就是将其绑定至对象的过程。

```
a = [1, 2, 3]
```

如果是首次对 a 赋值，这条语句将创建名字 a 并将其绑定至一个列表。在以下几种情况中会发生名字的绑定行为：

- 函数形参；
- import 和 from … import …语句；
- 函数（或类）定义；
- 赋值语句；
- for 循环头；
- as 关键字之后。

del 语句则会解除这种绑定关系并删除名字。

本地作用域：在函数内部定义的名字属于函数的本地作用域（也称局部作用域）[①]，只在该函数内可见。不在任何函数或类内部定义的名字属于模块层次，是全局（global）名字，在整个模块内可见。这里的全局是指模块，而非整个程序。在表达式中使用名字时，解释器会首先在本地作用域查找其定义。举例来说，如果在函数 foo 中用到名字 a，解释器会首先查找函数 foo 的本地作用域是否有 a 的定义，如果有，就使用之。而对名字赋值时，如果名字没有定义，则会定义名字。以下各种情况都在函数 foo 的局部作用域中定义了名字 a：

- 定义对象：

```
def foo():
a = []
```

- 形参：

```
def foo(a):
...
```

- 循环变量：

```
def foo():
for a in range(5):
...
```

- 定义函数或类：

```
def foo():
def a():
...
```

- as 关键字或模块导入：

```
def foo():
from math import pi as a
```

对 Python 语法来说，这是很自然的设定。如果上述这些代码不是使用本地的名字 a，而是使用外层定义的 a，那么函数的编写者将无法正常地编写函数。上述操作都是将 a 当

① 除非这些名字被 nonlocal 或 global 关键字修饰。

作左值，或者说是对 a 的某种赋值操作。

向上查找规则：在表达式中用到名字时，如果没有局部作用域定义，解释器将在上级作用域寻找。如以下代码片段：

```
...
def foo():
print(a)
c = a*2
...
```

如果函数 foo 的本地作用域没有 a 的定义，解释器寻找名字 a 的次序如下：

（1）**如果有外层嵌套作用域，即上层函数或类定义，则先在那里寻找。**在 2.1.7 节中，生成闭包的代码就属于这种情况：

```
def table(func, sep='-'):
    def foo(n):
        for i in range(n):
            print(i, '\t', func(i))
        else:
            print(sep*20)
    return foo
```

函数 foo 中使用的名字 func 就在上层作用域定义。

（2）**然后在全局作用域，即模块中寻找。**这种情况更为普遍，在同一文件中定义函数 a 并在函数 b 中调用就属于这种情况：

```
def a():
    pass
def b():
    a()
```

（3）**最后在全局名字中寻找。**Python 的各种内建名字即在此作用域中，例如 print 函数。

作用域的嵌套关系如图 2.8 所示。

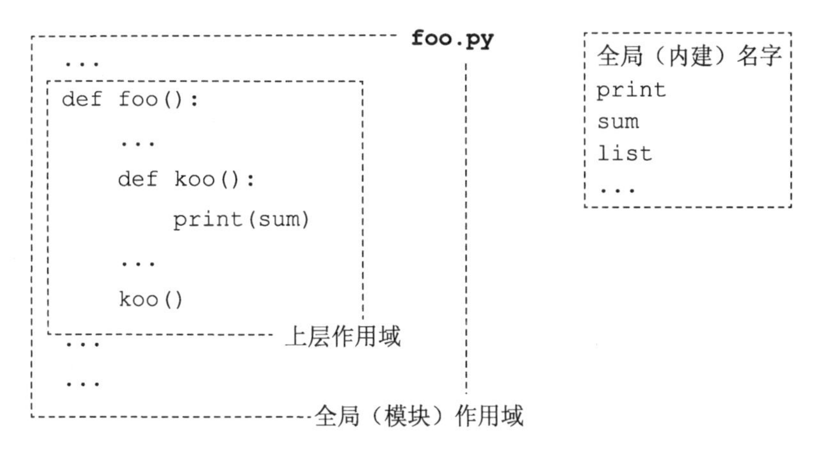

图 2.8　作用域的嵌套关系

注意：只需要认真思考就会发现上述寻找次序相当自然，不用费神记忆。需要强调的是用以改变搜索次序的 global 和 nonlocal 关键字，将在下一小节介绍。

2.3.2 nonlocal 和 global 关键字

nonlocal 关键字明确指定在外层嵌套作用域中搜索名字。如果内层的函数需要使用外层作用域名字，而且先进行赋值操作，就必须使用 nonlocal 关键字，以示和定义本地名字的语法区别，如下：

```
def foo(n):
    def boo():
        nonlocal n    # nonlocal 将 n 绑定至 foo 的形参 n
        n = ...
    return boo
```

因为 Python 从语法上没有区分名字的定义和赋值，所以需要额外的标记，在打破默认作用域规则时消除歧义。

global 关键字也用于改变名字的作用域搜索行为。使用 global 修饰的名字，解释器会直接在全局作用域搜索（再次强调，全局作用域是对整个模块而言，而非整个程序）。使用全局名字最普遍的情形是调用同一模块内定义的其他函数（或类）。另外还有能够被多个函数访问的“全局数据”，如下：

```
a = 5              # 全局变量 a
def foo():
    global a       # global 关键字使函数访问全局变量 a
    a = ...
def boo():
    global a       # boo 和 foo 访问的是同一个 a
    a = ...
```

使用全局变量的目的，通常是在不同的函数间或函数的多次调用间保存和传递状态和数据。这种需求在某些场景下是很普遍的，比如多线程程序（事实上在多线程编程中，不会如此直接地使用全局变量，而是通过设计好的各种接口和模式在线程间共享状态和数据，如信号量或生产者、消费者模式）。**初学者要谨慎使用全局变量**。

2.3.3 函数的调用栈

每次函数调用都会生成相应的结构。该结构用来存储函数的局部作用域信息，如参数和局部变量，还用来存储函数的返回地址。由于函数调用符合“后进先出”特性，即后调用的函数总是先返回，所以函数调用链的结构往往被实现为栈，称为调用栈（call stack）。栈内的每个元素和一次函数调用所对应，称为栈帧（stack frame）。

以函数调用次序 A->B->C,D 为例：函数 A 调用函数 B，后者先后调用函数 C 和 D。

示例代码如下：

```
def A():
   a1 = 5
   a2 = 6
   b()             # A 调用 B
def B():
   b1 = 5
   c()             # B 调用 C
   d()             # B 调用 D
def C():
   c1 = 6
def d():
   d1 = 7
A()                # 最初对 A 的调用
```

在调用至函数 C 时，形成如图 2.9 中（a）所示的调用栈结构。当 C 返回时，C 的栈帧被释放，调用栈结构如图 2.9 中（b）所示。D 被调用后，创建和 D 这次调用对应的栈帧，调用栈结构如图 2.9 中（c）所示。函数依次返回后，调用栈结构如图 2.9 中（d）所示。D、B、A 依次返回后，这 3 段栈帧按返回次序依次释放。

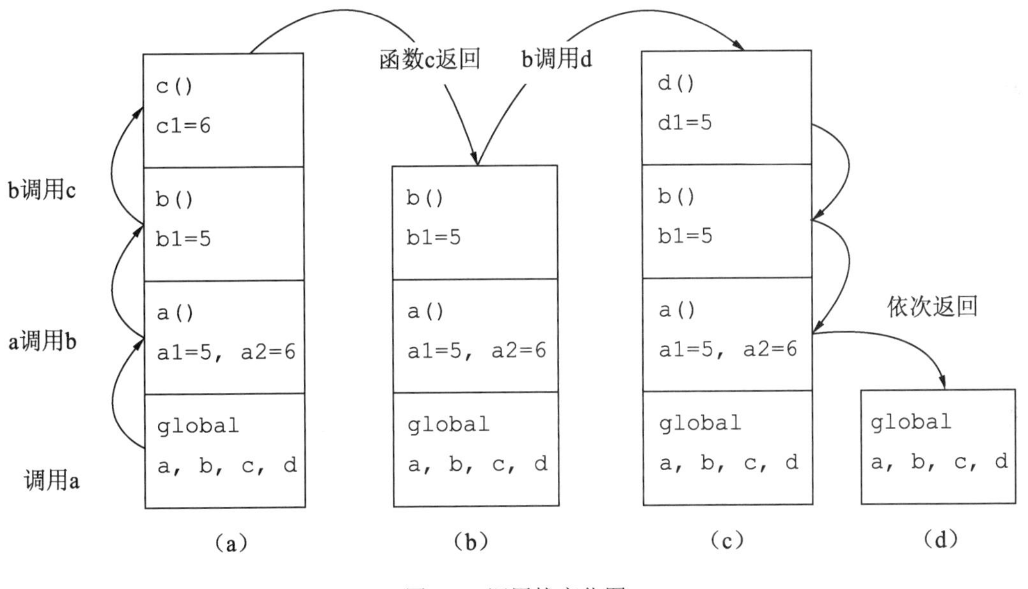

图 2.9　调用栈变化图

2.3.4 对象的生命期

简单地说，对象在首次使用时分配，在不使用时被释放。本地作用域名字，以及仅在函数内部使用的对象，在函数返回后就会被释放。而在模块顶层定义的全局名字和对象则会贯穿模块加载的始终（除非 del 它）。在主模块中定义的名字则会贯穿程序运行的始终。

许多情况下，在越大范围作用域定义的名字具有越长的生命期。不过，有时希望某个对象具有较长的生命期，但同时希望它的作用与局限在某个函数的本地。

作为示例，我们考虑实现一个计数器函数 cnt，每次调用时返回值加 1。为了实现计数，我们需要某种在函数返回后仍然能够保存的值。用之前的术语说，就是我们需要比函数生命期更长的对象。一个容易想到的办法是使用全局变量：

```
a = 0
def cnt():
    global a
    a += 1
    return a
```

以上代码使用了全局名字 a 并在 cnt 中使用它。这个实现很差，因为 a 可以被别的代码轻易修改[①]。代码 2.7 的实现通过闭包延展了局部变量的生命期，在提供计数功能的同时实现了信息隐藏。

代码 2.7　cnt_factory.py 用闭包实现计数

```
#!/usr/bin/env python3

def cnt_factory():
    a = 0
    def cnt():
        nonlocal a
        a += 1
        return a
    return cnt

if __name__ == '__main__':
    cnt_a = cnt_factory()
    cnt_b = cnt_factory()
    cnt_a()
    cnt_b()
    cnt_a()
    cnt_b()
    cnt_b()
    print("a: ", cnt_a())
    print("b: ", cnt_b())
```

【代码说明】

- 在这个实现里，a 的生命期被延长了，但作用域被限制在 cnt_factory 的局部作用域；
- cnt_factory 用来创建计数器函数；

【程序运行结果】

```
$ ./cnt_factory.py
a:  3
b:  4
```

① 还有一个缺点是只能实现单个计数器。

2.3.5　小结

本小节讲述了在函数定义和执行中的重要概念：作用域、生命期和栈帧。对于初次接触这些概念的初学者来说有些抽象。这些知识是理解和运用若干高级编程技巧（如闭包和递归）的基础，即便只建立起模糊的认识也能对相关后续主题的学习起到极大帮助。

2.4　递　　归

递归是用事物本身定义其自身的方法。比如“表达式的运算还是表达式”（见 1.2.4 节）这个定义就足以不断构建出任意复杂的表达式。自然语言也大量使用递归以构建出复杂句型[①]。递归很直观地来自于我们的思考和交流方式。在程序设计中，递归是有效地分析和解决问题的方法，用递归风格写出的代码往往非常简洁、直观。递归风格程序的缺点是，在今天的计算机体系结构上运行效率较低，因此在使用递归设计算法后往往需要进一步优化。

【学习目标】

- 了解函数递归调用的原理；
- 掌握通过划分子问题设计递归算法的方法；
- 掌握消除尾递归的方法；
- 掌握消除一般递归的方法；
- 了解动态规划思想。

2.4.1　单重递归

本节的示例比较简单，因为在每次递归过程中，原问题仅缩减为单个更小的问题。这样的问题往往能够用简单循环来解决。这类递归算法的函数调用图是链状结构。这种递归类型被称为“单重递归”（single recursion）。

【示例 1】 编写函数 seq(n)，打印从 1~n 的数字。

可以很容易地用循环解决这个问题。

```
def seq(n):
    i = 1
    while i<=n:
        print(i)
        i += 1
```

① 如从句。

也可以使用递归版本，这是本节的主要程序风格。

```
def seq(n):
    if n>0:
        seq(n-1)
        print(n)
```

在递归版本的 seq()函数中，参数等于 0 时，函数什么也不做，直接返回。当参数为正整数时[①]，将参数减 1 后调用自身，待调用返回后打印参数。当调用 seq(3)时，该函数会生成如下的调用链 seq(3) > seq(2) > seq(1) > seq(0)，当调用链依次返回时，seq(3) - seq(1)的 print 语句会逆序执行，完成打印序列的目的。Seq 函数的递归调用次序，如图 2.10 所示。Seq 函数的调用栈变化示意图，如图 2.11 所示。

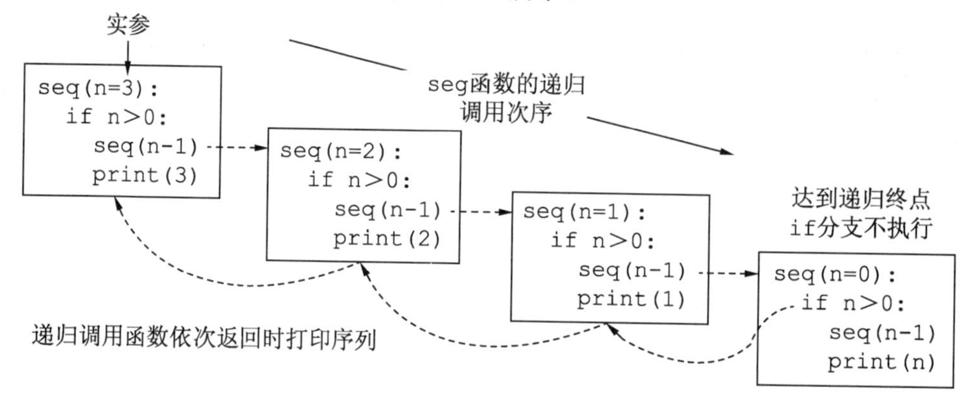

图 2.10　seq 函数的递归调用次序

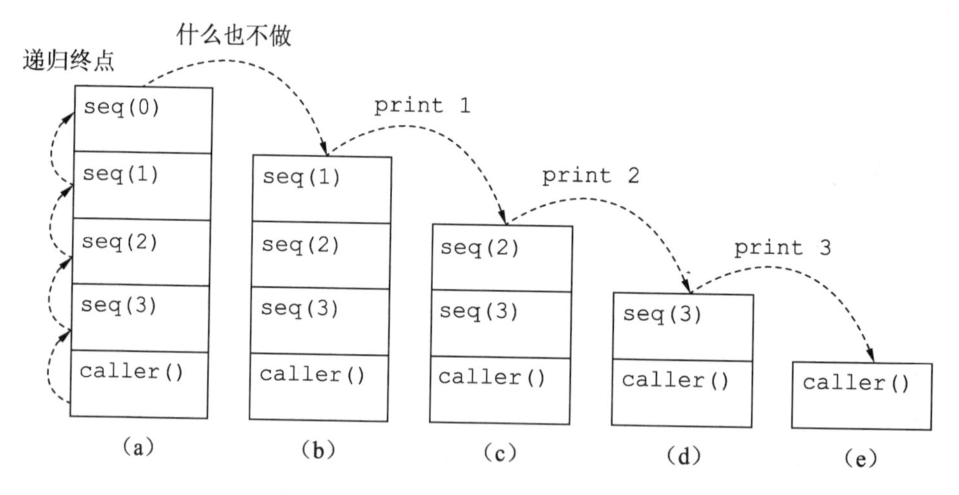

图 2.11　seq 函数的调用栈变化示意图

① 为了简单起见，假定函数只会接收到非负整数作为参数。

在实际编写代码时，不会使用这样的方式打印序列[1]。因为对于本问题来说，递归版本的效率很低。本小节示例的目的是让读者了解递归函数的执行流程和基本语法形式。

【示例 2】 编写递归函数 factorial(n)以计算阶乘 n!。

阶乘的定义可以写成如下递归定义形式：

$$n! = n \cdot (n-1)!$$

$$0! = 1$$

函数实现代码如下：

```
def factorial(n):
    if n == 0:
        return 1
    else:
        return n * factorial(n-1)
```

以 factorial(4)为例，计算过程如下：

```
factorial(4) = 4 * factorial(3)
             = 4 * (3 * factorial(2))
             = 4 * (3 * (2 * factorial(1)))
             = 4 * (3 * (2 * (1 * factorial(0))))
             = 4 * (3 * (2 * (1 * 1)))
             = 4 * (3 * (2 * 1))
             = 4 * (3 * 2)
             = 4 * 6
             = 24
```

【示例 3】 欧几里得算法的递归实现。

递归函数是指在定义函数时用到了该函数本身，即函数自己调用自己。如果待解决的问题本身就含有递归定义，那么往往能直接写出对应的递归程序。以 1.3.6 节示例中的求 a，b 最大公约数的欧几里得算法为例：

- 如果 b 是 0，则 a，b 的最大公约数为 a；
- 否则 a，b 的最大公约数等于 b，a%b 的最大公约数。

这个描述中的第 2 点就是用最大公约数自身解释自身。根据这两条原则可以写出如下代码：

```
def gcd(a, b):
    if b == 0:
        return a
    else:
        return gcd(b, a%b)
```

以 gcd(15,9)为例，函数的计算过程如下：

```
gcd(15, 9) = gcd(9, 6) = gcd(6, 3)  = gcd(3, 0) = 3
```

gcd 函数的 else 分支不断地缩减问题规模。第 1 次函数调用 gcd(15, 9)执行 else 分支，该分支会调用以参数(9, 6)再次调用 gcd()。接下来会以参数(6, 3)调用 gcd()，此时能够除尽，

---

[1] 据传这是世纪之交某跨国大型 IT 企业的应届生招聘试题。原题是“编写函数，不使用局部变量打印 1～n”。当时的很多毕业生对此束手无策。从这个角度上该问题的递归版本还是有意义的。时至今日这已是平常技巧，已不常见于企业面试题。

代码执行 if 分支并将结果 3 返回。函数的前述各次调用依次将这个结果返回给前一级。最终 gcd(15, 9)返回 3。请读者自行编写函数并执行以观察运行结果。

【思考和扩展练习】

（1）示例 3 的递归形态也被称为“尾递归”[①]。尾递归的特点是递归调用仅出现在函数执行的末尾。分析这种递归形态与示例 1 和示例 2 有何不同。

（2）用尾递归形式实现示例 1 和示例 2。

如果每次将原问题划分为“若干个更小的问题”，那么递归会显现出更大的优势。这时函数的调用图是树形结构，称为多重递归（multiple recursion）。对于这种问题，往往不容易直接想出非递归解法（迭代版本）。下一节将举一个这样的例子。

2.4.2 多重递归

下面仍以具体问题来说明多重递归。

问题描述：将一根长度为 len 的杆，切为不长于 k 的小段，编写函数 cut(len, k)计算总共有多少切分方法。其中 len，k 均为整数，每一小段长度也为整数。

问题分析：可以通过 cut(len, n) = cut(len-n, n) + cut(len, n-1)这一性质每次将问题拆解为两个更小的子问题，一直拆分到无须再次拆分即可直接得到结果的基本问题 len==0 或 k==1。如图 2.12 与图 2.13 所示。

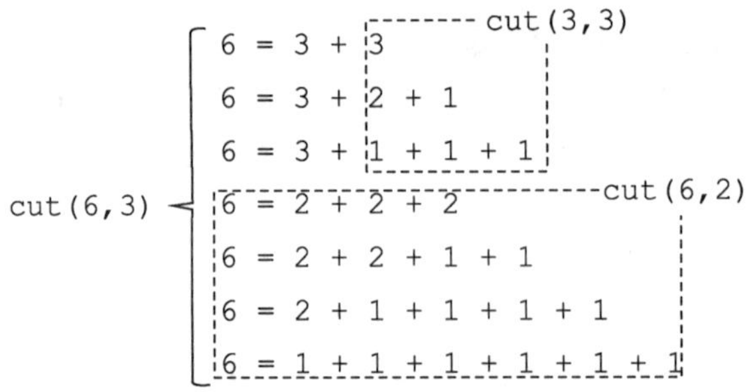

```
                  ┌ 6 = 3 + 3              cut(3,3)
                  │ 6 = 3 + 2 + 1
                  │ 6 = 3 + 1 + 1 + 1
cut(6,3)  ─┤ 6 = 2 + 2 + 2             cut(6,2)
                  │ 6 = 2 + 2 + 1 + 1
                  │ 6 = 2 + 1 + 1 + 1 + 1
                  └ 6 = 1 + 1 + 1 + 1 + 1 + 1
```

图 2.12　cut(6,3)的子问题拆分

对应 cut()函数，如代码 2.8 所示。

代码 2.8　cut.py 切杆

```
def cut(len, k):
    k = min(len, k)
    if len==0 or k==1:
        return 1
    else:
        return cut(len-k,k) + cut(len, k-1)
```

① 在 2.4.5 节将讨论消除尾递归的方法。

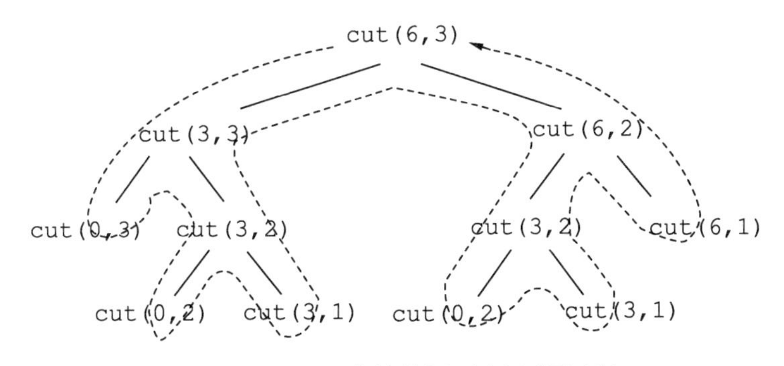

图 2.13　cut()函数的递归调用和返回过程

请读者自行编写测试程序以验证函数的正确性。

【思考和扩展练习】

（1）为什么 len==0 时，函数要返回 1？

（2）改写程序，打印每种拆分方法。

（3）以一次函数调用为基本操作，分析程序的时间复杂度。

（4）以栈帧长度为标准，分析程序的空间复杂度。

（5）在 cut()的递归调用中，有部分调用参数是相同的，如图 2.14 所示，请思考如何能够避免这些重复计算。①

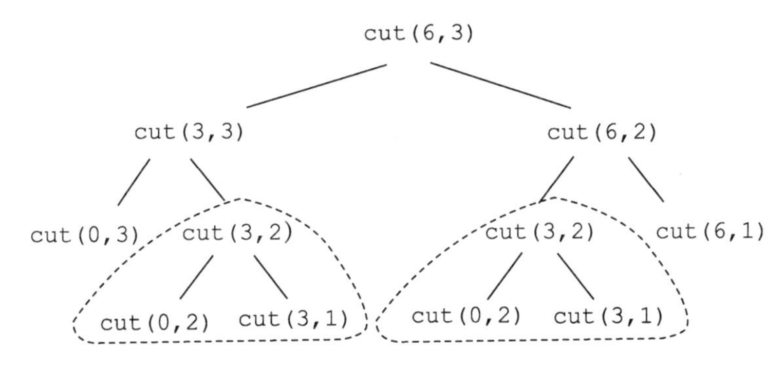

图 2.14　cut 函数递归调用中的重复计算

2.4.3　示例：科赫雪花

在不同的尺度上呈现出类似的结构是一种普遍存在的规律，在数学上称为“分形”（fractal）。有清晰数学结构的分形曲线往往很漂亮。科赫雪花（Koch snowflake），又称科赫曲线，是数学家们最早提出的分形曲线之一。科赫曲线可以由一个等边三角形开始，对每一条线段做如下无穷尽的递归操作而得到：

① 在 2.4.8 节将讨论这类问题。

- 将线段分为三等分；
- 将中间部分向外做等边三角形；
- 去掉中间部分本身。

如图 2.15 所示，展示了将这种操作进行三层的结果。数学上的科赫曲线是无穷次操作的结果。

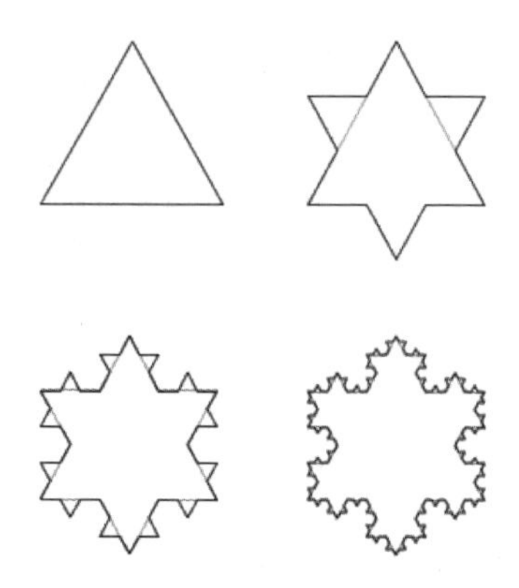

图 2.15　科赫雪花（来自维基百科 KochFlake 条目）

当然无法绘制出真正的科赫曲线，但可以用递归函数绘图得到若干层的科赫曲线，如代码 2.9 所示。

代码 2.9　koch.py 绘制科赫曲线

```
#!/usr/bin/env python3
# -*- coding: utf-8 -*-
import turtle
def koch(level, size):
    if level == 0:
        turtle.forward(size)                          # 绘制指定长度的线段
    else:
        for angle in [0,60,-120,60]:
            turtle.left(angle)                        # 向左转过指定角度
            koch(level-1, size/3)
if __name__ == '__main__':
    koch(5,600)
```

【代码说明】

程序使用了 Python 的标准绘图库 turtle（请参见 1.7.3 节）。本例使用了以下两条绘图指令：

- forward(size)，用以绘制长度为 size 的线段；
- left(angle)，将绘图笔前进方向左转 angle 度。

【程序运行结果】

```
$ ./koch.py
```

绘制的曲线，如图 2.16 所示。

图 2.16　递归程序绘制的科赫曲线

分形不仅仅是纯粹数学的概念，它有很多实际应用价值。比如在游戏中需要生成地图，使用随机化的分形算法，可以自动生成各种各样的地图。

【思考和扩展练习】

通过互联网了解分形的概念，尝试绘制更多分形图形。

2.4.4　示例：二叉树的后序遍历

二叉树是一种非常重要的数据结构，在计算机核心软件的各个领域都有广泛的应用，如进程调度器、内存管理器和数据库索引等。**二叉树是这样一种结构(L, S, R)，其中 L 和 R 是空集或二叉树，S 是单元素集合。**这是基于集合论[①]的定义，这种递归定义的方法将在我们接下来对二叉树的遍历中起到重要指导作用。本书将在 3.4 节更加全面地讨论二叉树这种数据结构。二叉树数据结构，如图 2.17 所示。

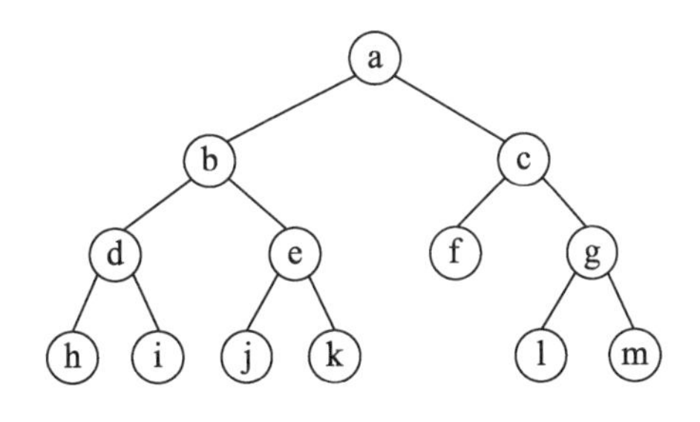

图 2.17　二叉树

图 2.17 中，其中 a 是根节点（S），{b, d, e, h, i, j, k}构成了左子树（L），{c, f, g, l, m}构成了右子树（R）。根据前述定义，a 的左子树也是二叉树，根节点为 b，左子树为{d, h, i}，右子树为{e, j, k}。可以一直分解下去，直到最后的节点（叶子节点），如 h 节点，它的左子树和右子树都是空。

① 二叉树还有基于图论的定义，有兴趣的读者可以参考关于数据结构的书籍。

可以用字典表示二叉树，字典元素的键是节点，值是一个二值元组，分别代表左子树和右子树的根节点，如果左子树和右子树为空，则值为‘-’。

```
tree = {
    'a':('b','c'), 'b':('d','e'), 'c':('f','g'),
    .....
    .....
    'm':('-','-')
}
```

对数据结构的遍历是常见操作。这里以二叉树的后序遍历作为示例。**二叉树的后序遍历是指对于任何一个节点，先遍历左子树，再遍历右子树，最后是这个节点本身。**如图 2.18 所示。

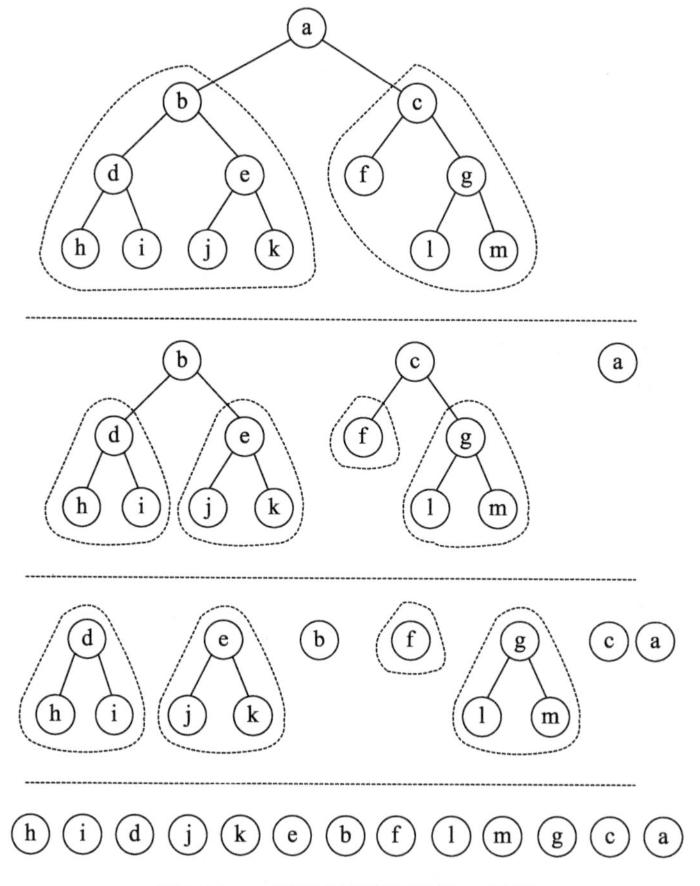

图 2.18　二叉树后序遍历的递归解释

根据二叉树的定义和后序遍历的定义，可以写出如下程序结构：

```
def postorder(tree, root, op):                  # 后序遍历
    if(root=='-'):
        return                                  # 递归终点
```

```
    else:
        postorder(tree, tree[root][0], op)       # 先遍历左子树
        postorder(tree, tree[root][1], op)       # 再遍历右子树
        op(tree,root)                            # 最后处理根节点
```

其中 op 是对节点操作的回调函数，完整的演示如代码 2.10 所示。

代码 2.10　postorder.py 二叉树后序遍历

```
#!/usr/bin/env python3
tree = {
    'a':('b','c'), 'b':('d','e'), 'c':('f','g'),
    'd':('h','i'), 'e':('j','k'), 'f':('-','-'),
    'g':('l','m'), 'h':('-','-'), 'i':('-','-'),
    'j':('-','-'), 'k':('-','-'), 'l':('-','-'),
    'm':('-','-')
}
def postorder(tree, root, op):
    l,r = 0,1
    if(root=='-'):
        return
    else:
        postorder(tree, tree[root][l], op)
        postorder(tree, tree[root][r], op)
        op(tree, root)
postorder(tree, 'a', lambda t,r: print(r, end=' '))
print()
```

【程序运行结果】

```
$ ./postorder.py
h i d j k e b f l m g c a
```

【思考和扩展练习】

（1）后序遍历是一种深度优先遍历。**深度优先遍历是指首先尽可能访问离出发节点较远的节点。**二叉树的深度优先遍历分为前序遍历、中序遍历和后序遍历。请写出前序和中序遍历的代码。

（2）通过互联网查阅二叉树的应用。

2.4.5　消除尾递归

尾递归的特点是递归调用仅出现在函数执行的末尾。如图 2.19 所示，为 2.4.1 节中的 gcd()函数。

注意：在代码文本位置末尾的调用不一定是尾递归调用。2.4.1 节示例 2 的阿米函数 factorial 就非尾递归调用，如图 2.20 所示。

```
def gcd(a, b):
    if a%b == 0:
        return b
    else:
        return gcb(b, a%b)
```

尾递归

图 2.19　gcd 的递归实现是尾递归调用

```
def factorial(n):
    if n == 0:
        return 1
    else:
        retur n * factorial(n-1)
```

非尾递归

乘法才是最后指令，递归调用的结果要返回来做乘法运算

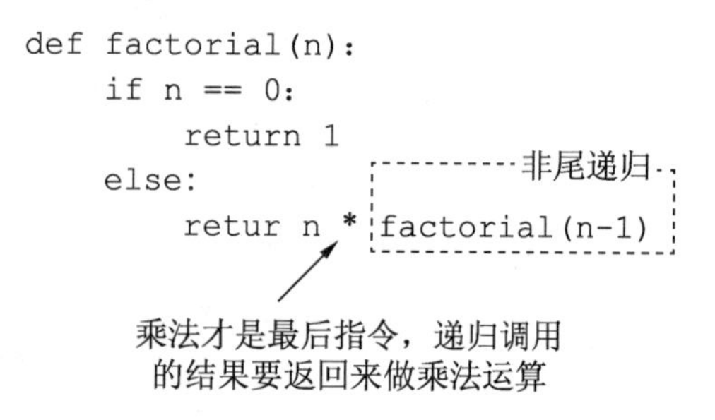

图 2.20　factorial 的递归实现不是尾递归调用

尾调用意味着被调用函数不用返回到主调函数中，主调函数的栈帧也无须保留，被调函数返回时则可以“越级”返回。这不仅适用于尾递归调用，同样也适用于普通的函数尾调用。

有的执行环境或编译系统会对尾调用进行优化①。尾调用的优化可能，如图 2.21 所示。

```
a()-> b()-> c()

def b():
    ...
    if xxx:
        return c(arg1)
    ...
    return c(arg2)
```

尾调用

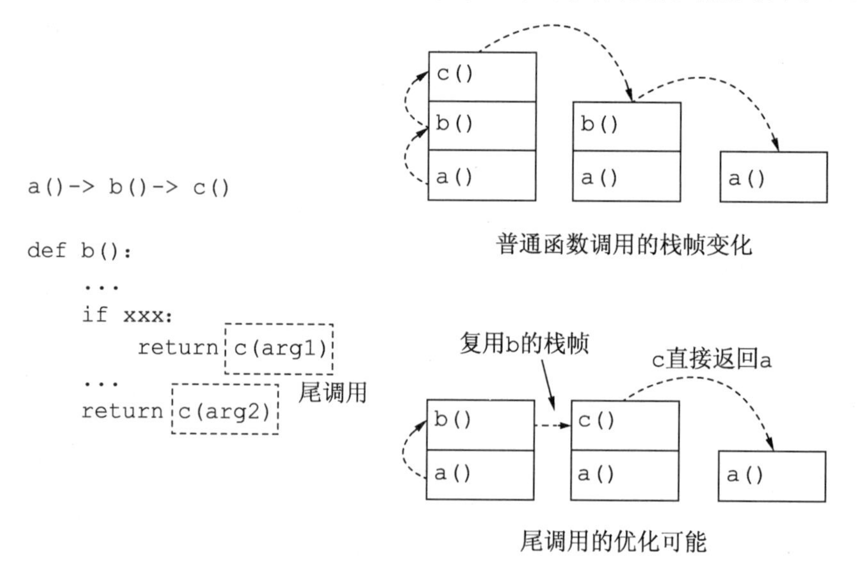

图 2.21　尾调用的优化可能

少量函数调用不会对性能产生重大影响，但在递归中的函数调用层次之多则往往是不能忍受的性能开销。将尾递归直接在编码时消除则是最保险的性能优化方法。消除尾递归的方法如下：

- 将函数的主体部分置于循环中；
- 递归的终止条件改为 break 语句；
- 尾递归调用行为改为 continue 语句；

① 本书写作之日 Python 尚不支持对尾递归的优化。

- 使用循环局部变量维护变化的实参。

上述消除尾递归方法如图 2.22 所示。

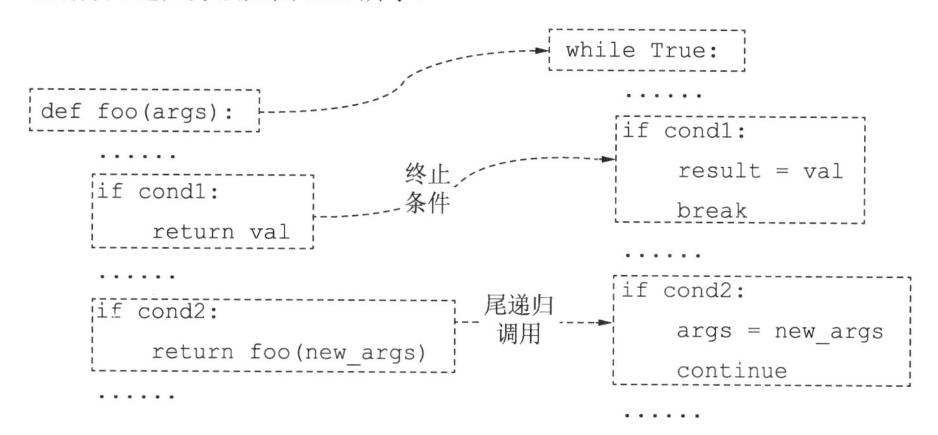

图 2.22　将尾递归改为迭代

在图 2.22 中，出于代码简洁之目的，往往再将得到的程序稍做调整，比如将部分条件归入 while 的执行条件中，将部分多余语句去掉等。

仍以欧几里得算法为例解释上述消除尾递归的过程。如图 2.23 所示。

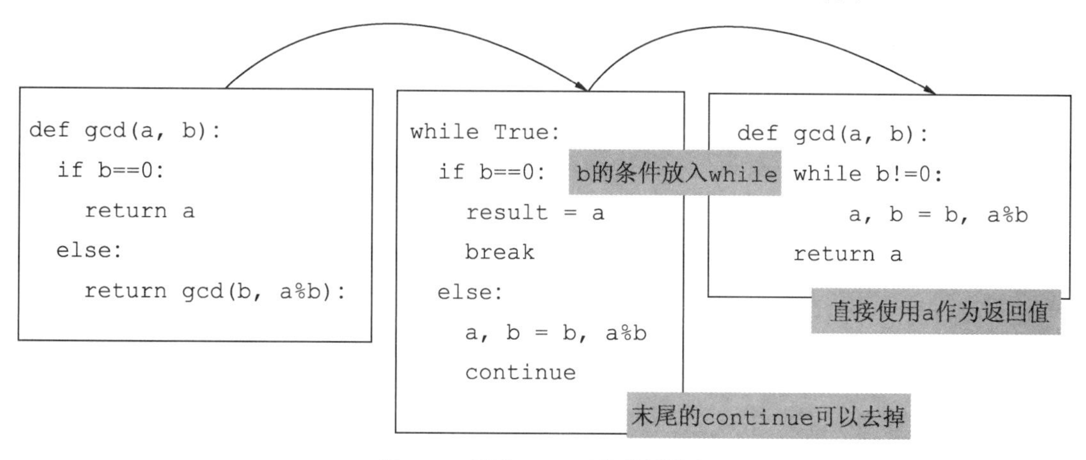

图 2.23　消除 gcd()函数的尾递归

【思考和扩展练习】

如何验证你所使用的语言及执行环境是否支持尾递归优化？

2.4.6　用栈和状态机消除递归

本节适合有汇编语言或处理器体系结构基础的读者，对于初学者有一定难度。基础薄弱的读者可以记住“**递归可以消除**”这一结论，而后跳过本小节。

消除递归的动机通常有两个：一是免去创建栈帧和函数调用的开销，二是突破执行环境对递归层数的限制。有些递归程序可以很容易改为迭代版本。因为这些问题往往有迭代定义，使用递归和使用迭代方式思考的难度并无太大区别[①]。令人感兴趣的是，那些本身就用递归（尤其是多重递归）定义的问题，比如前述 2.4.4 节的二叉树后序遍历问题。针对这类问题，设计递归算法的难度远小于直接设计迭代算法[②]。

本小节将以二叉树的后序遍历为例，介绍消除递归的系统性方法。使用该方法可以将任意递归程序转换为迭代版本，从而达到消除递归的目的[③]。**只要深入理解函数调用的底层机制，再将其显式化，就可以很容易地消除递归：**

- **调用函数：**创建针对这次调用的栈帧，保存调用参数和返回地址；
- **函数返回：**从栈帧中取出返回地址并返回。递归调用返回的位置就在本函数内部。

函数调用就是将实参和未来要返回的状态入栈。函数返回时要将这些内容从栈中退出，并且根据之前存入的返回状态返回到不同的位置。函数的内部代码则在栈顶找到本次调用的实参值。

如上所述，可以按照如图 2.24 所示将递归版本的二叉树后续遍历代码转换为迭代版本。图 2.24 左侧是递归算法伪码表示，右侧是去除递归后的代码。每一次进入 postorder 的栈帧即对应右侧代码的一次 while 循环。

图 2.24 中最初对 postorder 的调用（图中左侧圆圈标记 0 对应代码）创建了新栈帧，并且要在栈帧中传递根节点 root 作为实参。除了传递参数外，还要记录本次调用的返回位置。第一次对 postorder 的调用返回时也就意味着算法的结束，所以专门为这个返回位置分配 0 状态。图中右侧迭代代码 push(root, 0)就是向栈帧中放入参数和返回位置。主动调用 postorder 函数时，会从起始位置执行，代码通过将位置变量 s 设置为 1，告知 while 循环这一位置。

在 postorder 函数的递归调用处（图中左侧伪代码的圆圈标记 2 与 3 处）则要将子树的根节点和此处返回地址入栈。该行为在左侧递归实现中自动完成，在右侧迭代版本中则需要显式入栈，即 push(left, 2)与 push(right, 3)。同样地，由于这是递归算法中对 postorder 的主动调用，对应的迭代算法的下一次循环对应 postorder 起始处，所以设置 s 为 1。

最后来看图中左侧 postorder 递归算法的 return 语句（在 if 分支和 else 分支的结尾）。

---

① 本书中引入这些问题的递归版本，主要是为了平缓的学习曲线。

② 笔者曾经在面试中做过试验，大部分面试者都能够毫不犹豫地在几分钟之内正确写出二叉树后序遍历的递归代码，但几乎没有人能够在 1 小时内写出正确的迭代版本，甚至无法在白板上接近正确思路。

③ 递归和迭代背后是两种不同但等价的计算模型，即 lambda 演算模型和图灵模型。这二者是完全等价的计算模型，这是递归能够消除的理论基础。对这个结论的证明超出了本书的范畴，但递归程序总是运行在处理器上的，而处理器本身的设计是不含递归的，这就足以建立我们消除递归的信心。

return 语句结束函数的执行，对应图中右侧迭代算法的执行流程就是一次 while 循环的结束。在递归算法的一次函数调用结束后，从栈帧中取出返回地址。对应的迭代算法在一次 while 循环结束后，则要从栈中取出较早前保存的 s 值(s=pop_state())，以便在下一次 while 循环时执行正相应的分支。

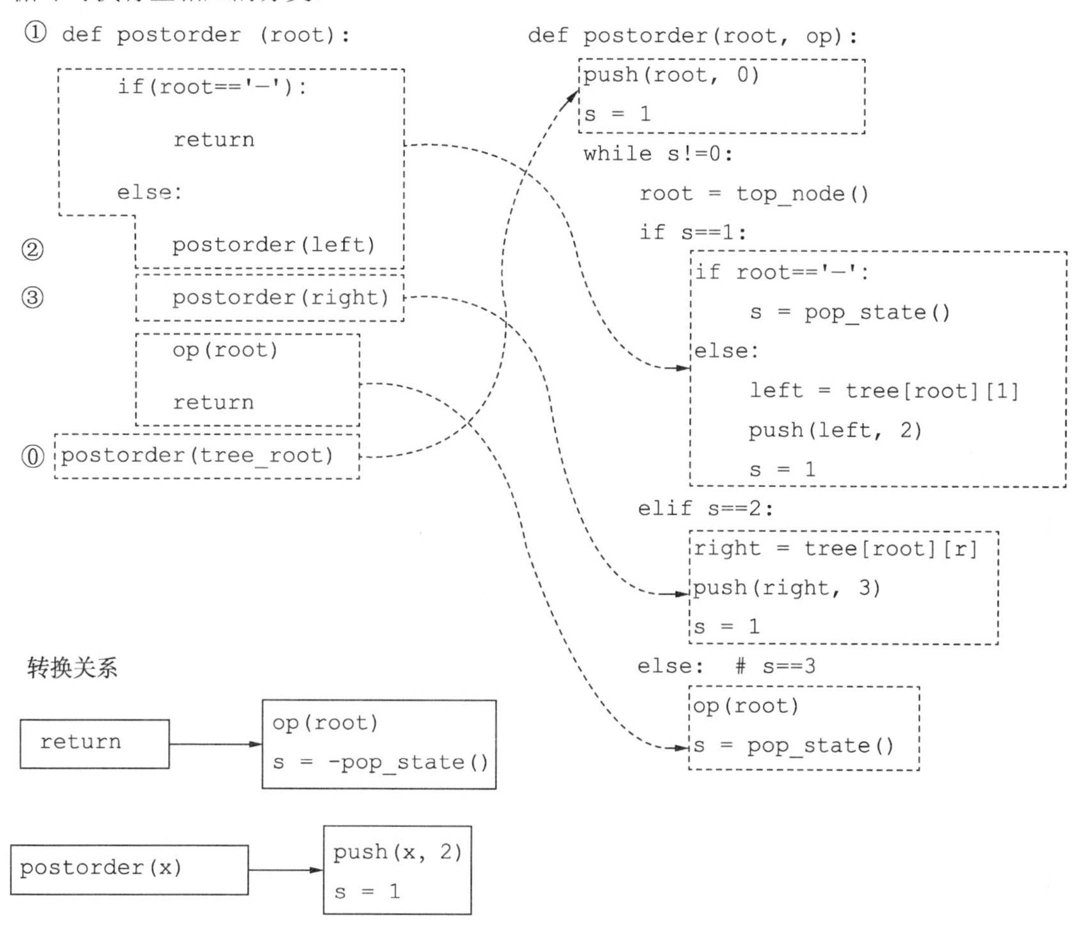

图 2.24　后序遍历的迭代算法推导

具有处理器体系结构背景知识的读者可以将 s 类比为“指令计数器”（即 x86 中的 eip 或 ARM 中的 pc）。

完整的迭代版本演示，如代码 2.11 所示。

代码 2.11　postorder_fsm.py 非递归的二叉树后序遍历

```
#!/usr/bin/env python3
tree = {
    'a':('b','c'), 'b':('d','e'), 'c':('f','g'),
    'd':('h','i'), 'e':('j','k'), 'f':('-','-'),
```

```
    'g':('l','m'), 'h':('-','-'), 'i':('-','-'),
    'j':('-','-'), 'k':('-','-'), 'l':('-','-'),
    'm':('-','-')
}
stack = []
node, state = 0, 1
l, r = 0, 1
def push(root, state):
    stack.append((root,state))
def pop_state():
    return stack.pop()[state]
def top_node():
    return stack[-1][node]
def postorder(root, op):
    push(root, 0)
    s = 1
    while s!=0 :
        root = top_node()
        if s==1:
            if root=='-':
                s = pop_state()
            else:
                left = tree[root][l]
                push(left, 2)
                s = 1
        elif s==2:
            right = tree[root][r]
            push(right, 3)
            s = 1
        else:  # s==3
            op(root)
            s = pop_state()
postorder('a', lambda r: print(r, end=' '))
print()
```

【代码说明】

- 为了代码的直观，采用了若干全局变量，如 stack、node、state、l 和 r 等。

【程序运行结果】

```
$ ./postorder_fsm.py
h i d j k e b f l m g c a
```

如图 2.25 所示，给出了本例中所使用的状态机的状态转换的大致示意图，读者无须深究该图。事实上，即使在这样的状态转换图提示下，直接编写迭代代码也非常容易出错，这是由问题本身的固有难度决定的。这也正说明对于这类问题的去递归，不应当直接设计迭代算法，而应当从递归算法出发并根据函数调用的本质，按部就班修改程序为迭代方式，而后再寻求进一步优化。

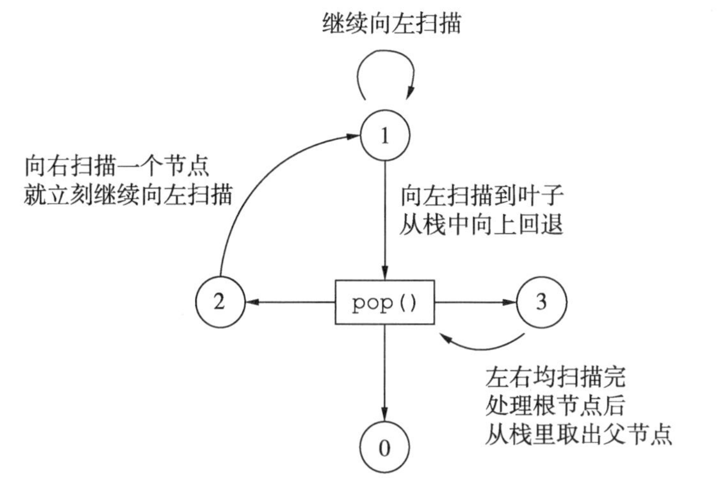

图 2.25　二叉树后序遍历迭代算法状态图

【思考和扩展练习】

尝试将二叉树的前序遍历和中序遍历的递归算法转换为迭代版本。

2.4.7　重复递归带来的性能陷阱

不恰当地设计递归算法，会导致大量无谓的计算。例如代码 2.12 所示，根据斐波那契数列的性质 $f(n)=f(n-1)+f(n-2)$ 设计求数列第 n 项的递归函数。

代码 2.12　fib()函数，递归计算斐波那契数列项

```
def fib(n):
    if n==1 or n==2:
        return 1
    else:
        return fib(n-1) + fib(n-2)
```

这个程序的递归调用树，如图 2.26 所示。从图中可以看到大量的重复计算。可以很容易看出仅仅 fib(1)的计算次数就等于数列第 n 项的值，从而推断出计算的时间复杂度呈指数增长。读者可以尝试运行一系列不太远的数列项，如 fib(20)，fib(40)，fib(60)，体会一下惊人的用时。

注意：要从比较小的，如 fib(20)算起，因为 fib(60)的计算时间会长到让人怀疑程序的正确性。

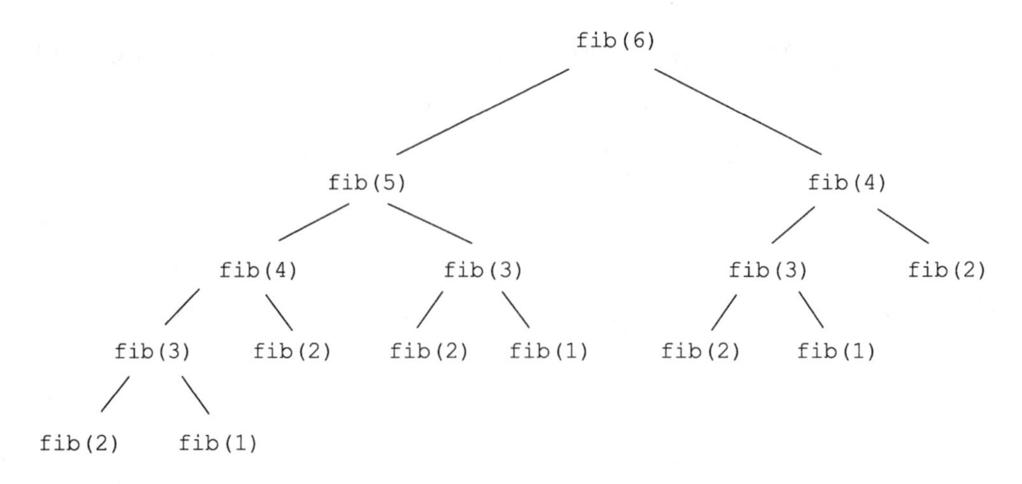

图 2.26　斐波那契数列递归计算的调用树

2.4.8　用动态规划消除重复递归

很多以递归表示的问题都会遇到重复计算的性能陷阱。像斐波那契数列这样的问题可以轻易写出迭代版本。但一般的递归程序即便使用 2.4.6 节介绍的消除递归的方法，也无法改变重复计算带来的额外开销。通常的做法是在递归的程序上加入“备忘录”，当遇到重复的计算时直接使用已经得到的结果，从而避免从该节点出发的整棵子树的计算。这种程序设计技巧被称为“动态规划”（Dynamic Programming）。

本节使用“切杆问题”来展示如何利用已经得到的结果简化递归的计算：①

问题描述：已知长度为 i 的钢材的价格为 p[i]。将整数长度 len 的钢材切成若干整数长度段，求能够得到的最大总价格。其中 p[i]对小于等于 len 的自然数 i 均有定义。该问题满足如下递归条件：

$$cut_{0,k} = 0$$

$$cut_{l,1} = p_1 \cdot l$$

$$\underset{l>0,k>1}{cut_{l,k}} = max\left(cut_{l-k,k} + p_k, cut_{l,k-1}\right)$$

其中 cut 是最大总价，l 是杆长，*k* 是允许的最大段长。请注意，这里的拆解子问题的方法和 2.4.2 节介绍的相同。不同之处只是需要求得最大价格。可以将 2.4.2 节的代码略做

① 这是算法经典教科书《算法导论》（第三版）[14]在动态规划一章中的第一个示例。本书采用了这个例题，但解法和《算法导论》的递归拆解方法不一样，本书每次只将问题拆分为两个子问题。这不影响问题的渐进复杂度结论。另外，本书给出了复杂度的准确测量结果曲线，而非只停留在理论的分析上。

改动得到如代码 2.13 所示递归算法。

代码 2.13　cut_rec.py“切杆问题”的简单递归算法

```
#!/usr/bin/env python3
def cut(p, l, k):
    k = min(l, k)
    if l==0:
        return 0
    elif k==1:
        return p[1]*l
    else:
        return max( cut(p, l-k, k) + p[k]
                ,cut(p, l, k-1) )
if __name__ == '__main__':
    p, l, k = [0,1,5,8,9], 4, 4
    price = cut(p, l, k)
    # 4 = 2 + 2
    # max price = 5 + 5 = 10
    print(price)
```

然而该程序的计算复杂度是指数增长的。使用一个表来记录已经求出的结果，并且依据当 $k1>k2$ 时 cut(l, $k1$)>cut(l, $k2$)这个事实，可以对上述算法做如代码 2.14 所示的优化。

代码 2.14　cut_dp.py 利用已经计算的结果优化递归

```
def cut(p, len, k, memo):
    k = min(len, k)
    if memo[len][0]>=k :
        return memo[len][1]
    elif len==0:
        return 0
    elif k==1:
        return p[1]*len
    else:
        memo[len] = k, max(  cut(p, len-k, k, memo)+p[k]
                    , cut(p, len, k-1, memo) )
        return memo[len][1]
```

统计出代码 2.13 和代码 2.14 的算法开销（函数的递归次数）如图 2.27 和图 2.28 所示。[①] 可以看出，在没有优化之前时间复杂度呈指数增长，优化之后的算法时间复杂度降为 $O(n^2)$。在问题规模较大时，两者的效率有天壤之别。

① 前者比较容易看出优化版本的平方复杂度，后者比较容易看出未优化版本的指数复杂度。

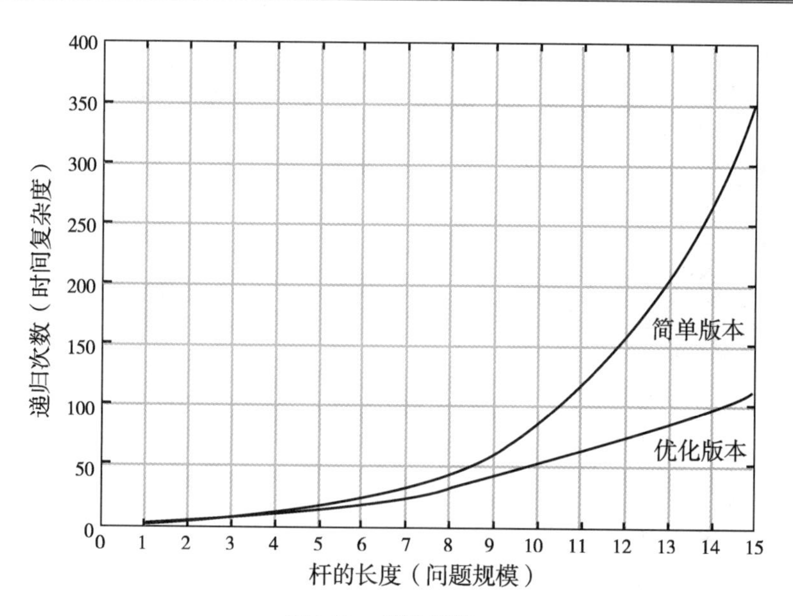

图 2.27　算法开销(1)

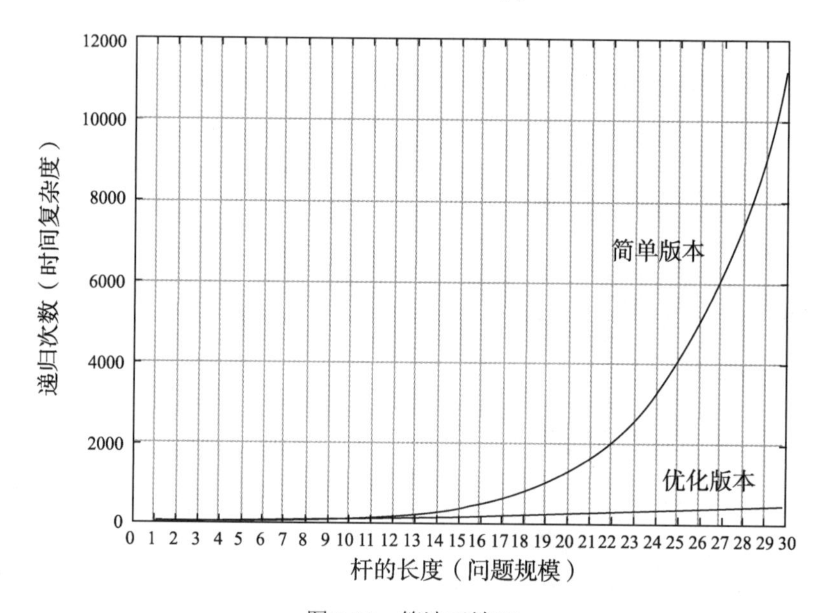

图 2.28　算法开销(2)

【思考和扩展练习】

（1）如何找到最大价格的切分方式，而非仅仅得到最大的价格？

（2）思考如何记录递归函数的调用次数。

（3）记录函数调用次数需要记录某种跨调用状态，请利用全局变量给出记录方案。

（4）如何在避免引入全局变量的情况下，记录函数运行次数？

（5）如何在避免修改函数的情况下，记录函数运行次数？[①]

（6）请设计无须递归的算法。

2.4.9　示例：通配符匹配

问题描述：用通配符模式来匹配字符串，这是 UNIX/Windows 终端中的常用技术，如图 2.29 所示。编写函数测试某通配符字符串是否能匹配目标字符串。为了简化问题，只考虑通配符 * 的情况。

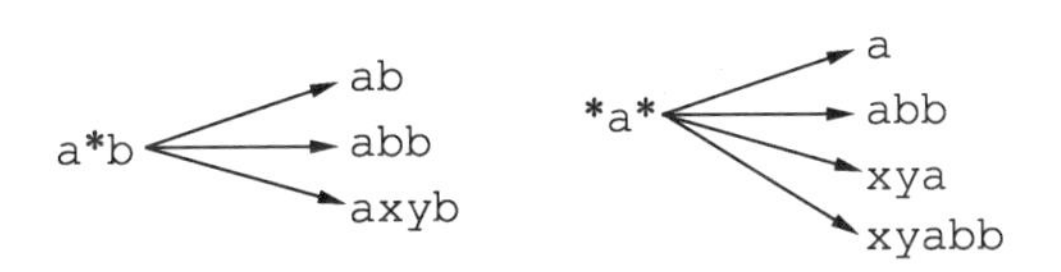

图 2.29　通配符匹配

问题分析：使用递归解决问题的关键是，如何将问题拆分为更小的子问题。如图 2.30 所示。

根据图 2.30 中的划分方法，可以对应写出递归程序，如代码 2.15 所示。

代码 2.15　match.py 通配符匹配的递归版本（未优化）

```
#!/usr/bin/env python3
def match(s1, s2):
    """
    >>> match('a*b', 'abbb')
    True
    >>> match('a*b', 'xabb')
    False
    >>> match('ab', 'aabbb')
    False
    """
    if s1 == s2 == '':
        return True
    elif s1=='' or s2=='':
        return False
    elif s1[0] != '*':
        if s1[0] != s2[0]:
            return False
        else:
            return match(s1[1:], s2[1:])
    else:
        for i in range(len(s2)+1):
            if match(s1[1:], s2[i:]):
                return True
```

① 本书将在 2.6.2 节给出使用装饰器统计函数运行次数的方法。

```
        else:
            return False
```

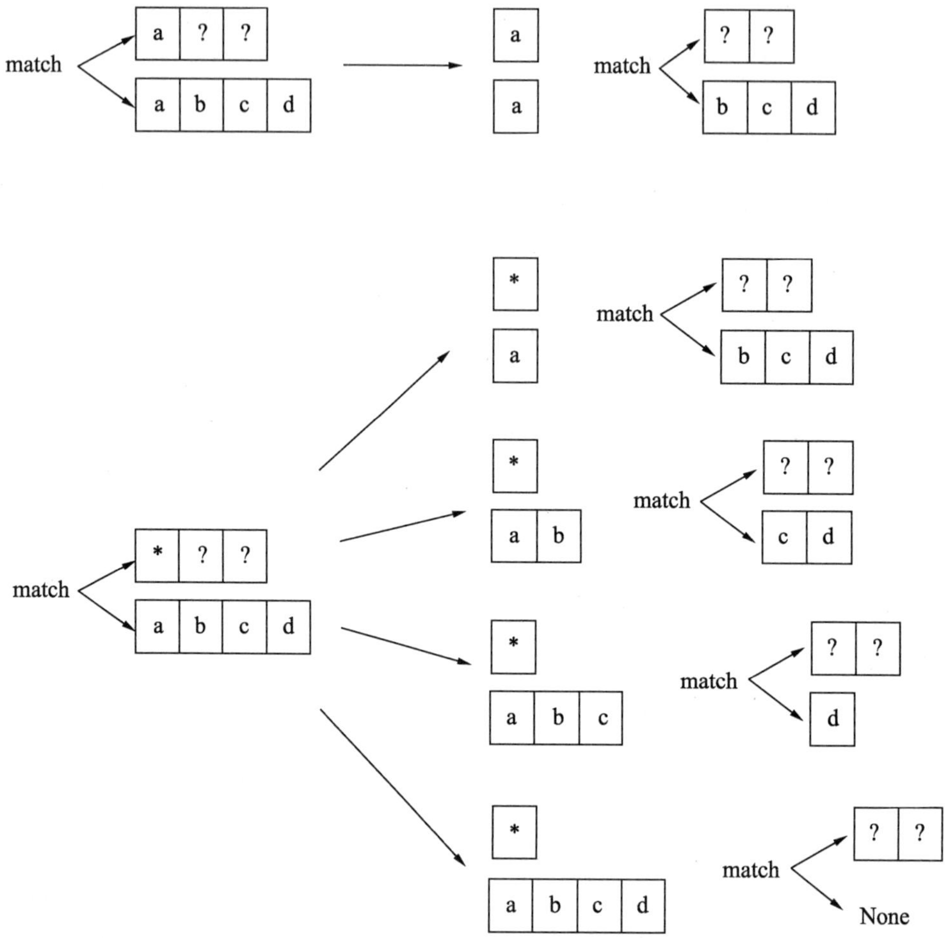

图 2.30　通配符匹配子问题划分

【代码说明】

- 代码第 4～11 行的注释用来执行 doctest 测试功能；
- 使用 python3 命令行选项-m 打开测试功能。

【程序运行结果】

代码第 4～11 行指定了 doctest 测试向量。使用 python3 命令行选项打开该测试功能。

```
$ python3 -m doctest match.py -v
Trying:
    match('a*b', 'abbb')
Expecting:
    True
ok
```

```
Trying:
    match('a*b', 'xabb')
Expecting:
    False
ok
Trying:
    match('ab', 'aabbb')
Expecting:
    False
ok
1 items had no tests:
    match
1 items passed all tests:
   3 tests in match.match
3 tests in 2 items.
3 passed and 0 failed.
Test passed.
```

【思考和扩展练习】

（1）消除上述代码实现中的尾递归调用；

（2）举例指出上述递归实现中的重复计算，并使用动态规划思想消除之。

（3）将上述代码改写为迭代版本。

（4）查阅官方文档，学习 doctest 的使用。

2.4.10　小结

递归的重要性源自人类的思考模式。许多问题可以被描述为递归形式，进而设计出相应的递归算法。递归在计算机科学的关键问题中（如编译器设计）具有重要地位。本节各示例也是非常好的编程练习，在学习过这些内容后，独立地再次实现这些案例代码对编程水平的提高是大有裨益的。

递归是较难的内容，但又很基本。请读者不要吝惜花费在学习这一主题上的时间和脑力。

2.5　类和成员方法

面向对象方法是程序设计的重要风格，今天大多数的程序设计语言都在语法层面支持面向对象方法。面向对象的程序设计风格在很多场景下能够提升代码的复用性和可读性，这有助于对代码进行更高层次的抽象，从而构建庞大的软件系统。Python 是一种混合风格的程序设计语言，程序设计者可以灵活地使用面向对象方法进行程序设计。

读者在学习面向对象的各种语法特性时，牢记以下原则：**面向对象的设计风格不会让**

代码运行得更快，它的作用是让程序员少写代码或更清晰地写代码。在学习时，要注意探究各种语言要素是如何达到上述目的，而不是陷入在某门程序设计语言的语法细节中。

本节讲述面向对象的最基础的知识：创建类和对象。讨论的内容也仅限于对象的构造函数和成员方法。之所以提前在“函数”而不是在“面向对象”一章中讨论该内容的意义在于：

- 对象的成员方法在开篇以来已经反复用到，其也是函数的一种重要表现形式，有必要向读者尽早交代清楚；
- 在 2.6 节和 2.7 节讲述高阶函数和迭代器时需要用到相关概念；
- 在第 3 章讲述数据结构和内建类型时要用到相关概念。

深层的原因是“函数”的概念较面向对象更为基本，但 Python 用后者构建了所有的语言要素。函数和面向对象这两个概念的交织对初学者和教师提出了挑战[①][②]。

【学习目标】

- 理解面向对象风格带来的便利；
- 理解对象的构造函数和成员方法的原理；
- 掌握 Python 创建类和对象的方法。

2.5.1 面向对象的函数调用风格

面向对象（object-oriented），意思是“以对象为主导”。**在语法层面上，函数是对象的附庸，函数通过对象名调用**。以对字符串 s 的各种操作为例[③]：

```
s.strip()                                    # 面向对象风格
```

这就是面向对象的函数调用风格。习惯上将形如 strip 这样通过对象名调用的子过程称为“方法”。**面向对象是程序的一种组织和展现形式，这种形式在某些场景下更加符合人类的思维和语言习惯**。最直接符合人类习惯的就是动词的出现位置。大部分的自然语言，动词都在主语之后宾语之前[④]。比如汉语说“猫吃鱼”，英语则用“Cats eat fish”表达相同的意思。其中的“猫/cat”是主语，“吃/eat”是谓语，“鱼/fish”则是宾语。面向对象的方法调用符合上述次序，如果写成代码当如图 2.31 所示。

与面向对象风格相对的是面向过程（procedure-oriented）风格：**函数在语法上是独立的，对象是函数的参数**。例如，求各种序列长度的 len 函数：

```
len(s)                                       # 面向过程风格
```

① 过去十年，Python 的学习者主要是有经验的工程师。这类人群往往已经具备 C++或 Java 基础，自然不会有此困惑。但近两三年初学者增多，这也是采用 Python 作为本科低年级程序设计语言课程的教师们必须面对的问题。

② C 和 Python 正好体现了两个极端，前者体现出内在的简洁性，后者体现出外在的简洁性。Python 的外在的简洁性是建立在复杂的底层机制之上。

③ s 是字符串，strip 函数用来去除其首尾的空白，s.strip()表达式会得到一个不包含首尾空白的新字符串。

④ 日语例外，动词后置。关于动词后置的应用，请参见 1.8.5 节的逆波兰表达式。

到目前为止，本书编写的各种函数都属于这种风格。上述“猫吃鱼”的面向过程风格调用，如图 2.32 所示。

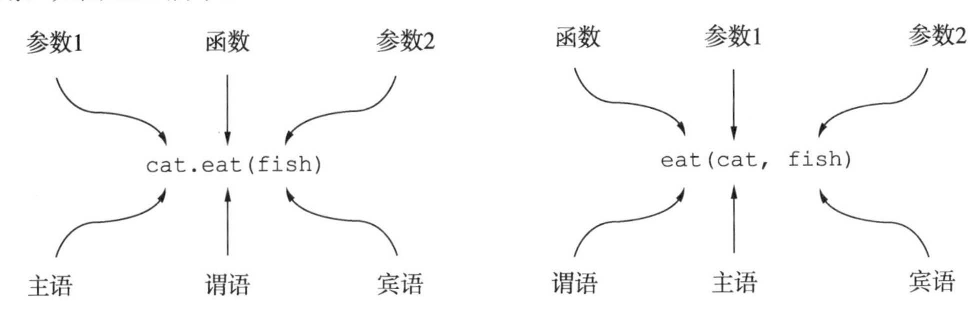

图 2.31　面向对象风格的函数调用　　　　图 2.32　面向过程风格的函数调用

两种风格在底层机制上并无不同，都是将参数传递给函数，后者进行计算后返回结果。在 cat.eat(fish)和 eat(cat, fish)中，eat 都是拥有两个参数(cat, fish)的函数调用，只是第一个参数的出现位置不同。在该示例中 cat.eat(fish)更加清晰。在函数级联调用时这种清晰会更加明显。以下是将字符串 s 进行替换后再以竖线分隔为列表的代码片段。面向对象的风格可以很容易看出操作的次序和含义，如图 2.33 所示。

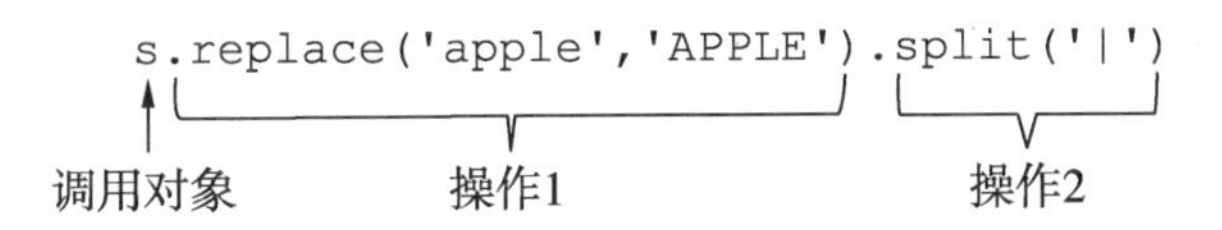

图 2.33　面向对象风格的级联调用

假如用面向过程的风格来组织这行代码，就会呈现如下令人困惑的嵌套样式（这行代码在 Python 中无法运行）：

```
split(replace(s, 'apple','APPLE'), '|')                # 面向过程风格
```

面向对象风格带来的好处还不仅如此，如果有不同类型的对象具有相同的方法，执行环境（解释器），可以根据调用对象的类型判断调用何种方法。而面向过程风格由于以函数为主体，就需要在函数名加前缀以示区分。上面那行代码还会变得更复杂[①]：

```
str_split(str_replace(s, 'apple','APPLE'), '|')
```

【思考和扩展练习】

思考 Python 的设计者是如何选择将某个操作实现为独立函数或成员方法的？

2.5.2　类和实例

对象是简单直接的存在。如“今天下午三点在我窗外的那只麻雀”，在这个描述中的

① 模块技术可以部分免去前缀之苦，但那本质上只是加上一个“可选前缀”。

“那只麻雀”就是对象。这种简单直接的存在不一定是客观存在，比如“莎士比亚笔下的哈姆雷特”，这个描述中的“哈姆雷特”也是对象。**类是对象共性的抽象**，如“麻雀”这个词本身，它代表的是一类会飞的鸟（“鸟”这个词是更高的抽象）。抽象概念是语言的基础。从亚里士多德时代开始，人们就在认真地研究抽象概念。抽象的名词概念，如“麻雀”，被称为“类”或者“类型”。某种类型的具体存在的对象，比如“窗外的那只麻雀”，被称为“这种类型的实例”。

注意： 在 Python 中，很多要素如函数、类都被实现为对象。所以在讨论 Python 的面向对象语法时，称呼“类”的准确说法是“类对象”，称呼“实例”的准确说法是“实例对象”。其他很多流行的面向对象语言对二者的称呼就是“类”和“对象或实例”。为简单起见，本书在讨论面向对象的抽象类型和具体实例对象时，称“类/类型”和“实例”，如“a 是类型 A 的实例”或“创建类 A 的实例”等说法。在一般的讨论泛指中，仍用“对象”这种习惯说法。

类使用属性和方法来描述共性：

- 麻雀有羽毛（属性）；
- 麻雀能飞（方法）。

对象间还有各种关系，也被抽象为方法：

- 这只麻雀比那只麻雀个头大。

【思考和扩展练习】

（1）共性的抽象是客观存在的吗？

（2）对上述问题的不同回答，对程序设计语言有什么影响？

2.5.3 定义类

本节将以有理分数[1]为例来讲解定义类的基本语法。以下代码定义了类 frac，用以表示有理分数：

```
class frac:
    def __init__(self, numerator, denominator):
        self.n = numerator
        self.d = denominator
```

【代码说明】

- class 是 Python 的关键字，用来定义一个类。当定义类时，我们在创建一种新的类型。class 后面的标识符是类型名。
- 在类里可以定义各种函数，这些函数被称为成员方法。Python 规定，以__init__命

① Python 实现了 fractions 模块来处理分数。

名的方法是构造方法。构造方法在创建类的实例时被调用，用以初始化实例。

- 构造方法中的 self 参数指代创建的实例。
- 在构造方法中，对 self.n 和 self.d 的赋值语句在该实例中创建了两个属性，n 和 d。

2.5.4 创建实例

以下代码创建了 frac 的一个实例并绑定至名字 f1：

```
f1 = frac(1, 3)
```

frac 的构造方法定义了 3 个参数，在调用时，代表构造实例的 self 参数是隐式传递的，如图 2.34 所示。创建实例的代码只需传递 numerator 和 denominator 参数。

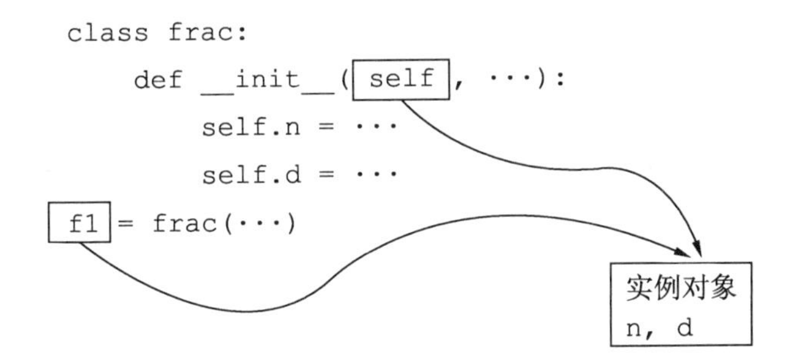

图 2.34　构造函数的 self 参数

创建实例之后，就可以访问在构造函数中初始化的其成员属性：

```
>>> class frac:
...     def __init__(self, numerator, denominator):
...         self.n = numerator
...         self.d = denominator
...
>>> f1 = frac(1,3)
>>> f1.n
1
>>> f1.d
3
>>> f1.n, f1.d = 3, 5
>>> f1.n
3
>>> f1.d
5
>>> print(f1)
<__main__.frac object at 0x10d34b160>
```

2.5.5 方法定义

到目前为止，该有理分数类型只是用来存储两个数。执行环境也无法理解“有理分数”

类型的含义：使用 print 打印 f1 时，只得到对象的地址信息。**在数据上定义操作方法（运算）才会让数据变得有意义。**扩展类的定义如下：

```
>>> class frac:
...     def __init__(self, numerator, denominator):
...         self.n = numerator
...         self.d = denominator
...     def __str__(self):
...         return str(self.n)+"/"+str(self.d)
...
>>> f1 = frac(1,3)
>>> f1.__str__()
1/3
```

上述代码用自定义的__str__()方法覆盖了 Python 内置的对应方法。这里我们注意到，同构造方法一样，__str__()方法也有 self 参数。这表明__str__()是用来对实例进行操作的成员方法。调用 f1.__str__()就是 2.5.1 节中提到的面向对象风格的函数调用，f1 就是这次调用中__str__()函数的 self 参数对应的实参。定义成员方法__str__()将 frac 的实例表示为字符串带来的便利远不止于此，在任何需要使用字符串表示该类型对象的上下文中，都可以享受该便利，如 print()和 str()函数：

```
>>> print(f1)
1/3
>>> str(f1)
1/3
```

或者格式化字符串：

```
>>> "f1 = {}".format(f1)
f1 = 1/3
>>> F"f1 = {f1}"
f1 = 1/3
```

注意：像__str__()这样带有双下划线前缀的方法在 Python 中约定为内置保留方法，一般不用来直接调用。即便需要直接使用其功能，Python 也提供了对应的包装函数 str()以供使用。在设计自定义方法时，避开双下划线名字，就可以保证和 Python 未来的扩展不冲突。

继续扩展 frac 的定义，为该类型添加__add__()方法以实现有理分数的加法运算：

```
class frac:
    def __init__(self, numerator, denominator):
        self.n = numerator
        self.d = denominator
    def __str__(self):
        return str(self.n)+"/"+str(self.d)
    def __add__(self, f2):
        n = self.n*f2.d + self.d*f2.n
        d = self.d*f2.d
        n, d = n/gcd(n,d), d/gcd(n,d)
        return frac(n, d)
```

__add__()方法除了 self 之外，还接收额外的参数 f2，在调用时也需要传递匹配的参数。

```
a.__add__(b)
```

该方法将有理分数 a 和 b 求和后返回，如下：

```
>>> a = frac(1,3)
>>> b = frac(2,5)
>>> print(a.__add__(b))
11/15
```

上述示例中，a.__add__(b)中的 a 对应方法定义中的参数 self，b 对应参数 f2。__add__()也是 Python 的内置保留方法，该方法被加号（+）运算符的上下文使用：

```
>>> a = frac(1,3)
>>> b = frac(2,5)
>>> print(a+b)
11/15
```

【思考和扩展练习】

（1）应当如何处理构造函数的分母参数为 0 时的情况？

（2）编写 simplify()成员方法用以对分数进行约分。

本节讲述了 Python 中类和实例对象的基本概念。Python 随时随地都会使用这些概念。本书将在第 4 章全面讨论面向对象的设计手段。①

2.6 高阶函数

在 Python 语言中，函数具有特别重要的地位。这种重要性不仅体现在程序设计中函数的普遍重要性上，还体现在 Python 对函数式编程（functional programming）的支持上。所谓“函数式编程”是指将函数本身作为数据进行处理，从而实现复杂的程序功能的编程范式。这种编程范式能带给程序员更强大的抽象能力。完全用函数式模型写出的代码有着和到目前为止我们介绍过的代码完全不一样的风格。完整地讲授函数式编程需要一整本教材，本书限于写作目的和篇幅无法完整、全面地讲解。本节将向读者介绍这种编程模式的基本原理及其在 Python 中的典型应用。

本节的标题并未定为“函数式编程”，而是“高阶函数”，意在缩小讨论范围。高阶函数（Higher-order functions）是指至少满足以下两个条件之一的函数[6]：②

- 接收一个或多个函数作为参数；
- 以函数为返回值。

① 与 C++和 Java 不同，Python 在统一的代码中动态调用不同类型对象的相同签名的函数时（这也被称为“多态”），并不要求这些对象的类型继承自同样的基类或实现某个相同接口。Python 只需要方法和名字相同即可。因此在 Python 的教学中，“多态”的引入不依赖于“继承”这一概念。习惯于讲授 C++和 Java 这类强类型语言的教师，在讲解 Python 和 JavaScript 这类弱类型语言时，可以将“多态“提前引入，这样的讲授次序更加自然。

② 在 2.1.6 节回调函数和 2.1.7 节闭包中给出的例子就是高阶函数。

本节从实用主义的角度出发，向读者介绍 Python 中常用的函数式程序的设计手段。以期读者能够立刻将其整合到已经建立起来的知识体系中。本节将讲述 Python 提供的高阶函数机制，如偏函数和函数装饰器。本节还将介绍 Python 的常用高阶函数如 map、filter、reduce 等。对于高阶函数的探讨会延伸到下一节“迭代器和生成器模式”。

【学习目标】

- 掌握初步的函数式编程技巧；
- 掌握函数装饰器的原理及使用动机；
- 了解 Python 常见的高阶函数。

2.6.1 对函数进行运算

如果希望定义映射，*twice*: $f \rightarrow g$，其中 $g : x \rightarrow f(f(x))$。通俗地说，就是函数 g 是函数 f 两次作用的结果：f 是平方运算，g 就是四次方运算，f 是加 3，g 就是加 6。

```
 g = twice(f)
 f  ->   g
x*x -> (x*x)*(x*x)
x+2 -> (x+2)+2
x*3 -> (x*3)*3
```

灵活运用本书已经介绍过的知识，就能够很容易地定义出 twice()函数：

```
>>> def twice(f):
...     return lambda x: f(f(x))
...
>>> def triple(x): return x*3
...
>>> g = twice(triple)
>>> g(10)
90
```

如图 2.35 所示，该示例的意图是向读者展示“对函数进行运算”这种程序的设计模式。还可以定义更一般的版本：用以返回将函数 f 重复实施 n 次的函数 repeat()。

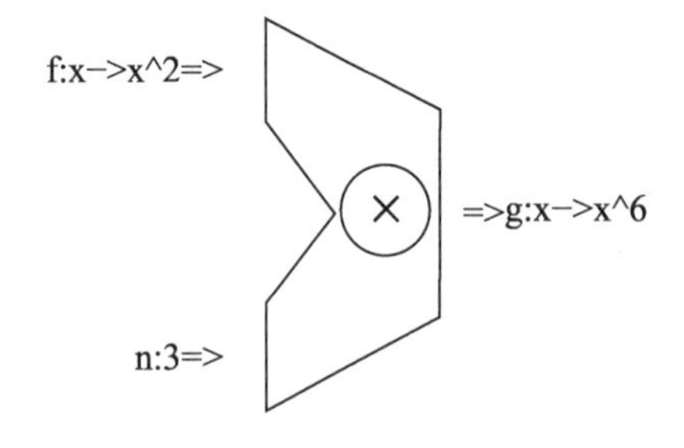

图 2.35　repeat()函数的计算过程

代码 2.16 将实现 repeat()函数。

代码 2.16　repeat.py 重复应用某个函数

```
def repeat(f, n):
    assert n>=1
    if n==1 :
        return f
    else:
        return lambda x:f(repeat(f, n-1)(x))
```

【程序运行结果】

```
>>> def triple(x):
...     return x*3
...
>>> g = repeat(triple, 4)
>>> g(4)
324
```

在本书之前的例子中，在表达式中的函数多是以运算符的形式出现，比如 add(2, 3)。而本节引入的例子中**函数是运算数**。在 repeat(*f*, *n*)中，*f* 就以运算数的形式出现。可以认为 repeat()定义了函数 *f* 和正整数 *n* 的乘法运算。对程序设计者而言，这有着深远的意义：**不仅可以用代码操作数据，还可以操作代码**。

【思考和扩展练习】

（1）在学习数学的过程中，你见过哪些对函数进行的运算？①

（2）repeat()函数的定义使用了递归形式，请读者练习将其改为迭代形式。

2.6.2　函数装饰器

装饰器（decorator） [7]是指在不改变接口的情况下，动态地为对象添加行为的设计模式。函数装饰器可以在不改变函数定义代码的情况下为函数增加功能。Python 的函数装饰器语法是在函数定义前加上@装饰器函数 ：

```
@decorator
def f(...):
    ...
```

这相当于执行如下语句：

```
f = decorator(f)
```

decorator 函数接收函数 *f* 作为参数，将其经过某种处理后得到新的函数，再将新的函数绑定至名字 f。函数装饰器一般是在保持函数原有功能不变的情况下，为函数增加某种辅助功能或改变函数的某些性质②。

---

① 提示：求导就是对函数进行运算。

② 读者将在 4.1.4 节看到使用函数装饰器@classmethod，将函数转换为类方法的装饰器用法。

【示例 1】 使用装饰器统计函数运行次数。

在 2.4.8 节中的思考和扩展练习中，要求读者思考如何统计函数被调用的次数。这种统计在找出代码运行瓶颈时很有意义。本节给出的解决方案是使用函数装饰器生成一个新函数，该函数在调用原函数的同时，在全局簿记字典中对计数加 1。参见示例代码 2.17。

代码 2.17　count.py 计数装饰器（示意版本）

```
#!/usr/bin/env python3
_cnt = {}
def count(func):
    def wrapper():
        func()
        _cnt[wrapper] += 1
    _cnt.update({wrapper:0})
    return wrapper
```

【代码说明】

- 上述代码使用了全局字典_cnt 存储待记录的各函数的运行次数；
- 在每次使用装饰器函数时，会将待计数的函数在字典中建立一项，并初始化计数为零。

【程序运行结果】

```
$ python3 -i decorator.py
>>> @count
... def test():
...     pass
...
>>> test()
>>> test()
>>> _cnt[test]
2
```

代码 2.18 将给出更完整的计数装饰器版本，如下：

代码 2.18　count.py 记录函数运行次数（完整版本）

```
#!/usr/bin/env python3
def _factory():
    _cnt={}
    def count(func):
        def wrapper(*args, **kwargs):
            _cnt[wrapper] += 1
            return func(*args, **kwargs)
        _cnt.update({wrapper:0})
        return wrapper
    def get_count(func):
        return _cnt[func]
    def reset_count(func):
        _cnt[func] = 0
    return count, get_count, reset_count
```

```
count, get_count, reset_count = _factory()
__all__ = ['count', 'get_count', 'reset_count']
```

【代码说明】

- 设计专门的函数以读取计数器(get_count)和复位计数器(reset_count);
- 使用闭包和 nonlocal 名字将字典_cnt 封装进局部作用域;
- 定义了__all__列表以控制 import *的行为。

使用上述装饰器统计前一节中递归调用的次数。在 2.4.8 节我们曾经提到过，用简单递归的方法计算斐波那契数列会导致极大的计算工作量（递归调用次数），但并没有给出工作量的具体数值。代码 2.19 将对 2.4.8 节中的递归 fib()函数使用装饰器进行计数，并统计了 fib(10), fib(15), ... , fib(40)的递归调用次数。

代码 2.19　count_fib.py 统计递归函数运行次数

```
#!/usr/bin/env python3
# -*- coding: utf-8 -*-
from count import *
@count                                       # 使用装饰器为函数添加计数功能
def fib(n):
    if n==1 or n==2:
        return 1
    else:
        return fib(n-1) + fib(n-2)
for i in range(10, 41, 5):
    fib(i)
    print('fib({}): {} times'.format(i, get_count(fib)))
    reset_count(fib)
```

【代码说明】

- 上述示例原封不动地复制了 2.4.8 节的递归版本 fib()函数;
- 导入代码 2.18 的模块 count，使用装饰器@count 为其增加计数功能;
- 分别计算第 10, 15, ... ,40 项的斐波那契数列的值，在每次计算之后使用 reset_count 方法复位计数器。

【程序运行结果】

```
$ ./count_fib.py
fib(10): 109 times
fib(15): 1219 times
fib(20): 13529 times
fib(25): 150049 times
fib(30): 1664079 times
fib(35): 18454929 times
fib(40): 204668309 times
```

这个结果验证了在 2.4.7 节提到的事实：未经优化处理的 fib()递归函数的复杂度的增长是指数级别的。

【示例 2】 使用 functools.lru_cache 装饰器。

Python 标准库 functools 提供了装饰器 lru_cache，能够将函数的调用结果缓存，避免相同参数的重复调用 [8]。

```
@functools.lru_cache(maxsize=128, typed=False)
```

用 lru_cache 修饰计算斐波那契数列的递归函数可以大大加快计算速度，用法如代码 2.20 所示。请读者自行测试其运行效果。

代码 2.20　代码片段：使用 lru_cache 修饰 fib()函数

```
from functools import lru_cache
@lru_cache()
def fib(n):
    if n==1 or n==2:
        return 1
    else:
        return fib(n-1) + fib(n-2)
```

【思考和扩展练习】

（1）Python 的模块 functools 提供了装饰器函数 functools.wraps 用以辅助设计装饰器函数，查阅官方文档或使用搜索引擎，研究该装饰器函数解决了什么问题。

（2）测试函数的运行时间也是性能分析的重要手段，请设计装饰器，统计函数的总运行时间。

（3）哪类函数不能用 lru_cache 减少调用次数？

（4）如何使用 lru_cache 的装饰器参数 maxsize 和 typed？

（5）如何编写带参数的装饰器？

（6）如何测试 lru_cache 装饰过的函数调用次数？

（7）在 Python 的实现代码中找出 lru_cache 的源代码，通过阅读源代码，了解 lru_cache 的工作原理。

2.6.3　map 和 filter 函数

前两小节介绍了对单个函数进行运算的情形，本节将讨论对多个函数进行运算的场景。考虑对序列进行两种操作，f 和 g：

方法 1：分别用 f 和 g 对序列遍历一遍，示例代码如下：

```
for i in sequence:
    do f to i
for i in sequence:
    do g to i
```

方法 2：只遍历一遍，用 f 和 g 分别对每个元素操作；

```
for i in sequence:
    do f to i
    do g to i
```

仅从节省代码行数的角度，方法 2 就是一个好选择。更仔细的讨论会发掘出更有价值的内容：在进行计算时，要将数据从 IO 设备取出放进内存，缓存于 cache，最后加载到 CPU 中的寄存器进行运算。重新遍历序列会导致重复加载寄存器，当数据量很大时 cache 和 IO 的开销就会逐步体现出来。将多个操作合并再进行遍历，可以消除存储器不同层级重复加载的开销。

这个简单的示例描述了函数的“复合”运算：先对多个函数进行复合运算，再用得到的复合函数遍历序列。

1. map()函数

Python 提供的 map()函数可以实现上述计算模型，用法如下：

```
map(f, iterable)
```

参数 f 是用来对可迭代对象[①]进行计算的函数。例如：下列操作得到了元素乘以 2 之后的列表。

```
>>> L = [1, 2, 3, 4, 5]
>>> list(map(lambda x: x*2, L))
[2, 4, 6, 8, 10]
```

map()不会遍历链表，只是把函数 f 和链表 L 串接起来形成一个结构。利用这个结构可以每次取 L 的一个元素，用 f 处理后返回结果，如图 2.36 所示。

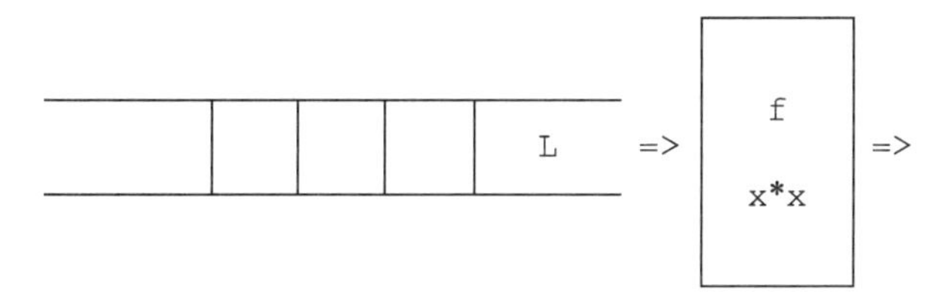

图 2.36　map()函数的计算过程（1）

使用 for 循环或 list 构造方法得到处理结果，如下：

```
>>> L = [3, 4, 5]
>>> f = lambda x: x*x
>>> I = map(f, L)
>>> for i in I:
...     print(i)
...
9
16
25
>>> list(map(f, L))
[9, 16, 25]
```

① 本书将在 2.7.1 节讲述可迭代对象，并且更加清晰地讲解 map 函数。

注意：map()函数只是完成 f 和 L 的“组装”，并不对列表内元素进行计算。只有在使用 next 取出结果或使用 for 循环或 list 构造方法等手段使用数据时，才会真正执行计算。

对 map()的级联调用会创建基于复合函数运算的可迭代对象：

```
f = lambda x: x*x
g = lambda x: x+3
I = map(g, map(f, [3, 4, 5]))
```

这相当于建立了如图 2.37 和图 2.38 所示的结构。

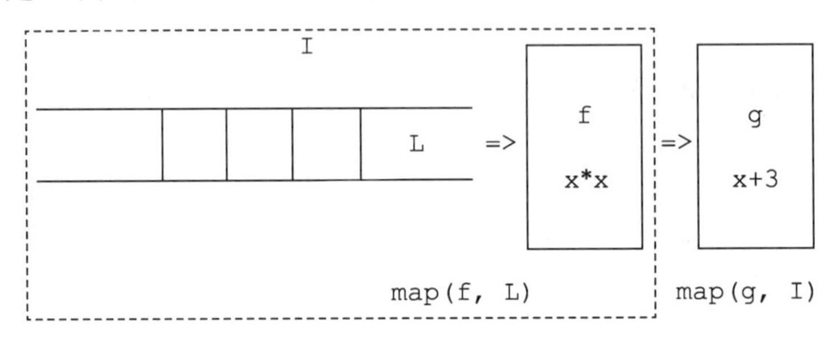

图 2.37　map()函数的计算过程(2)

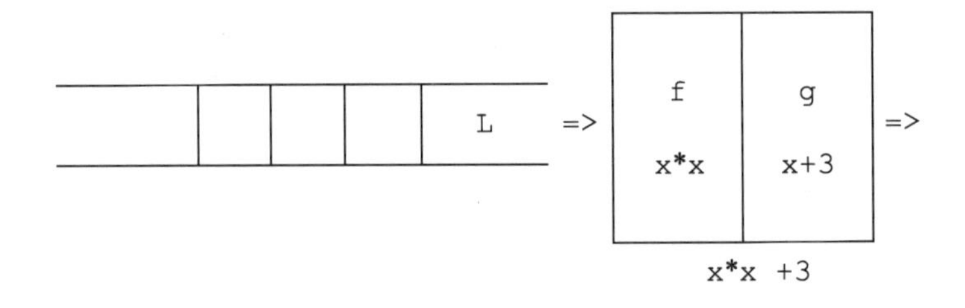

图 2.38　map()函数的计算过程(3)

对列表中数据的运算，同样只有在用到时才会发生。

```
>>> list(I)
[12, 19, 28]
```

可以用不同的视角来看待 map()函数的上述行为：

- **函数式观点**：map()，尤其是级联调用的 map()，完成的是函数的复合运算。运算结果体现在绑定该复合函数的迭代器。
- **设计模式观点**：map()函数的第二个参数是个可迭代对象（第一次调用中的列表也是可迭代对象）。级联的 map()函数在没有改变该对象接口的条件下改变了迭代数据的产生方式。

不论是何种观点，map()函数带来的便利都是建立在其高阶函数的性质之上：接收函数作为参数并用其参与运算。

2. filter()函数

filter()函数的机制与 map()类似，作用是在序列中过滤掉某些数据，用法如下：

```
filter(f, iterable)
```

该函数在可迭代对象的输出上套接运算 f，过滤的依据是函数 f 运算的结果，结果为 True，就留下该对象，为 False，则丢弃该对象。例如：

```
filter(lambda x: x%2, [3,4,2,6,7,9])
```

会过滤出列表里的奇数。

```
>>> I = filter(lambda x:x%2, [3,4,2,6,7,9])
>>> list(I)
[3, 7, 9]
```

【思考和扩展练习】

（1）map 和 filter 函数是广泛使用的操作，请查阅资料，研究其在其他语言中的行为是怎样的。[①]

（2）自学 functools 模块提供的 reduce()函数。

（3）自学 functools 模块提供的 partial()函数。

（4）查阅 functools 模块的文档，了解该模块还提供了哪些函数式工具。

2.6.4　小结

本小节介绍了高阶函数的概念。在某些场景下，使用高阶函数和相关的函数式编程概念可以获得比命令式编程更简洁的代码。Python 是一种混合式风格语言。在 Python 代码中，不同的风格并不是泾渭分明的，简洁的代码才是 Python 追求的目标。程序员应当灵活地运用不同风格以写出优雅的代码。

2.7　迭代器和生成器模式

本节介绍迭代器模式中，“迭代”的意思是“顺序地访问某个数据集合”。有些数据本身就是顺序存储或具有顺序存储特性，如列表和元组。range 对象虽然没有存储数据，

① Python 最早引入 map 和 filter 等函数时，只是参照其他语言的函数式模型定义了类似功能。在 Python2.7 中 map 方法返回列表。那时 map 只是一个通过可迭代对象生成数组的工具。那时一个反复被人提起的事情就是，用循环遍历数组和 map 遍历数组的效率对比的问题（列表推导式也会被牵扯进来）。在笔者看来，这是由于 Python 解释器设计的不完善所致，并非这几者间有什么本质不同。在发展到 Python3.x 版本后 map 函数的返回类型被设计为可迭代类型，才有了本小节讨论的这些事情。map 模型的另一个潜力在于数据处理的并行化。当序列数据的计算互相独立时，可以容易地将计算并行化从而利用多核处理器加快计算速度。遗憾的是，在本书写作时 Python 语言仅能在进程级别利用多核处理器的带来的性能优势。

但其代表的等差数列本身也具有顺序特性。有些数据的组织结构是非线性的，如字典和二叉树，但同样需要对其进行遍历操作。上述这种常见的程序行为被总结为“迭代器模式”，很多语言从设计层面上支持这种模型，没有原生支持迭代器的语言也在具体实践中发展出了针对该模型固定的编程范式。

Python 语言的很多基本元素都基于该模型设计或与该模型兼容，如 for 循环、列表、字典和 map-filter 等。撰写本节的意图不仅是让读者更全面地理解 Python 语法，还揭示使用某种模式统一接口后带来的巨大便利。

【学习目标】

- 掌握迭代器的特性和用法；
- 掌握编写生成器函数的方法；
- 掌握列表推导式。

2.7.1 可迭代对象和迭代器

迭代器模式（Iterator Pattern）：使用迭代器（iterator）对象遍历集合 S。迭代器对象支持 next 操作，用以依次取出 S 中的对象。Python 进一步规定：迭代器可以通过 iter(S) 得到，这样的对象 S 被称为**可迭代对象**。Python 将列表类型设计为可迭代对象，根据前面描述，可以简单验证如下：

```
>>> L = [2, 3, 5, 7, 11]
>>> it = iter(L)                    # iter() 方法获得列表 L 的迭代器
>>> next(it)                        # next() 方法用来在迭代器上迭代
2
>>> next(it)
3
>>> next(it)
5
```

当 next()调用达到终点时，迭代器会抛出 StopIteration 异常。能够对某个对象执行 iter() 操作，是因为该对象拥有__iter__()或__getitem__()方法。前者直接返回迭代器对象，后者通过从 0 开始的连续整数下标构造迭代器对象。如果对象同时拥有两个方法，则优先使用前者。

range 也是可迭代类型。

```
>>> R = range(10)
>>> it = iter(R)                    # iter() 方法获得 range 对象的迭代器
>>> next(it)                        # next() 方法用来在迭代器上迭代
0
>>> next(it)
1
>>> next(it)
2
```

同样的接口意味着可以应用于相同的上下文，比如 for 循环和 list 构造方法。许多内建数据类型统一为可迭代对象，迭代器本身也被统一到该接口：Python 规范**要求 iter()函数返回的迭代器包含一个返回自身的__iter__()**方法。换言之，每个迭代器都是可迭代对象，同样能够用于需要该类型对象的上下文中。以下示例说明了这一点：

```
>>> list(range(10))                        # 应用可迭代对象的上下文
[0, 1, 2, 3, 4, 5, 6, 7, 8, 9]
>>> it = iter(range(10))                   # 同样可以使用迭代器
>>> list(it)
[0, 1, 2, 3, 4, 5, 6, 7, 8, 9]
```

可用 isinstance ()函数测试某个对象是否是可迭代对象如下：

```
>>> from collections.abc import Iterable
>>> isinstance([1, 2, 3], Iterable)        # 列表对象
True
>>> isinstance((1, 2, 3), Iterable)        # 元组对象
True
>>> isinstance(range(4), Iterable)         # range 对象
True
>>> from sys import stdin
>>> isinstance(stdin, Iterable)            # IO 流对象
True
```

在 2.6.3 节中提到的 map()和 filter()函数，同样使用了迭代器模型。map()和 filter()接收可迭代对象，返回迭代器。迭代器模式在 Python 中随处可见。下文将继续讨论和该模式相关的话题。

2.7.2　生成器函数

包含 yield 语句的函数是生成器函数，调用生成器函数会得到一个迭代器被称为“生成迭代器”，简称生成器（generator）。对迭代器执行 next()操作会执行代码至 yield 语句处返回 yield 关键字之后的表达式，再次执行 next()操作会从上次停下的 yield 处继续执行至下一处 yield 语句返回。

生成器用代码描述需要序列规律，而非存储序列。即使无穷数列也只用一段代码足矣。

【示例】 斐波那契数列的生成器

代码 2.21 将展示生成无穷斐波那契数列的生成器。

代码 2.21　fib.py 生成器

```
def fib():
    a, b = 0, 1
    while True:
        yield b
        a, b = b, a+b
```

【代码说明】

- 在 fib()函数中含有 yield 语句，因此调用这个函数并不会执行代码，而是返回一个迭代器对象。

【程序运行结果】

```
$ python3 -i fib.py
>>> g = fib()
>>> next(g)
1
>>> next(g)
1
>>> next(g)
2
>>> next(g)
3
>>> next(g)
5
......
```

迭代器也可以用在 for 循环上下文中，例如：

```
>>> for i in fib():
...     print(i, end=' ')
...
1 1 2 3 5 .... 程序会一直打印下去
```

【思考和扩展练习】

（1）将上述代码中 fib()生成器函数修改为产生前 n 项斐波那契数列的 fib(n)。

（2）Python 中还有哪些可以使用迭代器的上下文？

（3）将 2.4.4 节中二叉树的遍历代码改写为生成器函数的形式。

（4）查字典，yield 这个关键词的含义应当作何解释。在英文字面意思之下，生成器函数的行为应当作何理解？

2.7.3 列表推导式和生成器表达式

Python 定义了列表推导式和生成器表达式用以遍历和筛选列表。列表推导式与 map/filter 类似，便利性各有千秋。

1. 列表推导式

为了产生序列 $0^2,1^2,2^2,\cdots,9^2$，使用如下列表推导式：

```
[x*x for x in range(10)]
```

该列表推导式的行为是：

- for x in range(10)：让 x 取遍 0～9；
- x*x：对每一个 x 计算其平方；

- 用所有的计算结果构建一个列表。

在交互式环境中的执行结果如下：

```
>>> [x*x for x in range(10)]
[0, 1, 4, 9, 16, 25, 36, 49, 64, 81]
```

2. 生成器表达式

将列表推导式中包围在最外面的方括号替换成圆括号就会得到生成器表达式：

```
(x*x for x in range(10))
```

注意：生成器表达式和列表推导式的语法除了最外侧的括号外完全相同。

与列表推导式得到列表不同，生成器表达式得到的是产生相同序列的生成器。

```
>>> square_iter = (x*x for x in range(10))
>>> type(square_iter)
<class 'generator'>
```

生成器可以使用在任何使用可迭代对象的上下文中（for 循环、构造容器和使用可迭代对象的函数等）。

3. 等价形式

单重生成器表达式和 map-filter 具有等价形式。

```
(f(x) for x in <iterable> if g(x))
```

的等价 map-filter 表达式是：

```
filter(g, map(f, <iterable>))
```

也可以用生成器函数获得同样效果：

```
def gen(<iterable>) :
    for x in <iterable> :
        if not g(x) :
            continue
        else :
            yield f(x)

it = gen(<iterable>)
```

交换写出各种语言要素的等价形式是很好的练习。各种等价形式编程手段的出现原因大体可分为如下几类：

- 历史因素，兼容性；
- 不同场景的不同便利性；
- 某种手段更具普适性。

普适性手段（如上述生成器函数）往往烦琐但总能解决问题。几乎等价的形式就更加微妙，例如：

```
[x*x for x in L if x%2==0]
```

显然要比

```
list(filter(lambda x:x%2==0, map(lambda x:x*x, L)))
```

更加简洁清晰。而如下形式

```
map(f, L1, L2, L3)
```

显然要比

```
(f(x,y,z) for x,y,z in zip(L1, L2, L3))
```

更为便捷。①

【思考与扩展练习】

（1）Python 的列表推导式多重 for 循环形式如下：

```
(<expr> for x1 in <iterable> if <expr1>
      for x2 in <iterable> if <expr2>
      ...
      for xn in <iterable> if <exprn>
)
```

通过查阅文档等手段研究其具体含义，并用生成器函数写出其等价形式。

（2）编写 zrange 函数，模拟 Python 内建的 range 对象的构造行为：

```
range(start, stop [, step])
```

2.7.4 小结

本小节讲解了迭代器和生成器函数，二者均用于处理序列。在数学上也有“发生函数”（又称“生成函数”或“母函数”）概念，但其概念和含义远超计算机科学中的类似概念，有兴趣的读者可以阅读参考文献 [9] 。

2.8 总　　结

函数本就是编程语言的重要概念。对于普遍采用 C/C++/Java 作为入门语言的国内计算机教学体系而言，当转换到 Python 时，函数的多样性在初级课程中被大大加强了。许多原本的“高级技巧”（如回调函数②）在 Python 中只是平凡的手段。这不但影响了 Python 的代码风格，也影响了学习和教学的次序。有经验的学习者则要反复体会这一特点以尽早融入 Python 的思维方式。

① 有心的读者经常能在网上找到推导式与 map 用来构建列表性能对比，说是在某种情况下某种风格更快一点云云。本书不会参与到这种讨论中，等价形式代码在效率上的差别是编译器/解释器还不够成熟的表现，编译器/解释器的设计者应当努力消除这些差别。

② 在 C 语言中，需要讲过函数指针后才能引入回调函数的学习，而据笔者所了解，许多学校在低年级单学期的程序设计课程中根本不涉及 C 的函数指针。在 Java 中则需要讲完接口和匿名类等面向对象概念后才能使用回调函数。

第 3 章　数 据 结 构

在计算机科学中，数据结构是指数据的组织、存储和管理方式。对数据结构进行研究的意义在于，高效地对数据进行访问和修改操作。长久以来，数据结构在国内大学的计算机相关专业中是一门独立的课程。但教学实践证明，在初学编程课程中引入数据结构基础概念是不无裨益的。

Python 对使用者隐藏了内存管理的细节（这也是大多数现代程序设计语言的设计理念）。可事实是工程师们对性能的关注却并未减少。因为不论语言多便利，也不论硬件多高效，用户总会在某个时刻撞上“性能墙”。编程语言越是号称接管底层处理，程序员就越倾向于写出效率低下的代码。深入学习原理可以提升洞察力，降低学习难度，最终写出更好的代码。具体地说有以下好处：

- 不再需要记忆表面上的知识，事情变得“本该如此”；
- 摆脱固定的模式，随心创造；
- 能够迅速定位问题所在；
- 能够容易地找到性能瓶颈，以对其进行优化。

本章将介绍常见数据结构，如数组、链表、散列表、二叉树的应用，并在 3.5.2 节讲解将不同数据结构组合以各取所长的设计方法。本章还讨论这些结构在 Python 的基本数据类型，如列表（list）、字典（dict），以及标准库，如双端队列（deque）、优先队列算法（heapq）等内建功能中的应用。

本章最后（3.6 节）的综合练习是对 1.8.6 小节中寻路问题的延伸，综合运用各种数据结构，是本书后半部分的重点编程练习。

有别于经典数据结构课程，本章还将重点讲述各种数据结构在 Python 内建类型中的应用。教师在使用本书组织课程时，如果学时较长，可以将本章内容作为整体课程的一部分，如果学时较短，则可将本章内容并入数据结构课程。

3.1 列　　表

数组（array）是以连续地址存储同类型数据的结构，它以最直接的方式使用内存。[①] Python 的列表类型（list）是基于数组构建的强大结构。列表提供了各种内建操作，如插入、排序和二分查找等。这些操作的特性（尤其是时间复杂度）都建立在数组结构的基本性质之上。Python 入门的初学者固然可以在短时间内掌握这些操作并运用之，但风险是他们将在较长时间内“知其然而不知其所以然”并且满足于这种状态。本节将从内存和数组的基本概念出发，展示列表的各种操作背后的运作原理。在对底层原理有所了解后，读者将能对各种操作的性能做出预测而无须“道听途说”。

【学习目标】

- 了解数组的概念；
- 了解 Python 列表的内部结构；
- 掌握列表的常用操作并了解其内部原理；
- 掌握列表的排序和查找操作接口；
- 掌握并分析基于数组的数据结构的操作复杂度。

3.1.1 数组和内存

为了讲解列表的原理（包括之后各种结构的原理），必须先介绍内存和数组[②]。在本小节中出现的代码片段均为 C 语言代码，无 C 语言基础的读者可以粗略浏览本小节，了解相关原理即可。

1. 字节

内存的基本单元是字节，内存地址依字节递增。字节由 8 个 0/1 存储单元（比特(bit)）[③]组成，如图 3.1 所示。故单个字节可以存储 2^8=256 个不同的值$(00000000)_2$ – $(11111111)_2$。这些值被程序解释为不同的含义，如：

- 整数：例如$(00000000)_2$对应 0，$(01111111)_2$对应$(127)_{10}$；
- ASCII 码字符：例如$(01001000)_2$对应字符 H。

想表示更复杂的信息，则需采用双字节或更多字节。如更大范围的整数、浮点数、64

① array 的中文多被译为“数组”，这个中文翻译有可能会误导初学者以为这种结构是用来存“数”的。但实际上数组可以用来存储任何一种类型。

② 此处介绍的数组是 C 语言的数组，Python 的典型实现大量使用到数组结构。

③ 莫斯科国立大学在 1958 年曾经研制过基于三值逻辑 [41]的计算机 Setun [42]。三值逻辑在沉寂很久后在量子计算领域开始发挥用处 [43]。

位地址和更大的字符集。也可通过精心设计的编码，用可变字节数量表示更大集合的数据，如 UTF-8 字符编码。

用 0/1 序列表示各种具体和抽象概念的手段称为“编码”。例如色彩可以被编码为不同的形式：依据人眼的三种感光细胞的结构被编码为 RGB 格式，或为了彩色电视信号传输便利被编码为 IUV 格式。不论采用哪一种编码方式，基本目的都是以 0/1 序列传输图片或视频。

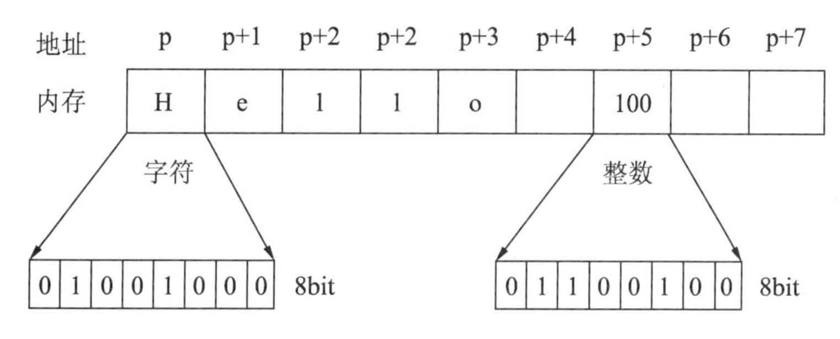

图 3.1　一段 8 字节的内存

2. 内存

程序需要使用内存时要向运行环境[①]申请。C 语言中 malloc 函数用来申请指定大小的内存，并返回所分配内存区域的首地址。如下 C 代码片段请求 100 字节内存，并将首地址保存于泛型指针变量 p。[②]

```
void * p = malloc(100);
```

如需指定此段内存存储的数据类型为 32 位带符号整数类型，则需使用 int 类型指针指向首地址：

```
int * q = malloc(100);
```

在算法分析中常常认为对某一内存地址的访问在 $O(1)$ 时间内完成。当使用 q[10]访问第 10 个整数时，编译器会根据指针 q 的类型计算出地址偏移量 40 进行读写操作。如果对内存地址的访问具有 $O(1)$ 时间复杂度，那么数组索引访问也能在常数时间内完成。

3. 类型

如果想存储大小不同的各种类型对象，又希望获得数组的访问性能，应该怎么办呢？

一个方法是用数组存储对象引用，另辟空间存储对象。当下的个人计算机多以 64 位数据表示内存地址，在这类体系结构上以 8 字节为单元存储指针。访问第 N 号元素时，只

① 首先是操作系统，但各种语言的内存分配器往往在此基础上又做了一些管理工作，故统称为“运行环境”。

② 本小节以 C 语言举例，也是不得已而为之。Python 程序员并不能直接和内存打交道。但从另一方面讲，绝大多数用户都是在使用被称为 CPython 的 Python 中实现，其本身就是基于 C 这样一个薄中间层和操作系统打交道进而管理内存。

需以 $N\times8$ 为偏移量取出地址，再根据地址找到对象。

那么如何能够知道对象的类型呢？答案是由对象自身负责存储，如图 3.2 所示。“类型”包含许多信息，如类型名和成员方法等。对象只需增加一个指向“类型”结构的指针即可标识相关类型信息。只要该结构的设计遵循某种事先设计好的规范，即可在运行时动态获取类型信息。[①]

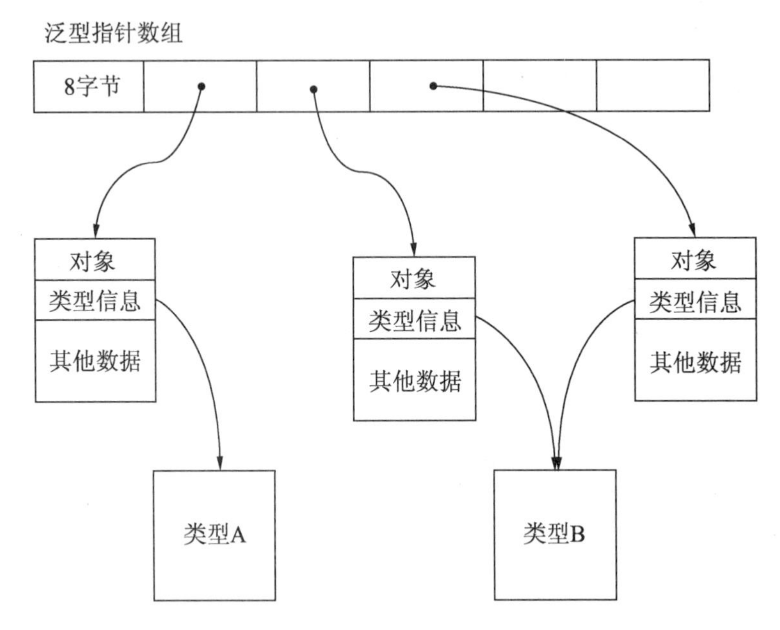

图 3.2　引用不同类型对象的泛型指针数组

4．扩容

如果数组不够用了，可以执行扩展操作。C 语言中 realloc 函数提供了该功能：

```
void * p = malloc(100);
...
p = realloc(p, 200);
```

realloc 会首先尝试原地扩展，如图 3.3 所示。如果不能原地扩展，则另辟内存再复制数据，如图 3.4 所示。

【思考和扩展练习】

（1）一个字节可以表示 256 个不同的整数，计算机常用两种表示方法，0~256（无符号整数）与-128~127（有符号整数），请通过互联网搜索其编码方法（尤其是表示有符号整数的方法）。

（2）通过互联网搜索 UTF-8 的编码方法，思考这种编码方法是如何和 ASCII 编码兼容的。

① 这正是 Python 列表的实现原理。

（3）数组的索引操作是 $O(1)$时间复杂度的前提是，内存的随机地址访问时间复杂度是 $O(1)$，这个前提条件总是成立吗？

（4）在 1.4.6 节中提到过 Python 的垃圾回收机制，请使用互联网搜索 Python 的垃圾回收机制的细节。

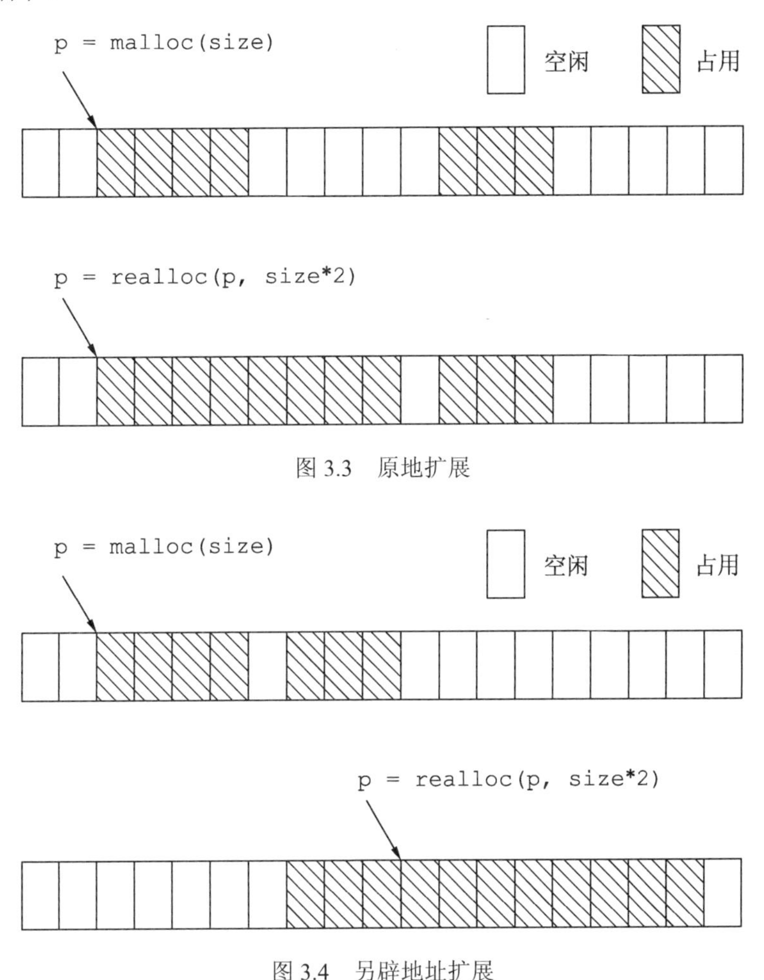

图 3.3　原地扩展

图 3.4　另辟地址扩展

3.1.2　列表对象的结构

Python 内建的列表类型涉及以下 3 部分内存，如图 3.5 所示。

- 元数据：用来存储关键信息。如引用计数、类型信息和列表长度等。这部分数据很少且长度固定。
- 引用数组：列表的元素。列表存储了指向一系列对象的地址标签。在计算机科学中，用来访问对象的标签被称为“引用”（reference）。

- 数据对象：列表元素指向的对象。这不是列表结构本身的数据，但却是用户真正关心的数据。

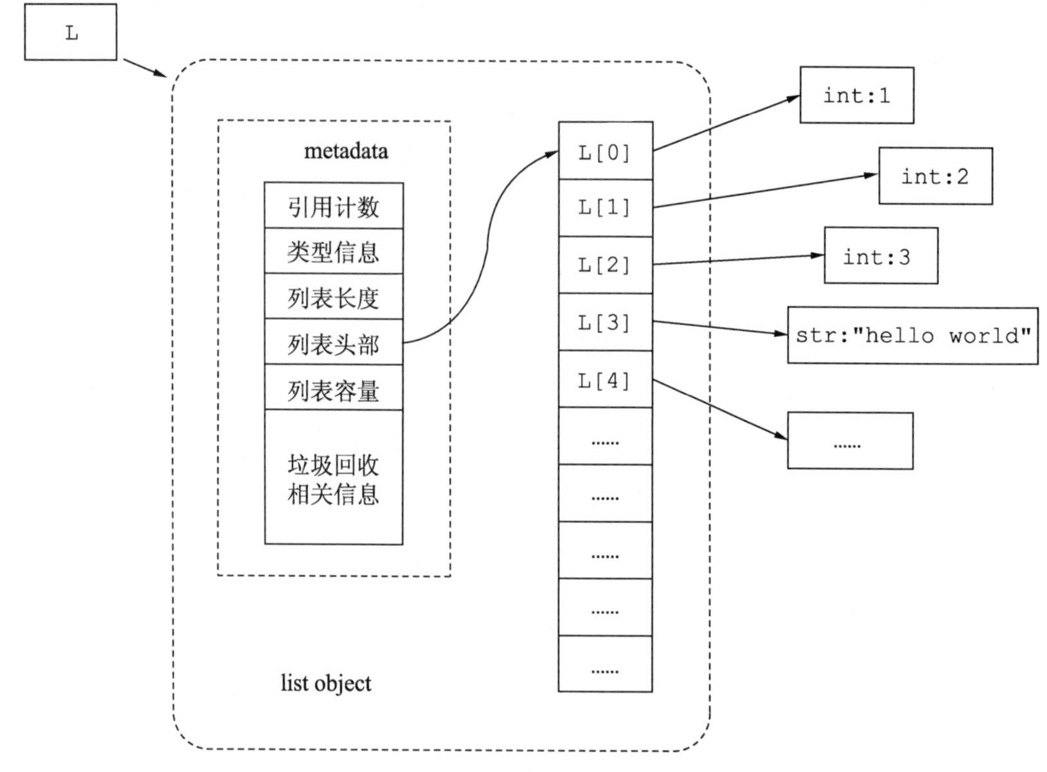

图 3.5　列表对象

sys 模块提供的 getsizeof()方法，可用来查看对象占用的内存数量。

```
>>> from sys import getsizeof
>>> getsizeof([])
64
```

可以看出在本书使用的 Python 版本中，空列表字面值占用 64 字节。当列表字面值的长度增加时，getsizeof()函数的返回值如下：

```
>>> getsizeof([1])
72
>>> getsizeof([1,2])
80
>>> getsizeof([1,2,3])
88
>>> getsizeof([1,2,"hello world"])
88
>>> getsizeof([1,2,3,4])
96
>>> getsizeof([1,2,3,"hello world"])
96
```

从上述代码中可以看出：

- getsizeof()的返回结果只和列表长度有关，与列表内引用对象的大小无关；[①]
- 在列表字面值长度增加时，其占用内存的数量也线性增加；
- 列表的元素大小为 8 字节；
- 列表使用额外的 64 字节，用来存储某些信息。

以上 4 个现象正印证了以下 4 个底层事实：[②]

- 现象 1：列表存储的是引用而非对象本身；
- 现象 2：解释器会按照字面值数量分配内存；
- 现象 3：在 64 位计算机上，对象的引用占 8 字节；
- 现象 4：这些额外的字节用来存储“元数据”（metadata），在 Python 不同版本间及不同对象间，元数据的大小也有所区别。

列表对象的容量可以随着插入操作不断增长，如图 3.6 所示。列表[③]提供了 append()和 insert()操作用以增加数据。列表采用阶梯扩容策略。每次达到容量上限时，约扩大现有长度的八分之一（在列表较小时，该比例会相应高一点）。[④]

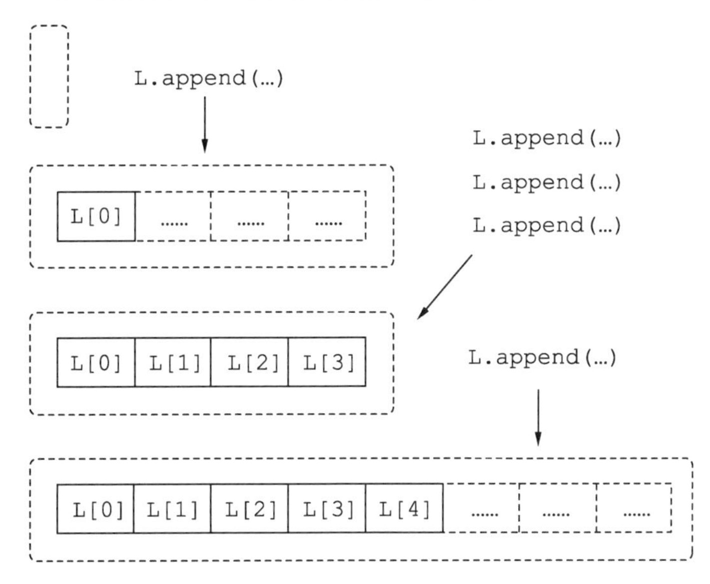

图 3.6　Python 列表对象容量的增长

① getsizeof()函数的原理是根据对象的__sizeof__()成员方法返回的数值进行计算。该函数用来计算内建类型的结果是可信赖的，但用于自定义类型则依赖于__sizeof__()方法的准确性。

② 理解 Python 的内在结构最直接的方式是阅读实现代码，但这需要学习者具备较强的 C 语言功底。实验、观察、推断、求证是更有用的学习方法。

③ 很多语言中的类似结构也都支持动态容量。

④ 本书在这里讨论的是 Python 的典型实现 CPython。

深入了解存储结构后，列表的操作性能就一目了然了。接下来的 3.1.3 节和 3.1.5 节将讨论列表的插入操作和查找操作。

【思考和扩展练习】

（1）阅读 Python 源码/Objects/listobject.c 中的 list_resize 方法，研究列表的确切扩容方法。①②

（2）思考当元素减少时列表容量如何变化，然后编写程序观察并阅读源码印证。

3.1.3 列表元素的插入

本节考察向列表元素的插入操作。我们先讨论追加操作 append()。进行列表追加操作时，底层执行包含以下操作：

- 将元数据中的列表长度加 1（列表长度指列表中元素的个数）；
- 如果元素个数达到列表容量，则对列表进行扩容操作；
- 在列表容量的结尾添加指向待添加对象的引用。

在链表的尾部插入操作，如图 3.7 所示。

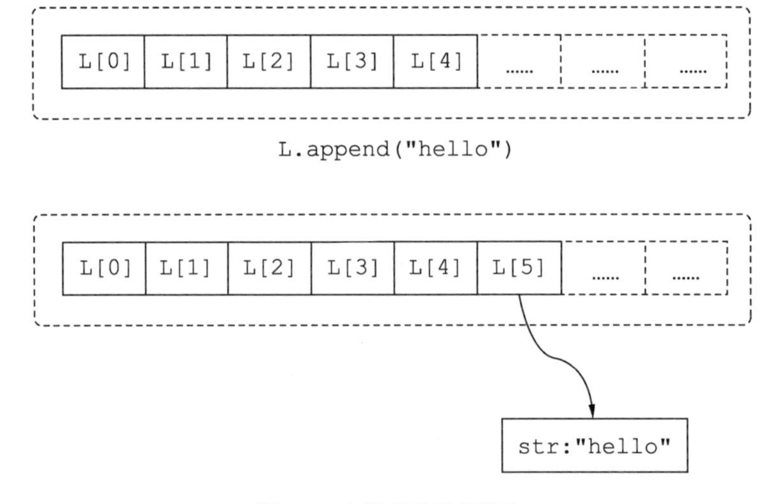

图 3.7　在链表的尾部插入

列表的扩容操作会计算新的容量，并决定是否需要请求内存。扩容操作会尽量在原地进行，如果无法在原地进行，就需要另辟空间后将数据搬移过去③。请求新内存和数据搬移的操作涉及底层的 C 函数库和系统调用。当进行许多追加操作时，开销均摊的结果使其

① 这需要一定的 C 语言基础。

② Python 源码可以在 https://www.python.org/downloads/source/下载。

③ Python 使用 C 语言接口 realloc()。

平均时间复杂度为 $O(1)$。

列表存储其引用数组于连续的地址空间，索引访问可以在常数时间内完成。和索引访问的便利和高效相比，**数组结构对随机索引插入操作很不友好**。为了保持地址连续性，在指定位置进行插入操作时，需要将该位置之后的元素均向后移动。最极端的情况是，在数组起始位置插入，这需要将所有数据顺次向后移动。**数组的随机插入操作的平均时间复杂度是 $O(n)$**[①②]。

为什么要在“指定位置”插入，而不是简单地将数据置于尾部呢？这往往是为了保持数据有序。在有序结构上进行查找可以使用二分法实现 $O(\log(n))$的复杂度。在线性存储结构上保持数据有序，无须额外存储空间就可以获得这种便利。

二分查找（Binary search）：人们平时随意检索字典的方式就是翻开中间某个位置，看看待查找的词在当前页的前面还是在后面，然后再次翻至字典剩下一半的中间。这样每次可以减少一半的页数。能够这样进行查找是因为字典条目是按照字母序排列的。二分查找的时间复杂度是 $O(\log(n))$。

工程师在处理实际问题时需要对各种结构进行权衡。维护有序数组结构需要在每次插入时花费 $O(\log(n))$的时间进行查找位置，然后花费 $O(n)$的时间进行数据搬移。这种结构的优势是无须额外存储开销，在 $O(\log(n))$时间内可以完成查找。如果某种场景无须随机插入，也无须查找，那毫无疑问采用基于数组的数据结构（如列表）是很合适的，比如栈和队列。某些场景虽然需要进行查找操作，但只需一次性数据集合，无须或很少进行插入操作。在这种情况下，只需要保持数据有序即可获得较好性能。某些场景对数据格式有明确的规定，比如网络数据帧。这种情况下无须查找和插入操作，只需在确定位置访问，这也适合采用基于数组的存储结构。

【思考和扩展练习】

（1）比较以下两个程序的性能，前者对列表进行 n 次追加操作，后者对列表进行 n 次头部插入操作：

```
L = []
for _ in range(n):
    L.append(0)
```

```
L = []
for _ in range(n):
    L.insert(0,0)
```

① 给出相对于问题规模 n 的时间复杂度表示；

② 使用 UNIX/Linux 终端的 time 命令，统计 n 增长时程序的实际运行时间；

③ time 命令会给出 3 个时间，如下：

---

① 对内存的随机访问的时间复杂度的基本假设是 $O(1)$。注意,这种假设不一定成立。在处理海量数据时，由于存储器层级缓存结构等体系结构的影响，设计程序时必须要考虑到相关因素,而并不能简单假设 $O(1)$的访问性能。

② 对于在给定位置的插入操作来说，线性时间复杂度的开销是很大的（相对于其他结构），如果要频繁的进行插入操作，最好避免使用列表这种存储结构（或类似结构）。

```
$ time ./test.py
real    0m0.007s
user    0m0.000s
sys     0m0.002s
```

（2）阅读文档，学习 Python 的 array 模块的使用。

3.1.4 列表的排序

没有任何假设条件的情况下在列表中搜索，除了逐个扫描之外没有什么更好的办法，这种查找的平均复杂度显然是 $O(n)$。在数据有序的情况下，可以使用二分查找获得 $O(\log(n))$的性能。因此排序是程序设计的基本手段。几乎各种语言都内建排序算法。在库函数中实现排序算法，都要将算法本身与数据类型解耦，从而实现算法的泛型化以复用代码。排序方法的接口往往能够体现出语言的本质特性。我们已经在 2.1.6 节中讲过 Python 是如何通过回调函数实现泛型的排序接口的。现在我们具备了对象的基本知识，再来完整回顾一下排序接口：①

```
list.sort(key=none, reverse=false)
```

以及：

```
sorted(iterable, key=None, reverse=False)
```

前者直接修改原有列表（副作用），后者不修改原数据而返回新建列表（无副作用）。从这两个方法的对比可以看到 Python 接口设计的思路：在混合风格中，面向过程的函数多被设计为无副作用的，需要对已有对象本身进行修改的操作则被设计为成员方法。

解耦类型的核心是实现“两两比大小”的方法。Python 通过传递 key()函数，把待排序的对象转换为某种可比较大小的类型。这种类型可以是本就包含比较方法的内建类型，如 int，也可以是自定义的某种类型。对于自定义类型来说，排序的结果依赖于类型重载的__lt__()比较运算符(<)。接口的最后一个参数 reverse 用来控制升序或降序。

【思考和扩展练习】

（1）查找其他主流编程语言的泛型排序算法的接口实现。

（2）为什么 C 和 Java 的泛型排序算法无须指定 reverse 参数。

（3）使用 sort()和 sorted()对有理分数列表进行排序，应当如何设计 key()方法。

（4）扩展 2.5.3 节中的有理分数类，增加__lt__()成员方法，再直接使用默认比较行为进行排序。

（5）编程语言内建的库排序算法的效率是 $O(\log(n))$，请编写测试程序验证这一点。

---

① 令人奇怪的是，国内大学传统的 C 语言课程中，很少介绍 C 语言的标准库排序函数 qsort 和二分查找函数 bsearch。这大概是因为最开始创设大学课程体系教材时，对于函数指针和泛型算法避而不谈的缘故。

（6）设计有序列表的插入函数，在插入的同时保持列表有序。[①]

3.1.5　有序列表的二分查找

在前两小节中分别讨论了列表的插入操作和排序操作。增加有序列表的数据时不能随意将数据置于列表尾部，而是应当找到恰当位置进行插入操作。对于有序列表来说，使用二分法确定插入位置，可以在 $O(\log(n))$时间内完成确定插入位置的工作。二分法确定插入位置的示意图，如图 3.8 所示。

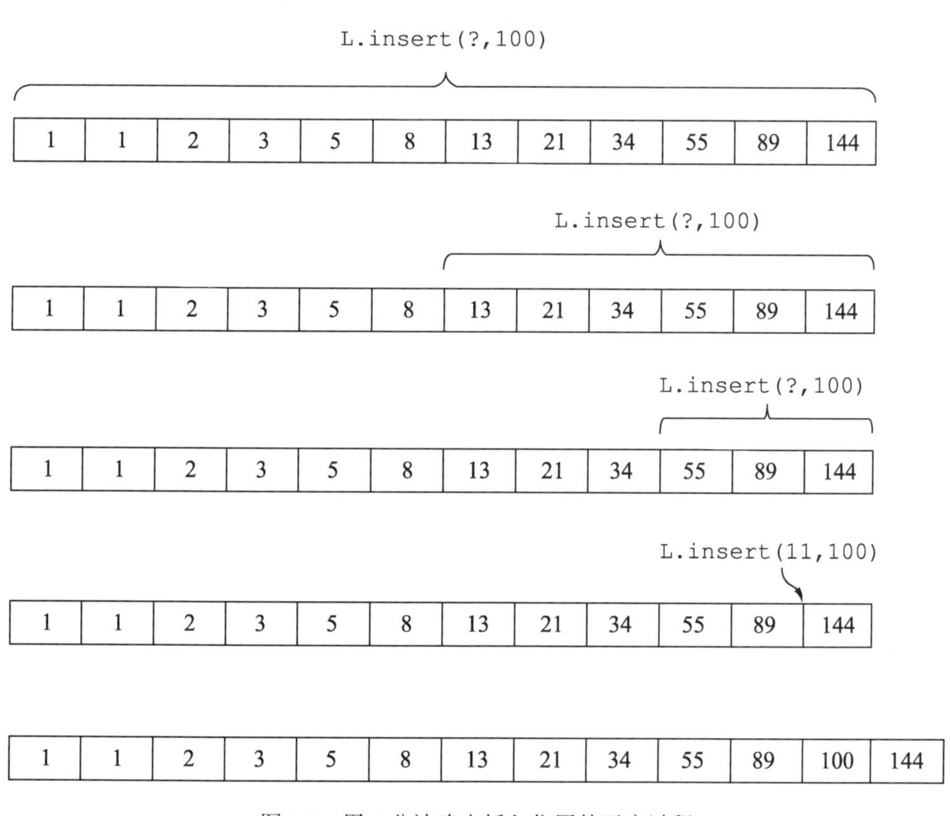

图 3.8　用二分法确定插入位置的示意过程

Python 提供了 bisect 模块用以完成二分法操作。该模块包含以下二分搜索函数：

```
bisect_left(L, x, lo=0, hi=len(a))
bisect_right(L, x, lo=0, hi=len(a))
bisect(L, x, lo=0, hi=len(a))
```

bisect 系列函数返回向列表 a 插入对象 x 时的“插入位置”。该插入位置用于 insert()方法后，列表依然有序。参数 lo 和 hi 用以限定列表的某个子范围进行搜索。不给出这两

① Python 提供了 bisect 模块实现对有序列表的维护。本书将在 3.1.5 节讨论该模块。

个参数时，默认在整个列表进行搜索。

```
i = bisect_left(L, x) # 得到插入位置
L.insert(i, x)   # 插入后依然是有序列表
```

这几个函数的不同之处在于，如果列表已经存在和 x 相等的元素时，bisect_left()函数得到的插入位置在这些相等元素的左边，bisect_right()和 bisect()函数得到的插入位置在右边。bisect_left 函数确定的插入位置，如图 3.9 所示。

```
insort_left(a, x, lo=0, hi=len(a))
insort_right(a, x, lo=0, hi=len(a))
insort(a, x, lo=0, hi=len(a))
```

注意，插入操作的时间复杂度受限于搬移操作，是 $O(n)$。

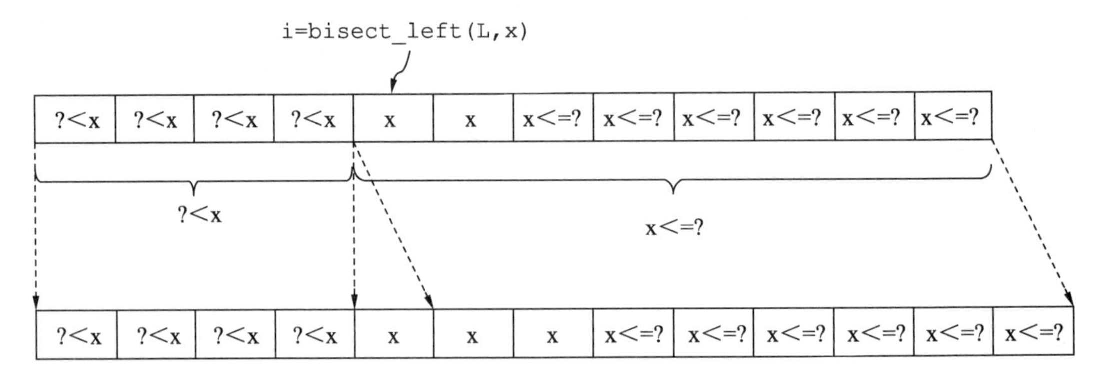

图 3.9 bisect_left 函数确定的插入位置

bisect 函数族可以用来实现时间复杂度为 $O(\log(n))$的二分搜索操作，如代码 3.1 所示。

代码 3.1 代码段：找到与 x 相等的元素中最左的（索引最小的）元素

```
def index(a, x):
    i = bisect_left(a, x)
    if i != len(a) and a[i] == x:
        return i
    raise ValueError
```

注意：使用 bisect 模块的前提条件是，列表已经处于有序状态。

【思考和扩展练习】

（1）编写测试代码，验证本小节列出的 bisect 函数族。

（2）编写代码，重新实现的本节所述的 bisect 函数族。

3.1.6 列表的基本操作接口

在理解了 Python 列表的存储结构后，读者可以容易理解如表 3.1 所示的列表操作的时间复杂度。

注意：Python 是不断发展的语言，列表的操作接口可能会不断变化，额外花费精力试图记忆这里的各种操作是没有意义的，读者应当在编写程序时查阅官方文档，以确定自己所使用的 Python 版本支持哪些操作。

表 3.1　列表API

运　算　符	说　　明	时间复杂度
len(L)	计算列表长度	$O(1)$
L[i]	索引访问操作	$O(1)$
L+=[a], L.append(a)	追加操作	$O(1)$
L1+=L2, L1.extend(L2)	追加操作	$O(n_{L2})$
a.pop()	删除结尾元素，并获得值	$O(1)$
L1+L2	列表拼接	$O(n)$
L[i:j]	切片操作	$O(n)$
L1[i:j]=L2	切片赋值操作 L1[i]=L2[0], L1[i+1]=L2[1], ...	$O(n_{i:j})$
x in L	检测x是否在L内	$O(n)$
for x in L:	循环迭代操作	$O(n)$
del L[i]	删除第i项	$O(n)$
L.pop(i)	删除第i项，并获得值	$O(n)$
del L[i]	删除第i项	$O(n)$
L.insert(i, x)	在第i项前插入	$O(n)$
L.index(x)	找出x第一次出现的索引号	$O(n)$
L.remove(x)	列表中第一个等于x的元素	$O(n)$
L.reverse()	将列表逆序	$O(n)$
min(L), max(L), sum(L)	最小/大值，求和	$O(n)$
L.clear()	清空列表	$O(n)$
L.copy()	得到列表的浅拷贝	$O(n)$
L.sort()	将列表排序	$O(log(n))$
sorted(L)	得到有序新列表	$O(log(n))$

3.1.7　小结

本节围绕 Python 的列表（list）这一重要数据结构展开了讨论。

首先讨论了列表对象的内存布局：元数据、引用数组和列表引用的对象。通常人们真正关心的数据是列表引用所指向的对象，但在 Python 解释器看来，列表对象本身占据的内存只包括前二者。对于内建类型，getsizeof()函数所返回的字节数是对象自身所占据的内存，并不包括对象以引用形式维护的其他对象。

在内存布局的基础上，本节讨论了列表这种容器类型的基本操作：插入、排序和查找。对基于数组的数据结构来说，索引访问是高效的（$O(1)$），但插入的效率很低（$O(n)$）。Python 提供了列表的成员方法 sort()对列表进行排序，提供了函数 sorted()用以从可迭代对象获得有序列表。大多数程序设计语言会内建排序算法，这些排序算法的平均时间复杂度都是 $O(\log(n))$，在其他性能方面有所不同。Python 使用 timsort 算法进行排序，这是一种自适应和稳定的排序算法，时间复杂度为 $O(\log(n))$，空间复杂度为 $O(n)$。在数据有序的情况下，利用二分法查找，可以获得 $O(\log(n))$的效率。Python 提供了 bisect 模块用来实现二分查找和插入操作。

在开始接触一门编程语言时，尤其是有经验的学习者，考查这门语言的泛型排序算法的接口是非常有价值的，因为这往往体现出这门语言的核心特点。Python 的 sorted()函数和 sort()成员方法的用法，反映了这门语言中回调函数和对象模型中运算符重载的特点。

3.2 链　　表

上一节讲述了基于**顺序存储的线性结构**：列表。“线性结构”指的是数据的**逻辑结构**。线性结构的数据有且只有一个起始节点和结束节点，每个节点最多有一个前驱（prev）节点和后继（next）节点。**逻辑结构是数据的内在结构**，是由于数据本身具有的性质（可排序、后进先出、先进先出等）决定的。线性结构示意图，如图 3.10 所示。

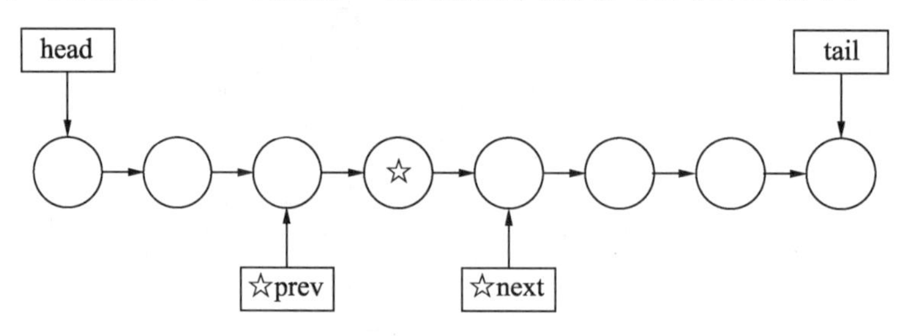

图 3.10　线性结构

“顺序存储”指的是数据的**存储结构**。顺序存储是指将线性结构的数据按逻辑次序存储于连续的内存单元中。**存储结构是数据在计算机中的存储方式**，是由程序设计者根据数据的逻辑结构和具体应用场景决定的。顺序存储方式的优点在于额外存储开销小，随机访问速度快。缺点在于随机插入和删除操作的效率较低。顺序存储示意图，如图 3.11 所示。

图 3.11　顺序存储

本节要讲解的**链表是用来存储线性结构的链式存储方式**。链式存储方式的每个节点包括数据域和指针域，数据域用来存放数据，指针域用来标识逻辑相关节点的位置。使用链式存储方式需要使用 $O(n)$的额外存储空间，优势在于插入和删除操作的效率高，但随机访问的效率低。

【学习目标】

- 理解链表结构的特点；
- 能够实现链表结构；
- 通过链表，复习递归和装饰器等重要知识；
- 理解标准库 deque 类型的实现原理。

3.2.1　单链表

单链表（single-linked list）的节点只维护其后继节点的引用。单链表的结构，如图 3.12 所示。

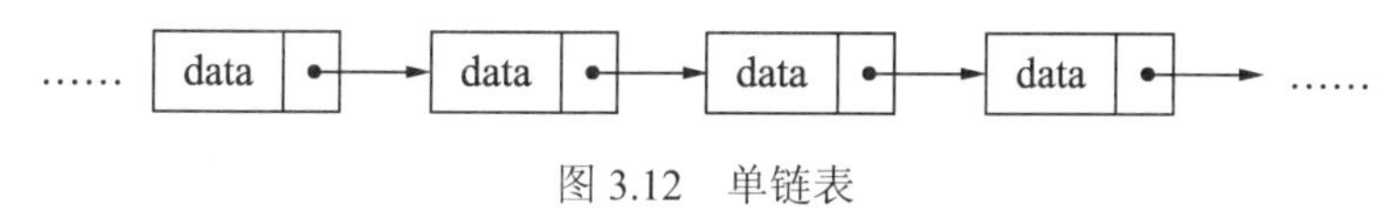

图 3.12　单链表

出于能够存储各种数据的目的，节点的数据字段往往是某种“引用”形式。在 Python 中要做到这一点尤为便利。单链表内存，如图 3.13 所示。

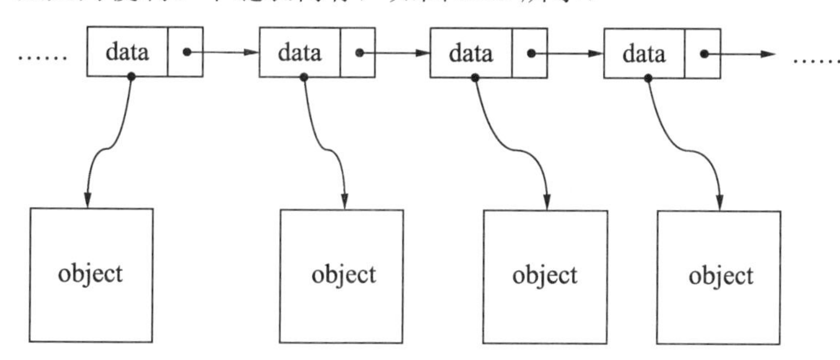

图 3.13　在 Python 中的单链表内存图景

代码 3.2 将实现单链表结构。

代码 3.2　slist_rec.py 链表的递归实现

```
#!/usr/bin/env python3
class Link:
    def __init__(self, data, rest=None):
        self.data = data
        self.rest = rest
    def __repr__(self):
        return str(self.data) + '->' + str(self.rest)
```

【代码说明】

- 上述代码实现了链表节点 Link，并且以递归方式实现了__repr__()方法用于显示列表；

- Link 类是链表的节点结构；
- rest 是指向后继节点的指针，之所以叫 rest 是因为从递归的视角，如图 3.14 所示，其指向代表“列表的剩余（rest）部分”。

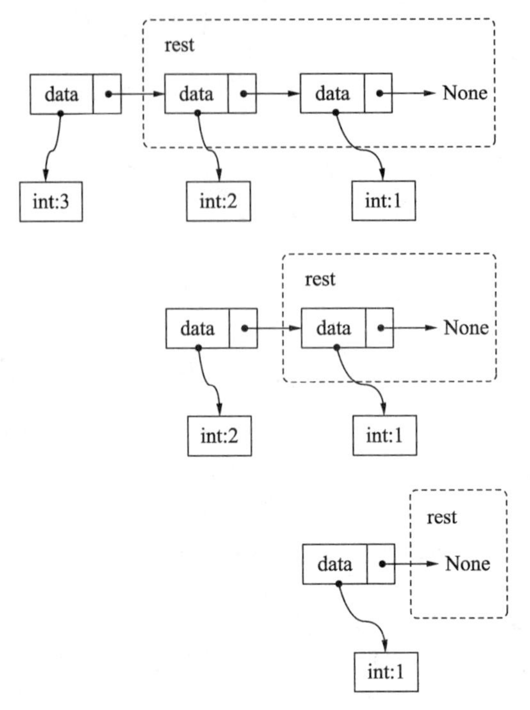

图 3.14　链表的递归结构

【程序运行结果】

以下示例演示列表的创建。

```
$ python3 -i slist_rec.py
>>> Link(3, Link(2, Link(1)))
3->2->1->None
```

也可以逐次向列表中添加节点。[①]

```
$ python3 -i slist_rec.py
>>> L = Link(1)
```

① 在有些程序设计语言（如 C++）的入门教程中，使用各种存取方法封装链表节点的成员属性的访问，形如 n.setlink()。有些程序设计语言针对对象属性的存取方法在语言层面提供了特殊的机制，比如在 Python 中，通过重载属性存取封装器 __setattr__()和__getattr__()可以改变对象的（.）运算符（取属性）的行为和对属性赋值的行为。

本书将在下一章详细介绍这些内容，**但本节在链表相关结构中不会使用这些方法**。原因在于：1. 在程序设计实践中链表往往被用来作为内部结构，封装过度反而影响性能；2. 使用封装器在本节的例子中不会带来明显的好处；3. 过度封装会使示例代码变得冗长。

除此之外，可以为链表设计形形色色的方法，比如索引访问、合并、查找和获取长度等。出于同样的原因，本书不会把这些方法逐一陈列从而试图提供“通用链表”。

```
>>> L
1->None
>>> L = Link(2, L)
>>> L = Link(3, L)
>>> L
3->2->1->None
```

数组和链表的共性在于逻辑上的线性结构。区别则源于存储方式不同。数组顺序存储数据于连续内存地址，链表则用指针标记数据次序。这个区别导致了不同操作的性能各有千秋，进一步导致二者应用场景的不同。

数组的优势在于随机索引访问操作具有的 $O(1)$时间复杂度。该特性使数组适合于格式固定的数据，如通信数据帧或栈结构等。**数组的劣势**在于随机位置插入的时间复杂度为 $O(n)$。这使得数组不适合维护频繁增、删的数据集。

链表的优势在于指定位置插入和删除操作具有的 $O(1)$时间复杂度。这使得链表适合用来实现“顺次添加，遍历访问，需要删除，无须索引”的队列结构。在需要查找的情景中链表不宜太长。在下一节讲述的散列表也多使用链表处理哈希冲突。**链表的劣势**在于索引访问操作的时间复杂度为 $O(n)$。这使得链表不适合维护固定结构或排序数据集。

在使用 Python 语言进行程序设计的场合，由于有各种功能完善的模块可供选择，往往不需要程序设计者如本节所示自行设计链表。但这并不意味着学习者可以轻视链表这种结构。当程序设计者深入底层去理解或改动系统结构时，往往要和基础数据结构如链表打交道。

【思考和扩展练习】

（1）在软件的基础架构中（标准库、操作系统、数据库等）寻找使用链表的场景；思考这些场景与链表的结构特点如何相匹配。

（2）在本例中使用了__repr__()方法打印链表，思考该方法与__str__()有何区别？在__repr__()方法的实现中，递归终止条件是如何实现的？__repr__()方法是尾递归吗？将__repr__()方法改为迭代版本。

（3）代码 3.3 中的链表定义方式常见于大多数教科书。其中 node 为链表节点，slist 为链表对象。在此基础上编写迭代版本的__str__()方法。

（4）针对代码 3.3，编写在链表尾部添加节点的 append()方法。

（5）在代码 3.3 中，push()操作向链表头部添加节点，第 4 题中的 append()方法向链表尾部添加节点。那么如何为这两个操作命名以达到统一的命名风格？

（6）在代码 3.3 的 slist 类型中，添加整型变量记录链表的长度，调整链表其他方法的行为以适应该功能。

```
class slist:
    def __init__(self):
        self.head = None
        self.len = 0
    def __len__(self):
        ...
```

（7）何时应当为链表结构添加记录长度的功能。

代码 3.3　slist.py 链表数据结构

```
class node:
    def __init__(self, data, next=None):
        self.data = data
        self.next = next
class slist:
    def __init__(self):
        self.head = None
    def push(self, data):
        self.head =  node(data, self.head)
```

3.2.2　实现迭代器模式

在 Python 中实现自定义类型时，尽快地实现一些内建方法以利用 Python 带来的便利是一个不错的思路。本小节将在链表上实现迭代器模式，从而将自定义链表变为可迭代对象。这样就可以将链表应用于 for 循环、列表构造方法，以及 map/filter 等接收可迭代对象的上下文中。可迭代链表实现，如代码 3.4 所示。

代码 3.4　slist_iter.py 可迭代链表

```
#!/usr/bin/env python3
class Link:
    def __init__(self, data, next=None):
        self.data = data
        self.next = next
    def __iter__(self):
        ptr = self
        while ptr:
            yield ptr.data
            ptr = ptr.next
    def __repr__(self):
        return '->'.join(map(str, self))
```

【代码说明】

- __iter__()被实现为生成器函数；
- __repr__()利用了已经实现的__iter__()方法使 Link 对象可迭代这一事实。

【程序运行结果】

```
$ python3 -i slist_iter.py
>>> L = Link(3, Link(2, Link(1)))
>>> L
3->2->1
>>> list(L)
[3, 2, 1]
```

【思考和扩展练习】

（1）如何在不使用 yield 的情况下实现链表迭代器。

（2）尝试在单链表上实现保持链表有序的插入操作。

（3）尝试在单链表上实现排序操作接口 slist.sort()和 sorted(slist)。

（4）尝试在单链表上实现__getitem__()方法以实现索引访问。

（5）尝试在单链表上实现__add__()方法以实现链表的加法运算。

（6）结合 3.2.1 节的思考和扩展练习，讨论这些以上操作的实用价值。

3.2.3　用单链表实现栈

单链表的一个常见练习是用来实现栈结构。本小节的例子将实现链表栈，如代码 3.5 所示。

代码 3.5　slist_stack.py 链表栈

```
#!/usr/bin/env python3
class Link:
    def __init__(self, data, next=None):
        self.data = data
        self.next = next
    def __iter__(self):
        ptr = self
        while ptr:
            yield ptr.data
            ptr = ptr.next
    def __repr__(self):
        return '->'.join(map(str, self))
class stack:
    def __init__(self):
        self.head = None
    def __repr__(self):
        return repr(self.head)
    def __iter__(self):
        return iter(self.head)
    def push(self, data):
        self.head = Link(data, self.head)
    def pop(self):
        if self.head:
            ret = self.head.data
            self.head = self.head.next
            return ret
        else:
            raise IndexError("pop from empty stack")
    def empty(self):
        return self.head is None
```

【代码说明】

- pop()方法在没有数据时抛出 IndexError 异常，这和 Python 的其他类似数据结构（如列表、deque 等）的行为是统一的。

【程序运行结果】

```
$ python3 -i slist_stack.py
>>> s = stack()
>>> s.push(1)
>>> s.push(2)
>>> s.push(3)
>>> s
3->2->1
>>> list(s)
[3, 2, 1]
>>> s.pop()
3
>>> s.pop()
2
>>> s.pop()
1
>>> s.pop()
Traceback (most recent call last):
  ......
IndexError: pop from empty stack
```

【思考和扩展练习】

使用单链表实现先进先出（FIFO）队列结构。

3.2.4 双向循环链表

双向链表的每个节点维护其前驱节点和后继节点的引用，如图 3.15 所示。相比单链表，双向链表虽然增加了内存开销，但带来了在插入和删除等操作上的便利。在实践中，为了代码书写的简洁，往往使用“哑元节点”（Dummy node）作为链表的起始状态（如图 3.16 所示），并以循环引用方式实现双向循环链表（如图 3.17 所示）。

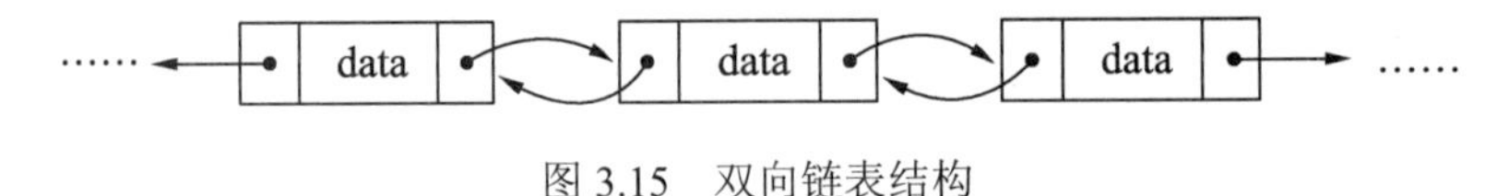

图 3.15 双向链表结构

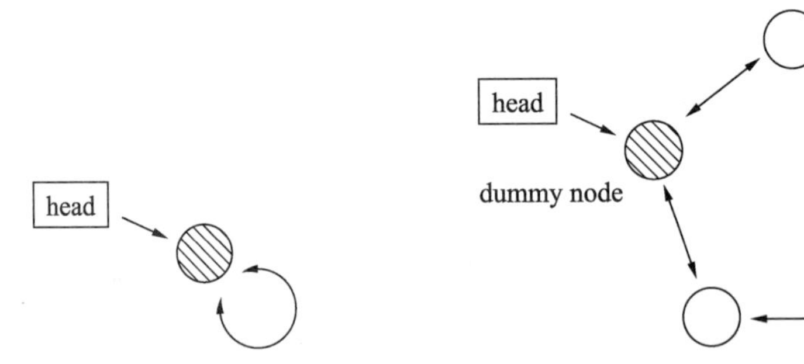

图 3.16 双向循环链表结构（空）

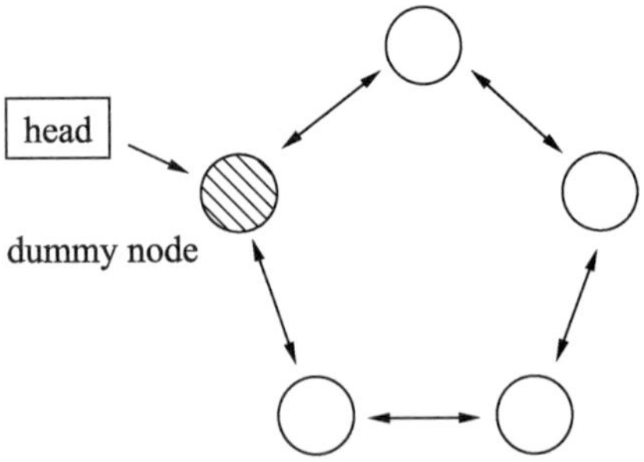

图 3.17 双向循环链表结构

代码 3.6 将实现双向循环链表。

代码 3.6　dlist.py 双向循环链表

```
#!/usr/bin/env python3
class node:
    def __init__(self, data=None, next=None, prev=None):
        self.data = data
        self.next = next
        self.prev = prev
class dlist:
    def __init__(self):
        self.head = node()
        self.head.next = self.head
        self.head.prev = self.head
    def __iter__(self):
        ptr = self.head.next
        while ptr is not self.head:
            yield ptr.data
            ptr = ptr.next
    def __repr__(self):
        return '<->'.join(map(str, self))
    def insert(self, data):
        head = self.head
        head.next.prev = node(data, head.next, head)
        head.next = head.next.prev
```

【代码说明】

- __init__()将空链表初始化为包含一个哑元节点的循环链表，该哑元节点的前驱和后继均为自身（如图 3.16 所示）；
- insert()在链表的一端执行插入操作。

【程序运行结果】

```
$ python3 -i dlist.py
>>> d = dlist()
>>> d.insert(1)
>>> d.insert(2)
>>> d.insert(3)
>>> d
3<->2<->1
```

【思考和扩展练习】

（1）不使用哑元节点，也不使用循环引用结构，实现如图 3.18 所示的双向链表；

（2）思考该结构与本节所介绍的带有哑元节点的双向循环链表，在编码上相比有何区别。

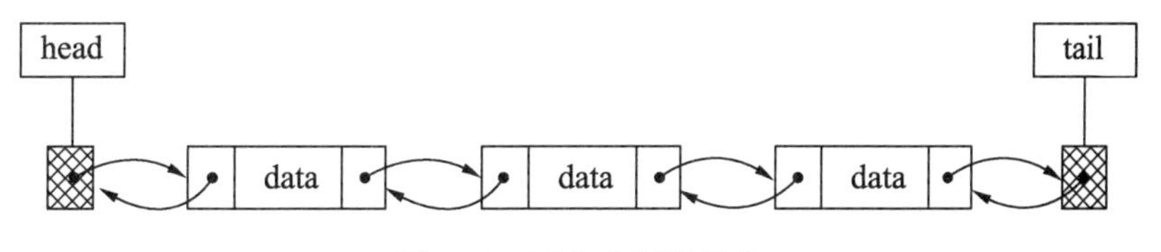

图 3.18　双向非循环链表

3.2.5 用双向链表实现队列

双向链表的一个重要应用是用来实现队列，如代码 3.7 所示。

代码 3.7 dlist.py 用双向循环链表实现队列

```
#!/usr/bin/env python3
class node:
    def __init__(self, data=None, next=None, prev=None):
        self.data = data
        self.next = next
        self.prev = prev
class dlist_queue:
    def __init__(self):
        self.head = node()
        self.head.next = self.head
        self.head.prev = self.head
    def __iter__(self):
        ptr = self.head.next
        while ptr is not self.head:
            yield ptr.data
            ptr = ptr.next
    def __repr__(self):
        return '->'.join(map(str, self))
    def empty(self):
        return self.head is self.head.next is self.head.prev
    def enq(self, data):
        head = self.head
        head.next.prev = node(data, head.next, head)
        head.next = head.next.prev
    def deq(self):
        if self.empty():
            raise IndexError("deq from empty queue")
        head = self.head
        ret = head.prev.data
        head.prev.prev.next = head
        head.prev = head.prev.prev
        return ret
```

【程序运行结果】

```
$ python3 -i dlist_queue.py
>>> q = dlist_queue()
>>> q.enq(1)
>>> q.enq(2)
>>> q.enq(3)
3->2->1
>>> q.deq()
1
>>> q.deq()
2
>>> q.deq()
3
```

```
>>> q.deq()
Traceback (most recent call last):
...
IndexError: deq from empty queue
```

【思考和扩展练习】

比较代码 3.5 的 pop()方法和代码 3.7 的 deq()方法的分支结构风格，你乐于选用哪种，为什么？

3.2.6 双向链表的查找、插入和删除

查找、插入和删除也是常见操作。代码 3.8 基于前述双向循环链表增加 search()和 delete()方法。

代码 3.8 dlist_delete.py 双向链表的查找和删除（节选）

```
#!/usr/bin/env python3
class dlist_queue:
    ...
    def search(self, value):
        ptr = self.head.next
        while ptr is not self.head :
            if ptr.data == value:
                return ptr
            else:
                ptr = ptr.next
        else:
            raise ValueError(f"{value} is not in queue")
    def delete(self, n):
        n.prev.next = n.next
        n.next.prev = n.prev
        n.prev = None
        n.next = None
```

【思考和扩展练习】

删除指定节点只需要局部信息，如图 3.19 所示。

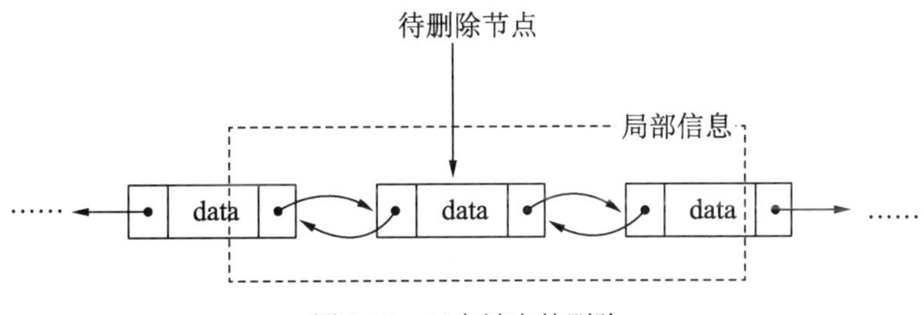

图 3.19 双向链表的删除

在本节的 delete()方法实现中，并未用到 self 参数。针对链表节点的删除操作，讨论以下问题：

① 代码 3.8 中 delete()方法的 self 参数没有使用，可否去掉？没有 self 参数的方法和带有 self 参数的方法有何区别？[①]

② 是否应当确保待删除的节点在目标链表？

③ 如果需要确保待删除的节点在目标链表中，应如何做？[②]

④ delete()方法中将删除后的节点的 prev 和 next 字段置为 None，可否省略这两个操作？

3.2.7 小结

本节讨论了链表这种常见的数据结构。链表不仅广泛地应用于软件基础架构，还是初级程序员求职面试的常见问题。链表还常常参与实现更复杂的数据结构。在 3.3 节、3.5.1 节和 3.5.2 节将介绍链表在散列表、链表块队列和有序字典中的应用。

3.3 散 列 表

如果希望同时获得常数时间复杂度 $O(1)$的插入和查找性能，就需要付出额外的存储空间代价，使用基于散列表（hash table）的数据结构，如 Python 的内建数据结构字典（dict）和集合（set）。散列表是基于关联数组的存储结构，适合存储“键值对”（key-value pair）数据。散列表用某种哈希函数实现对象到数组索引的映射，再辅以某种碰撞处理策略，就能以空间开销换来高效的查找、插入和删除操作。[③]

【学习目标】

- 了解散列结构的工作原理；
- 了解散列结构和线性结构的权衡；
- 掌握 Python 的内建结构字典和集合；
- 了解散列结构的部分应用场景；
- 了解散列表的简单实现。

---

① 参见 4.1.3 节的静态方法。

② 本书希望通过抛出这样的问题讨论以提醒读者，面面俱到地实现某种数据结构功能要付出很大的代价。工程师往往需要根据实际需求实现最简洁的功能以满足需求。

③ 因为 C 语言中并无内建的散列表，而从头实现散列表也并不容易，所以传统以 C 为入门的程序设计课程体系对散列表几乎没有介绍。而在后续数据结构课程中散列表又因为不好出题考试而被很多学生忽视。这导致很多计算机专业的学生在大三学习第二语言（如 Java）之前都不会使用散列表进行程序设计。以 Python 进行程序设计则在一开始就会接触到散列结构，如字典和集合。活用这些结构能够大大提升编码和执行效率。

3.3.1 基本原理

散列表将对象键值（“键”是对象中能够唯一标识该对象的属性，比如对于个人信息来说身份证号码就是键①）经哈希函数（hash function）②转换为整数与数组索引对应③。散列表工作原理，如图 3.20 所示。数组则用来存放对象引用。每个引用位置被称为“槽位”（slot）。理想状况下，对象经由哈希函数计算出唯一槽位，从而实现查找、插入、删除的 $O(1)$时间复杂度。

然而现实是在绝大多数的情况下，哈希函数的计算结果会重叠，这被称为“哈希碰撞”（hash collision）。综上所述，散列表的设计需要考虑两个基本问题：

- 采用何种哈希函数；
- 如何处理哈希碰撞。

前者要求设计者针对使用场景挑选合适的映射函数由键值计算数组索引值，后者用以在计算结果重复时进行某种处理。

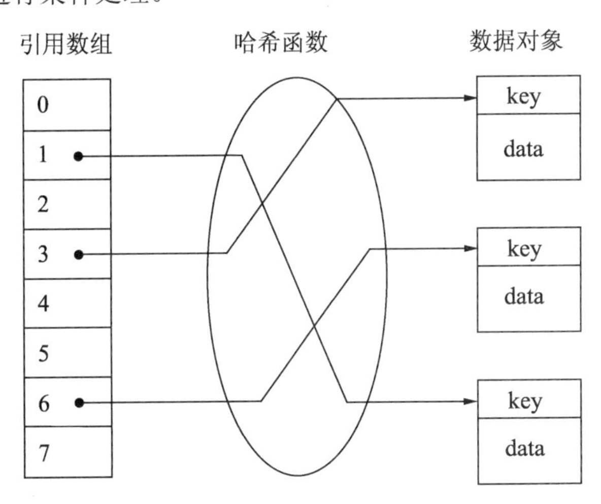

图 3.20　散列表工作原理

① 不过身份证号码的确有重号的，截至 2017 年 4 月“全国公民身份号码重号人数由 171 万人减至 8 人”（《人民日报》2017 年 04 月 28 日 11 版）。

② 在密码学中的哈希函数目的略有不同，MD5/SHA 这样的哈希算法的映射结果是非常大的整数。人为地构建两个哈希值相同的对象是很难的，这是信息安全的基础。但近年来的研究表明，针对这些密码学算法构建哈希碰撞也是可以做到的[44] [45] [46]。

③ 无论何种对象在内存中均以二进制数存储，所以哈希函数实际上是将一个非常大的整数集合（比如 $0 \sim 2^{1024}-1$）映射到一个较小的整数集合（比如长度为 128 的数组下标 0-127）。

1．哈希函数

Python 内建的 hash 函数可以将**不可变对象**映射为整数，再使用求余运算即可获得任意整数区间的索引值。

```
>>> hash('abc')
9099314653799480214
>>> hash(123)
123
>>> hash('123')
1780214211919182849
>>> hash((1,2,3))
2528502973977326415
```

在实际应用中，往往要通过试验保证所选取的哈希策略能够均匀分布对象于各个槽位①。设计较为通用的 hash 函数超出了本书的讨论范围，那需要针对整数、浮点数和字符串分别设计 hash 策略后再整合起来[10]。

2．哈希碰撞

当哈希值冲突时就需要某种策略进行处理，大体方法有二：或以链表形式置于同样的槽位（链式法），或另行计算索引值（开放寻址法）。链表法是简单地将发生哈希碰撞的对象串成链表（简单地说，重叠了就挂在一起），如图 3.21 所示。开放寻址法则需要通过设计更复杂的哈希函数，实现为同一对象多次计算不同哈希值的目的（简单地说，一个位置不行就再计算一个新位置），如图 3.22 所示。

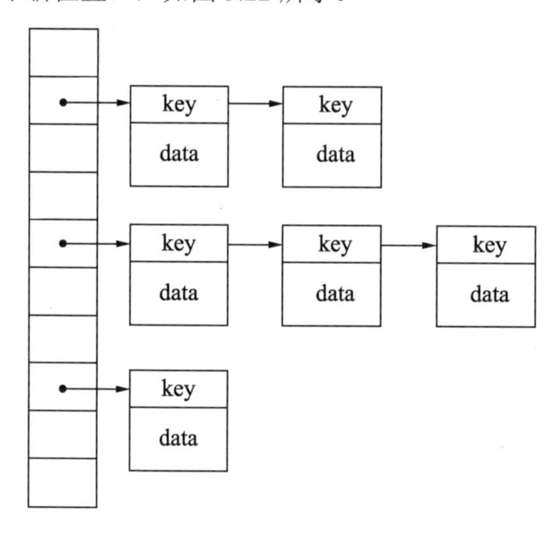

图 3.21　用链表处理哈希碰撞

① 比如选取我国身份证号码的前四位作为哈希值就显然不够均匀，参见本节思考和扩展练习。

3．权衡不同数据结构

"权衡"（trade-off）是工程师在处理问题时面临的取舍抉择问题，为了某种性能而放弃另一种性能。以数据的查找为例：如果没有时间性能限制，可以使用无序数组存放数据，在付出 $O(n)$的查找和删除[①]复杂度的同时，获得了最节省空间的存储方案；如果存储容量非常宽裕，则可以使用散列表，在付出足够大的空间复杂度后获得 $O(1)$的查找、插入和删除时间复杂度。

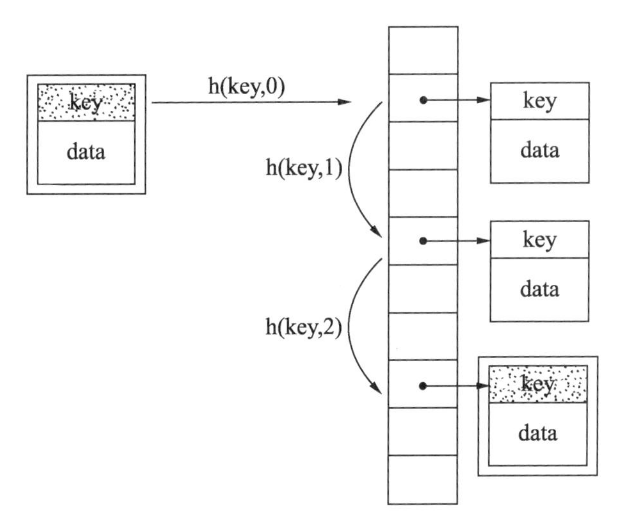

图 3.22　用开放寻址法处理哈希碰撞

对于学习者而言，最重要的是做出权衡从而选择合适的数据结构。了解数据结构实现细节的首要意义也在于，在做出选择之时有更充分的依据，而非去亲自动手实现。[②]

笔者在教学中发现，有很多学生能够在大学二年级的数据结构课程中答对期末考试题，但在实际工作时却把念书时学会的核心原则和细节一起忘掉了。教师在教学中应当强调核心的设计原则，然后才是具体实现细节，配套的参考练习也应当如是组织。在遗忘时，应当先遗忘具体的设计细节，但核心原则是应当始终牢记的。对 Python 的内建字典类型这样的散列表数据结构而言，其核心原则就是**通过成倍的空间开销换取逼近常数时间复杂度的存取性能**。

在散列表设计中还要面对的性能开销是，在元素数量增加至某一个阈值时对索引数组进行扩容。因为当槽位的空闲比例减小时，哈希碰撞的几率会增加，从而导致性能下降。

---

① 无序数组的插入是很快的，时间复杂度为 $O(1)$，因为直接置于数组末尾即可。

② 尤其是在使用 Python、Java 和 C#这样内建许多数据结构的语言时。选择恰当的结构并找到对应的内建类型（比如在需要散列表时使用字典）问题往往就迎刃而解。而使用 C 语言这类没有内建许多数据结构的语言构建程序时，则需要工程师动手实现。在 C 语言施展身手的领域，比如单片机和操作系统内核，往往需要根据所面对的情况做出具体设计（这种设计往往很简单），而非照抄某个现成的实现。

散列表的性能和装载因子相关，对其进行全面数学讨论超出了本书的教学目的。有兴趣的读者可以阅读参考文献 [11]的 3.4 节。

【思考和扩展练习】

（1）在散列表的索引数组容量扩展时，已经存储的键值能够维持原来的位置吗？如果不能，请重新计算哈希值的性能开销对总体性能有什么影响？

（2）如果对象的键值范围在某个不大的整数范围内，那么直接使用键值作为数组索引即可。请为某大学设计学号编码方式，并且计算以学号索引的数组需要占用的空间。探讨不同的学号设计方式对空间的需求，以及哪些方式需要使用散列表技术以降低存储空间需求。

（3）对于我国现行 18 位身份证号码（如图 3.23 所示）而言，即使只存储前 17 位（最后一位可以由前 17 位推算出来）就需要数十万 TB 量级的存储容量。这对于今天的计算机结构来说是不现实的。讨论如下问题：

① 如果管理某个班级的学生（30~50 人），如何设计针对身份证号码的哈希函数？

② 如果管理某所学校的学生（每届数千人，上百年历史），如何设计针对身份证号码的哈希函数？

③ 公安部要在全国范围内管理身份证信息，如何设计基于身份证号码的存储和查询策略？

1	1	0	1	0	8	1	9	8	0	0	1	3	1	9	7	1	7
地址码						出生年月日								顺序码			校验码

图 3.23　身份证号码

（4）**短网址 URL**：就是在形式上比较短的网址，让使用者可以更容易地分享链接。例如能够将 https://docs.python.org/3/tutorial/classes.html#odds-and-ends 转化为 http://x.cn/EcbzQse 的短网址系统要在 x.cn 域名运行服务器，存储所有生成的短网址并进行 URL 重定向。请设计算法，将长网址转化为短网址。

3.3.2　应用示例

Python 内建的字典和集合类型基于散列表设计。这两种结构能够应对大部分编程任务。读者的首要学习任务是能够在遇到实际问题时“想得起来”使用散列表结构。

笔者在观察学生设计代码和参加面试的过程中发现：数组（在 Python 中就是列表）是学生们最熟悉的结构，链表也比较熟悉。在遇到问题时初学者会下意识采用这两种结构。二叉树则往往在语言中没有内建通用实现，所以需要用到二叉树时，仅仅“想到”还不行，实现起来也颇费周章。唯有应用散列表的问题，没想到它之前往往烦琐棘手，一旦想到，则迎刃而解。

本书已经反复在各种示例中使用了字典结构，如：

- 1.8.2 节中使用字典作为字符转换查找表；
- 1.8.5 节中使用字典实现字符到函数的转换；
- 2.4.4 节中使用字典表示二叉树；
- 2.6.2 节中使用字典作为函数运行统计簿记。

此处再举一集合应用示例

【示例】 查找重复子串。

DNA 序列由 ACGT 字符标识。编写函数找出给定 DNA 序列 s 中长度为 n 的重复出现过的子串。例如给定输入：

```
s = "AAATTTAAAGGG"
n = 3
```

函数应当返回集合：

```
{'AAA'}
```

如输入：

```
s = "AAAAAACCTTGGAAACCCTTGGAAACCCGTTT"
n = 10
```

则返回如下集合：

```
{'CTTGGAAACC', 'CCTTGGAAAC', 'TTGGAAACCC'}
```

根据上述要求，编写函数如代码 3.9 所示。

代码 3.9　dna.py 查找重复出现的 DNA 序列

```
#!/usr/bin/env python3
def repeated(s, n):
    rep, memo = set(), set()
    for i in range(len(s)-n+1):
        substr = s[i:i+n]
        if substr in memo:
            rep.add(substr)
        else:
            memo.add(substr)
    return rep
```

【思考和扩展练习】

（1）请读者自行补充测试用例，验证代码 3.9 的实现；

（2）不使用基于散列表的结构，完成代码 3.9 的任务；

（3）分析各实现的时间复杂度和空间复杂度；并进行实际测试验证你得出的结论。

3.3.3　字典

本节讲述字典的内存开销及 API 操作。

1．内存开销

程序员应当主要关心字典的内存开销。字典为每个对象键计算一个 hash 值，该 hash 值固定不变。字典另有一个索引数组，其长度随字典的元素数量增长而增长。对象的 hash 值再映射至该数组的索引。字典的结构，如图 3.24 所示。字典占用的内存主要是键值对引用、hash 值和索引数组几部分。如图 3.25 所示为进行连续插入操作过程中，字典占用内存的增长曲线。字典结构维护的额外内存开销与键值对本身所需要的存储空间是相当的。

2．字典的操作

读者可以在 Python 的官方文档 [12]查阅字典类型的详尽 API。虽然字典类型有很多操作方法，但除去小部分独特的操作之外，其他大部分操作都已经包含在本书已经建立的知识体系中。截至目前，本书读者应当已经积累了如下经验：①

- 使用字面值（1.4.1 节）或构造方法（1.4.2 和 2.5.3 节）创建对象，类型可以有多个构造方法；
- 很多 Python 的内建函数和操作是基于重载方法（如 len()基于__len__()）；
- Python 的对象可以实现某种上下文协议（如迭代器、上下文管理器）。

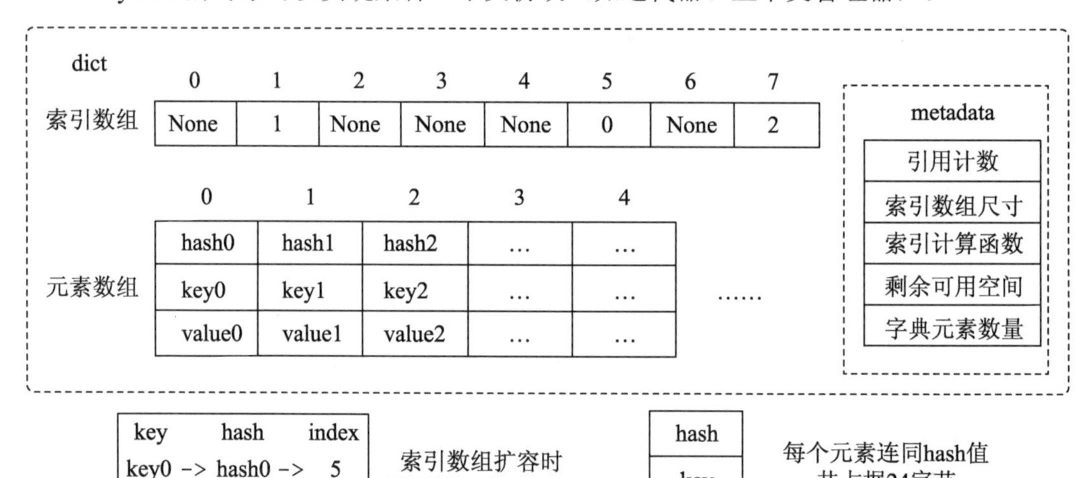

图 3.24　字典结构

基于这些经验，在考察字典类型的操作时，可将其分为以下几类：

① 接触新事物时，首先使用已有经验去了解它，这样能够迅速地了解其中的大部分知识。然后要特别注意其与已有经验的不同之处，因为这些不同之处反映出其本质特征。

- 字典类型的构造方法；
- 字典重载的方法；
- 字典类型实现的协议；
- 和列表类似的方法；
- 相对于列表而言独特的方法。

字典 API 分类，如图 3.26 所示。

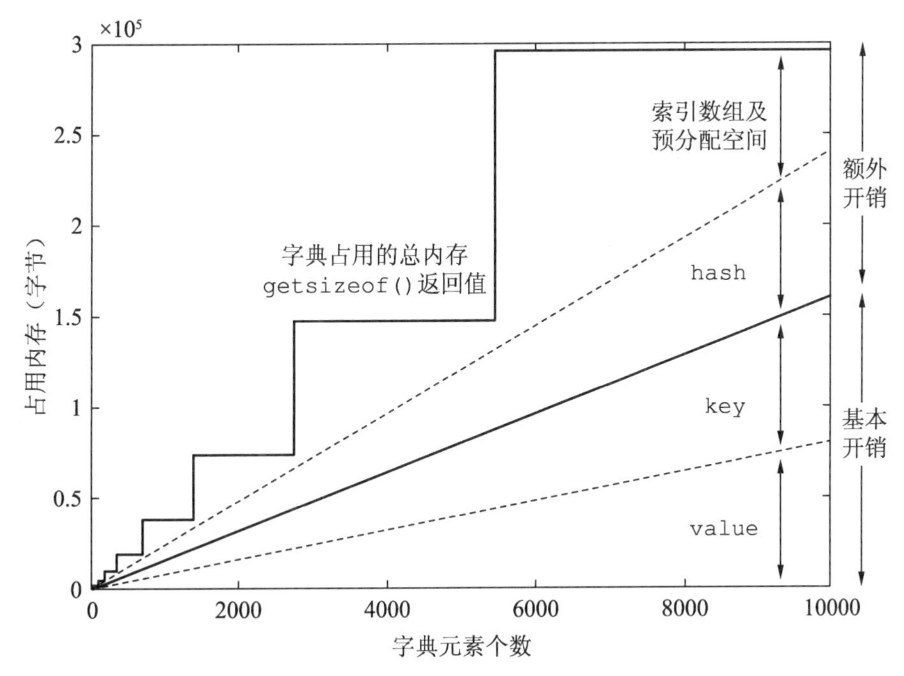

图 3.25 不断插入操作，字典占用内存的增长

3. 字典的构造方法

不出意外地，用户可以创建空字典或者使用可迭代对象和字典对象①构造字典。可能令读者②稍显意外的是，可以使用关键字参数列表构造字典。以下是一些等价的字典构造方式，请读者区分其属于上述哪种方式：

```
>>> a = {'one': 1, 'two': 2, 'three': 3}
>>> b = dict(one=1, two=2, three=3)
>>> c = dict(zip(['one', 'two', 'three'], [1, 2, 3]))
>>> d = dict([('two', 2), ('one', 1), ('three', 3)])
>>> e = dict({'three': 3, 'one': 1, 'two': 2})
>>> a == b == c == d == e
True
```

① 更准确地说，是使用 mapping 对象，内建的 mapping 对象只有字典一种。

② 尤其是有 C 语言基础的读者。

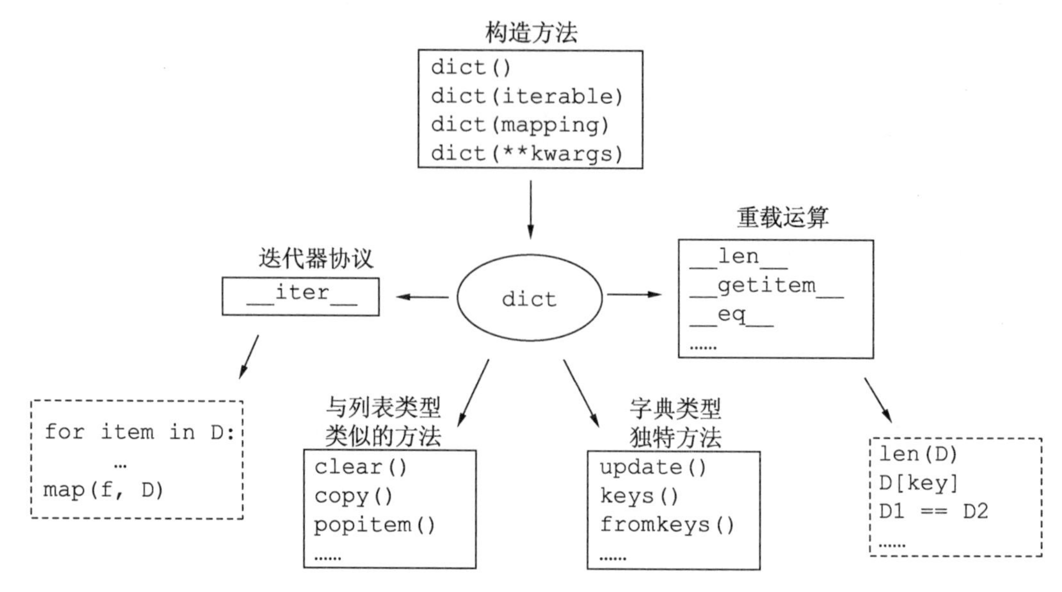

图 3.26　字典 API 分类

dict.fromkeys(iterable, value=None)以可迭代对象 iterable 作为键，以 value 为值。请注意，fromkeys()是“类方法”，意味着不需要对象，直接通过类名即可调用。

```
>>> dict.fromkeys([1,2,3], 'hello')
{1: 'hello', 2: 'hello', 3: 'hello'}
```

类方法在此处的作用是来实现字典对象另外的构造途径，本书将在 4.1.4 节介绍类方法。字典的成员方法 D.copy()返回字典的浅拷贝。本书将在 4.1.9 节介绍浅拷贝的概念。

4．字典的容器方法

字典作为容器，具有增、删、改、查方法和其他容器常见方法：

- len(D)：返回字典 D 中的元素个数。
- D[key] ：返回键值为 key 的元素，如果没有，则抛出 KeyError 异常。[①]
- D[key] = value：对 D[key]赋值。
- del D[key] ：从字典中删除 D[key]，如果键不存在，则抛出 KeyError 异常。
- key in D：判断字典 D 中是否存在键 key，如果成功，则返回 True。
- key not in D：判断字典 D 中是否不存在键 key，如果成功，则返回 True。
- D.clear()：清空字典元素。
- D.pop(key[, default])：删除并返回键为 key 的元素，如果不存在，则返回 default。如果未传 default 参数，则抛出 KeyError 异常。
- D.popitem()：删除并返回一个键值对。[②]

① dict 的派生类可以通过定义__missed__()方法为不存在的索引设定默认值，以替代抛出异常的行为。

② Python3.7 版本中，以后进先出序（LIFO）返回。

- D.setdefault(key[, default])：如果键 key 存在，则返回元素；如果不存在，则以 key 为键，default 为值插入元素。如果未设定 default 参数，则值为 None。
- D.update([other,] **kwargs) ：从 other 对象和关键字参数列表更新字典 D，“更新”的意思是“有则修改，无则添加”。如果 other 对象有 keys()方法，则行为相当于。

```
for k in other:
    D[k] = other[k]
```

如果 other 对象无 keys()方法，则行为相当于：

```
for k, v in other:
    D[k] = v
```

然后使用关键字参数更新字典，行为相当于：

```
for k in kwargs:
    D[k] = F[k]
```

5. 字典的视图操作

视图是从数据源创建的“虚拟数据结构”。视图并不真正存储数据，而是通过某种条件计算出某种数据集。

- D.keys()：创建包含键的视图；
- D.values()：创建包含值的视图；
- D.items()：创建包含键值对的视图。

视图的常见作用是对字典的键值进行迭代。

```
for k in D.keys():
   ...
for v in D.values():
   ...
for k,v in a.items():
   ...
```

【思考和扩展练习】

（1）字典实现了__eq__()等成员方法，动手验证字典以什么依据进行比较操作。
（2）既然散列表是无序的，为什么 D.popitem()操作能像栈一样有序弹出数据？
（3）字典使用什么方法处理哈希碰撞？
（4）思考字典迭代器是如何工作的，查阅源码验证你的想法。
（5）创建视图后，删除字典元素，对视图有何影响？
（6）用本小节的方法研究内建的集合（set）类型，并分析集合类型和字典类型的同异。

3.3.4 小结

本节介绍了散列表的原理，以及 Python 中相应的内建结构：字典和集合。散列表通过空间开销换取了接近常数时间复杂度的查找、插入和删除性能。在很多程序设计语言中，散列表都作为一种内建结构提供，使用非常方便。散列表广泛地应用于日常的程序设计和基础软件架构中。无论是为了小规模问题的编码简易性出发，还是为了提升大规模问题的算法性能，散列表都是程序员青睐的工具。在使用散列表的时候，工程师首要应当关心使用该结构带来的额外内存开销。在 CPU 紧缺而内存相对宽松的情境下[①]，散列结构往往是提升性能的利器。

3.4 二 叉 树

本书在 2.4.4 节中已经初步介绍了二叉树的概念，并给出了以递归方式[②]对其进行遍历的方法。本节将进一步深入介绍这种应用广泛的数据结构。

二叉树有两种典型应用：一是用来维护有序数据集（典型的结构是二叉搜索树和二叉堆），以实现高效查找和排序；二是用来表示本身便具备二分属性的信息，如哈夫曼编码（Huffman coding）。

【学习目标】

- 掌握二叉树的定义和属性；
- 了解搜索二叉树的应用；
- 了解二叉堆的应用；
- 了解二叉树相关 Python 结构类型；
- 了解哈夫曼编码。

3.4.1 概念和定义

在 2.4.4 节中已经给出了二叉树的递归定义，要点如下：

- 二叉树根节点的左子树和右子树也是二叉树；
- 空集是二叉树。

二叉树的左子树和右子树顺序往往有特定意义，不能随意调换。比如搜索二叉树中左子树节点均小于右子树节点的规则。如图 3.27 所示为一棵 4 层 8 个节点的二叉树。

二叉树有以下术语：

- 叶子节点：没有子节点的节点被称为叶子节点；
- 节点层数：根节点算第 1 层，其他节点的层数是其父节点层数加 1；[③]

---

① 这被称为“处理器约束”。按照今天计算机体系结构发展的趋势，内存相对 CPU 来说是更容易获得的资源。但在小型单片机的应用领域（比如物联网），依然要注意内存的紧缺。

② 在 2.4.6 节本书还论述了如何将递归替换为使用栈的迭代算法。

③ 这是一个递归定义。

- 树的层数（又称深度）：节点的最大层次。

层数和叶子节点如图 3.28 所示。

有以下特殊的二叉树：

- 满二叉树：每个节点要么有两个子节点，要么没有子节点，如图 3.29 所示。
- 完全二叉树：除最后一层外，其他各层节点全满，最后一层的节点集中在左边，如图 3.30 所示。
- 完美二叉树：所有叶子节点都在同一层的满二叉树[1]，如图 3.31 所示。

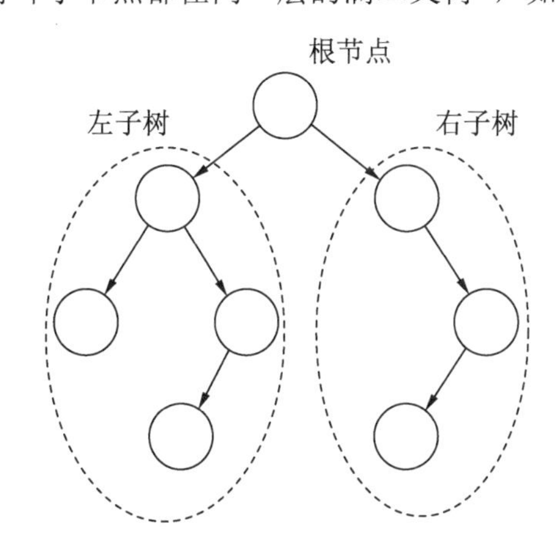

图 3.27　一棵 4 层 8 个节点的二叉树

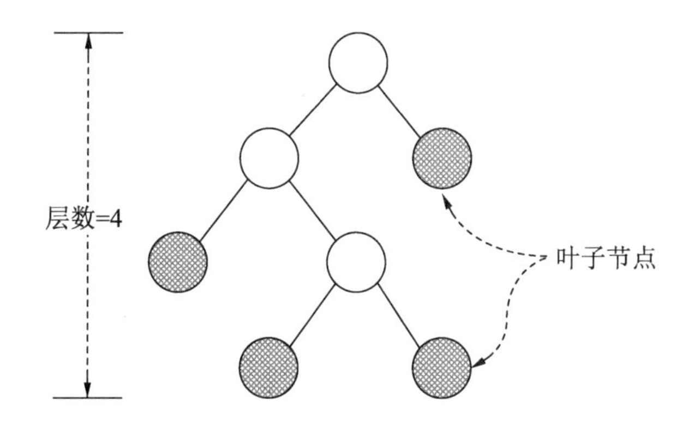

图 3.28　层数和叶子节点图

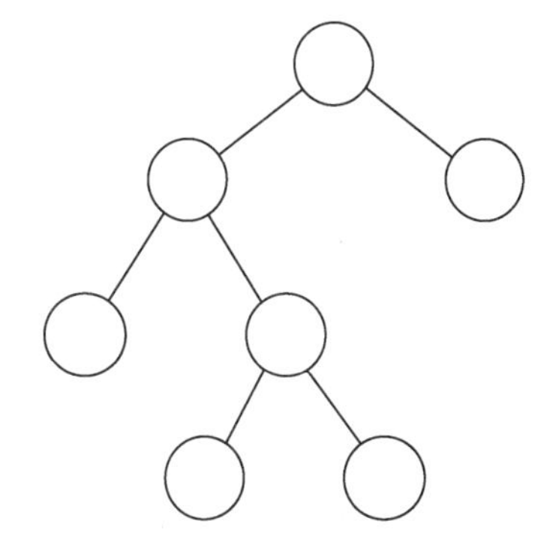

图 3.29　满二叉树示例

【思考和扩展练习】

（1）尝试给出满二叉树的递归定义。

（2）如果满二叉树的层数为 h，那么其至少有几个节点，至多有几个节点？

---

[1] 在国内有些教材中，将此处描述的完美二叉树称为满二叉树。本书不采用这一说法。

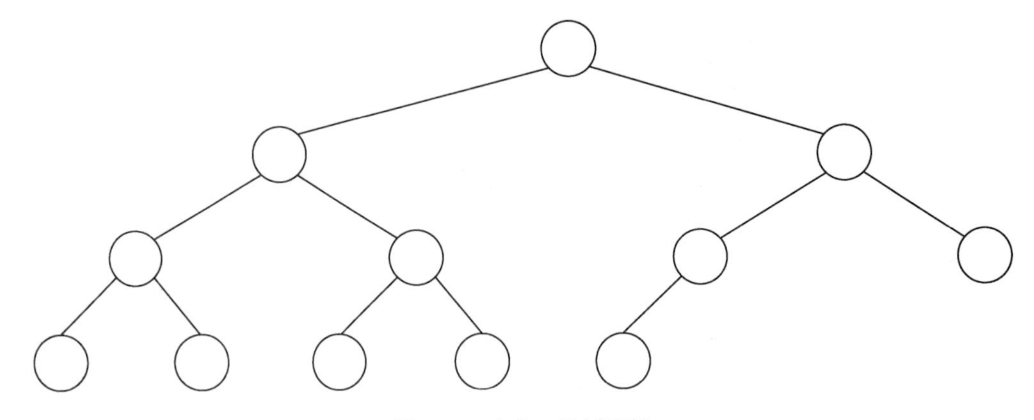

图 3.30　完全二叉树示例

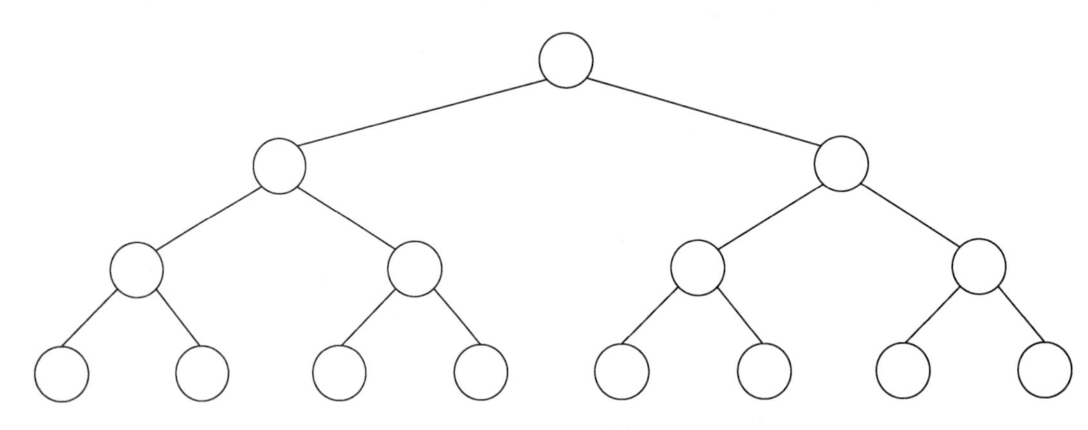

图 3.31　完美二叉树示例

3.4.2　表示和存储

二叉树的典型存储方式是链式法，即在节点结构中包含左子节点和右子节点的引用。也可以使用数组按照一定规律组织二叉树各节点的位置，常用于二叉堆的存储。

1. 链式法示例

使用三元列表，表示二叉树的一个节点，如图 3.32 所示。

整数节点构成的二叉树，如图 3.33 所示。

如下代码构建了图 3.33 所示的整数节点构成的二叉树。

```
>>> def tree(root, left=None, right=None):
...     return [root, left, right]
...
>>> tree(3, tree(1, tree(2),
```

```
...                    tree(4)),
...            tree(5))
[3, [1, [2, None, None], [4, None, None]], [5, None, None]]
```

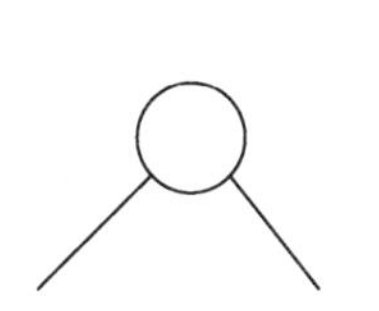

图 3.32　二叉树节点的三元列表表示法

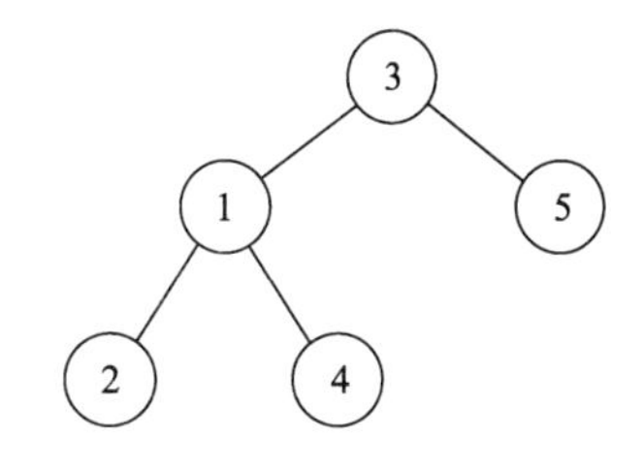

图 3.33　整数节点构成的二叉树

2．数组法示例

可以使用数组存储二叉树。尤其是以按层遍历次序存储完全二叉树时，无须任何额外空间，即可维护二叉树节点的相互关系。索引为 i 的节点，左子节点为 2i+1，右子节点为 2i+2，父节点为(i-1)//2[①]。用数组存储完全二叉树，如图 3.34 所示。[②]

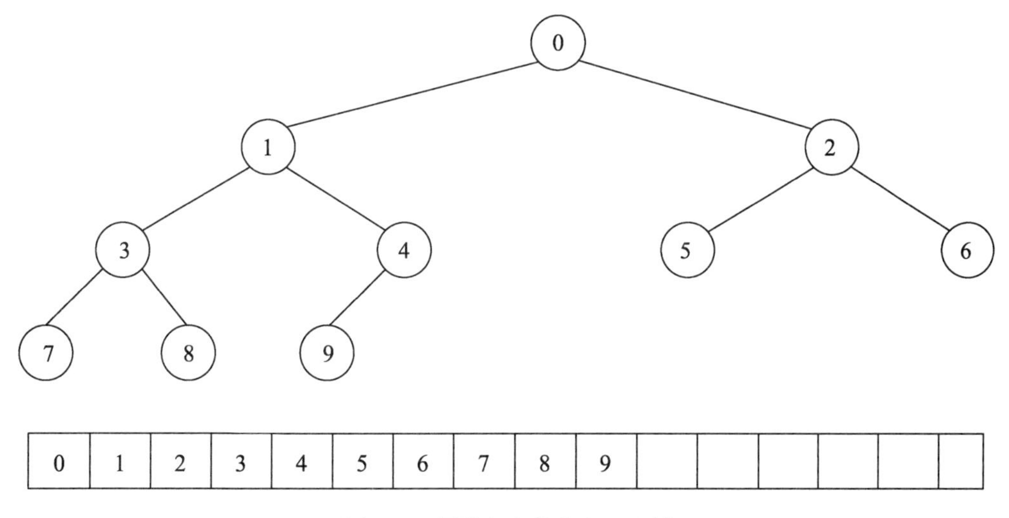

图 3.34　用数组存储完全二叉树

【思考和扩展练习】

（1）扩展 tree 函数，使之可以创建一般的树，如图 3.35 所示。

（2）友好地在文本界面打印二叉树，参考第三方模块 binarytree 的打印格式。用如下命令安装 binarytree 模块：

① //意为向下取整除法。

② 本书将在 3.4.5 节介绍完全二叉树的应用。

```
$ pip3 install binarytree
```

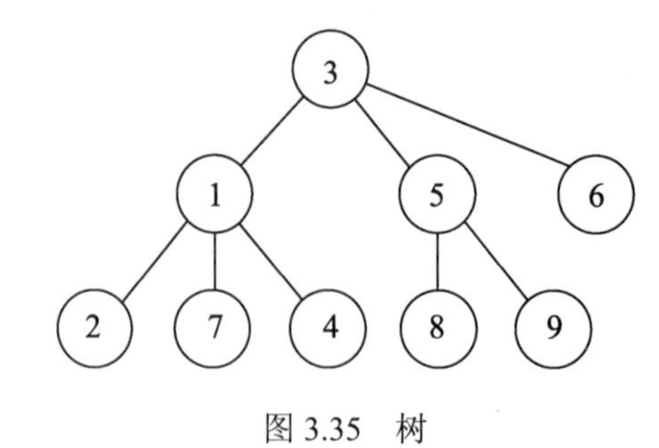

图 3.35　树

用如下 Python 指令随机生成二叉树并打印：

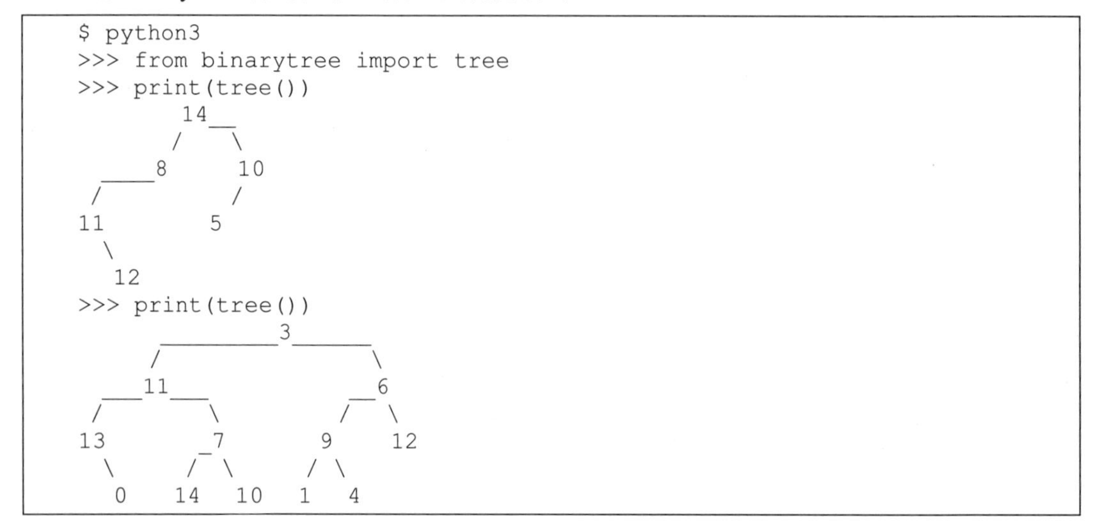

```
$ python3
>>> from binarytree import tree
>>> print(tree())
       14__
      /    \
  ____8     10
 /         /
11        5
  \
   12
>>> print(tree())
      _________3______
     /               \
  ___11___          __6
 /        \        /  \
13       _7       9    12
  \     /  \     / \
   0   14  10   1   4
```

（3）如何使用数组存储非完全二叉树？

3.4.3　遍历

遍历二叉树的常见方式有深度优先和广度优先。前者又分为前序、中序和后序遍历，后者又称为按层遍历。

1．深度优先遍历

深度优先遍历，如图 3.36 所示。

2.4.4 节已经展示了后序遍历的代码，本节用深度优先遍历展示前序遍历代码，如代码 3.10 所示。

代码 3.10　preorder.py 深度优先遍历

```
#!/usr/bin/env python3
def tree(root, left=None, right=None):
```

```
    return [root, left, right]
t = tree(3, tree(1, tree(2),
                    tree(4)),
          tree(5))
def preorder(t, op):
    if t :
        op(t[0])
        preorder(t[1], op)
        preorder(t[2], op)
preorder(t, print)
```

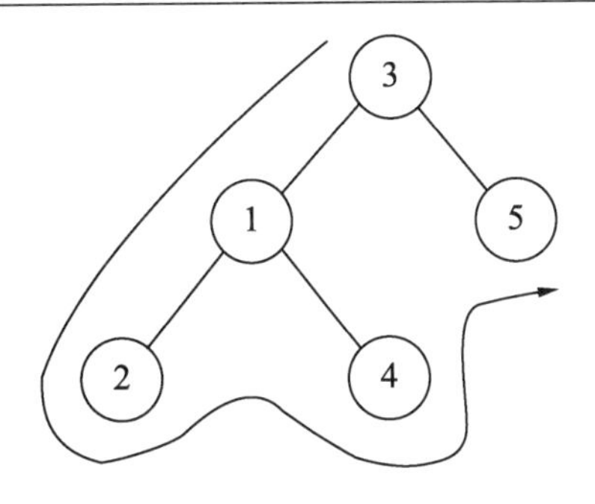

图 3.36　深度优先遍历

【程序运行结果】

```
$ ./preorder.py
3
1
2
4
5
```

2. 广度优先遍历

对二叉树的广度优先遍历，如图 3.37 所示。

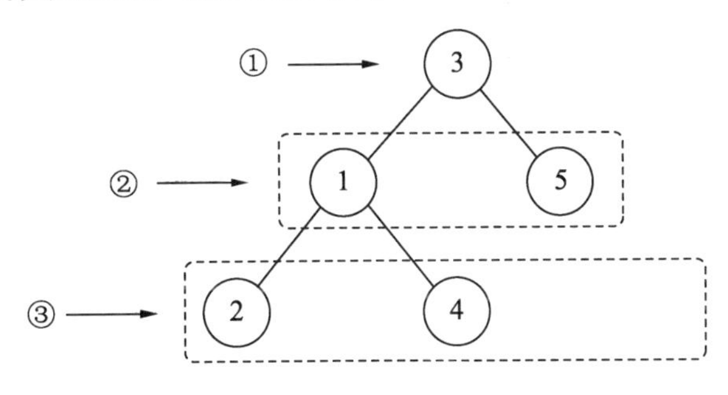

图 3.37　广度优先遍历

1.8.6 节介绍了广度优先遍历应用于正方形格点地图的方法，本节用该方法遍历二叉树，如代码 3.11 所示。

代码 3.11　preorder.py 深度优先遍历

```
#!/usr/bin/env python3
def tree(root, left=None, right=None):
    return [root, left, right]
t = tree(3, tree(1, tree(2),
                    tree(4)),
            tree(5))
def bfs(t, op):
    q = [t]
    i = 0
    while(i < len(q)):
        n = q[i]
        op(n[0])
        if n[1]: q.append(n[1])
        if n[2]: q.append(n[2])
        i = i+1
bfs(t, print)
```

【程序运行结果】

```
$ ./bfs.py
3
1
5
2
4
```

【思考和扩展练习】

（1）已知前、中、后序遍历中某两种遍历结果，能否复原出该二叉树？

（2）在上述问题的答案是肯定的情况下，编写程序实现之。

（3）二叉树的遍历次序和 1.2.3 节中的前缀、中缀、后缀 3 种风格表达式之间有何关系？

（4）使用某种队列类型（参考 1.8.6 节或 3.5.1 节）实现二叉树的广度优先遍历。

（5）使用 for 循环也可以实现广度优先遍历，如下所示。但是应当避免使用这种风格的代码，为什么？

```
q = [t]
for i in q:
    op(i[0])
    if i[1]: q.append(n[1])
    if i[2]: q.append(i[2])
```

3.4.4　二叉搜索树

二叉搜索树（Binary search tree）以有序方式存储键值，如图 3.38 所示。在一棵二叉搜索树及其任意子树中，均满足**左子树节点键值<根节点键值<右子树键值**[①]。二叉搜索树

① 如允许相等，则为小于等于关系。

在通过特定的算法（如红黑树算法[13]）维持一定平衡（各叶子节点高度相差在限定范围之内）的情况下，可以获得 $O(\log(n))$时间的操作（查找、插入、删除）性能。与散列表相比，二叉搜索树在时间复杂度上稍有逊色，但相对节省空间并保持数据有序，且无须设计哈希函数。

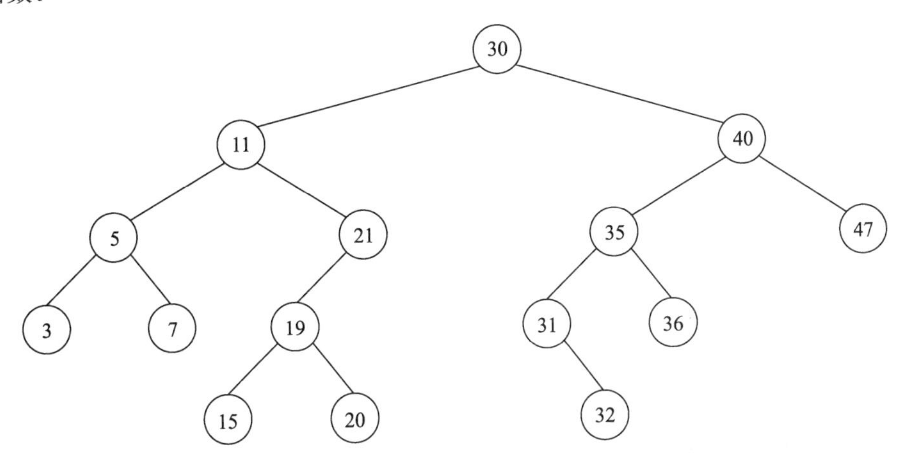

图 3.38　二叉搜索树

1. 搜索

由于二叉搜索树的左子树节点均小于右子树节点，所以搜索也具有折半特性。如果根结点非要搜索的结果，只需根据大小关系在左子树和右子树之一继续搜索即可，如此周而复始直至找到欲搜索的值或到达叶子结点停止。综上所述，可以很容易地写出相应递归算法如下：

```
def search(t, key):
    if t is None or t[0] == key:
        return t
    if key < t[0]:
        return search(t[1], key)
    else:
        return search(t[2], key)
```

其中 t 是二叉树的根节点，key 是待搜索的键值，t[0]和 t[1]分别是根节点的左、右子节点，也即左、右子树的根节点。

以前图 3.38 所示的二叉树为示例进行搜索，补充完整的程序，如代码 3.12 所示。

代码 3.12　bst.py 递归搜索

```
#!/usr/bin/env python3
def tree(root, left=None, right=None):
    return [root, left, right]
t = tree(30, tree(11, tree( 5, tree(3),
                               tree(7)),
                          tree(21, tree(19, tree(15),
```

```
                                      tree(20)),
                              None)),
             tree(40, tree(35, tree(31),
                              tree(36)),
                    tree(47)))
def search(t, key):
    if t is None or t[0] == key:
        return t
    if key < t[0]:
        return search(t[1], key)
    else:
        return search(t[2], key)
print(search(t, 19))
print(search(t, 91))
```

注意，此处出现了尾递归，可以使用 2.4.5 节的方法消除递归后转换为较高效的迭代版本：

```
def search(t, key):
    while True:
        if t is None or t[0] == key:
            return t
        if key < t[0]:
            t = t[1]
        else:
            t = t[2]
```

请读者自行验证之。

2．插入

二叉搜索树的插入操作会修改数据结构。插入操作应当维持二叉搜索树的节点有序关系。二叉搜索树的简单插入操作只需沿根节点一路找寻下去，在某个叶子节点位置插入即可。简单插入操作不会改变原有节点的相对位置。二叉搜索树的简单插入，如图 3.39 所示。

代码 3.13 将给出二叉搜索树插入操作的示例。

代码 3.13　bst_insert.py 二叉搜索树的插入（尾递归版本）

```
#!/usr/bin/env python3
from binarytree import Node
def _insert(node, value):
    if value < node.value:
        if node.left:
            _insert(node.left, value)
        else:
            node.left = Node(value)
    elif value > node.value:
        if node.right:
            _insert(node.right, value)
        else:
            node.right = Node(value)
    else: # value == node.value
        pass
```

```
class bst:
    def __init__(self, root=None):
        self.root = root
    def insert(self, value):
        if self.root is None:
            self.root = Node(value)
        else:
            _insert(self.root, value)
    def __str__(self):
        return self.root.__str__()
if __name__ == '__main__':
    t = bst( Node(30, Node(11, Node(5, Node(3), Node(7)),
                           Node(21, Node(19))),
                      Node(40, Node(35), Node(47))) )
    print(t)
    for i in (15, 20, 31, 32, 36, 16):
        t.insert(i)
    print(t)
```

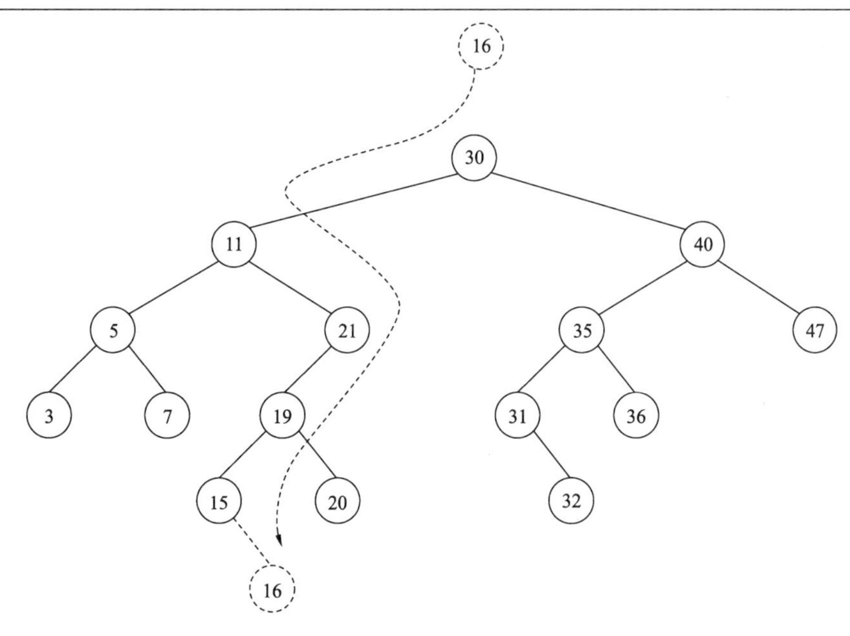

图 3.39　二叉搜索树的简单插入

【程序运行结果】

```
$ ./bst_insert.py
          _______30___
         /            \
     __11___         _40
    /       \       /   \
   5        _21    35    47
  / \       /
 3   7     19
```

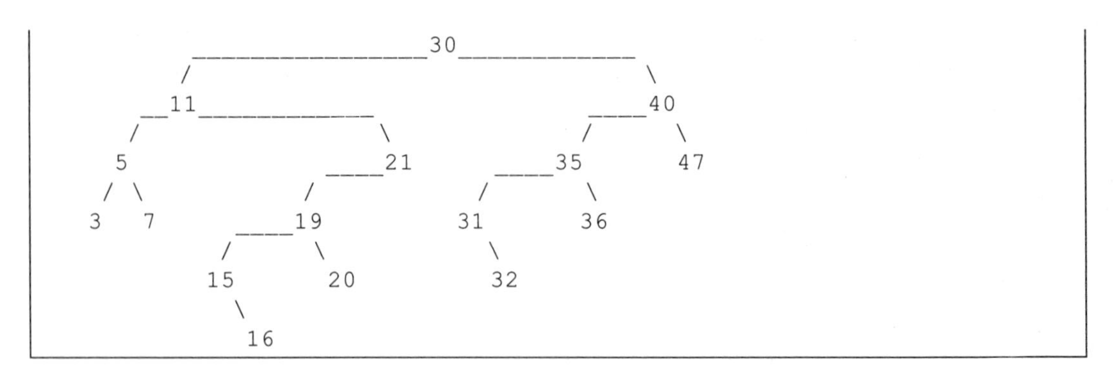

```
                  ________________30_____________
                 /                               \
              __11____________               ____40
             /                \             /      \
            5             ____21       ____35       47
           / \           /            /      \
          3   7      ____19          31       36
                    /      \           \
                   15       20          32
                     \
                      16
```

3．删除

相比插入操作，删除操作稍微复杂。要删除某节点时：

- 如果该节点是叶子节点，直接删除之，如图 3.40 所示的 7 号节点；
- 如果该节点只有一棵子树，删除该节点将子树置于该节点位置，如图 3.40 所示的 21 和 31 号节点；
- 如果该节点左、右子树俱全，删除该节点后，用中序遍历的临近节点替换该节点，并对二叉树做适当调整，如图 3.41 所示的 30 号节点。

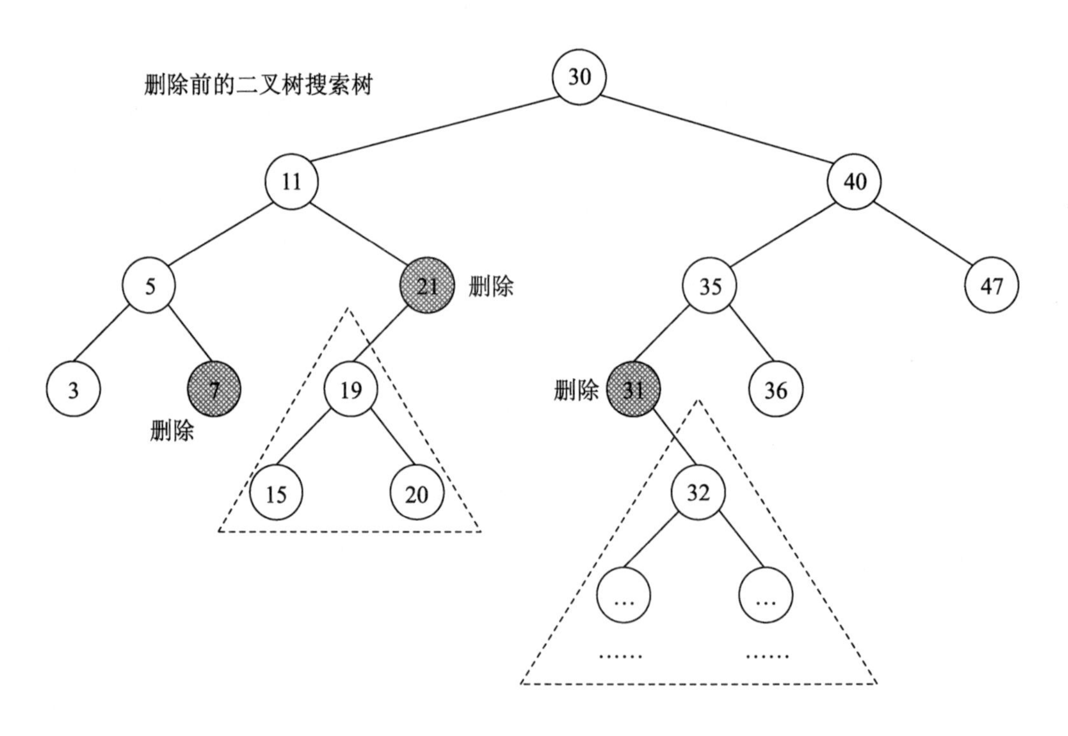

图 3.40　删除叶子节点和只有单个子树的节点（1）

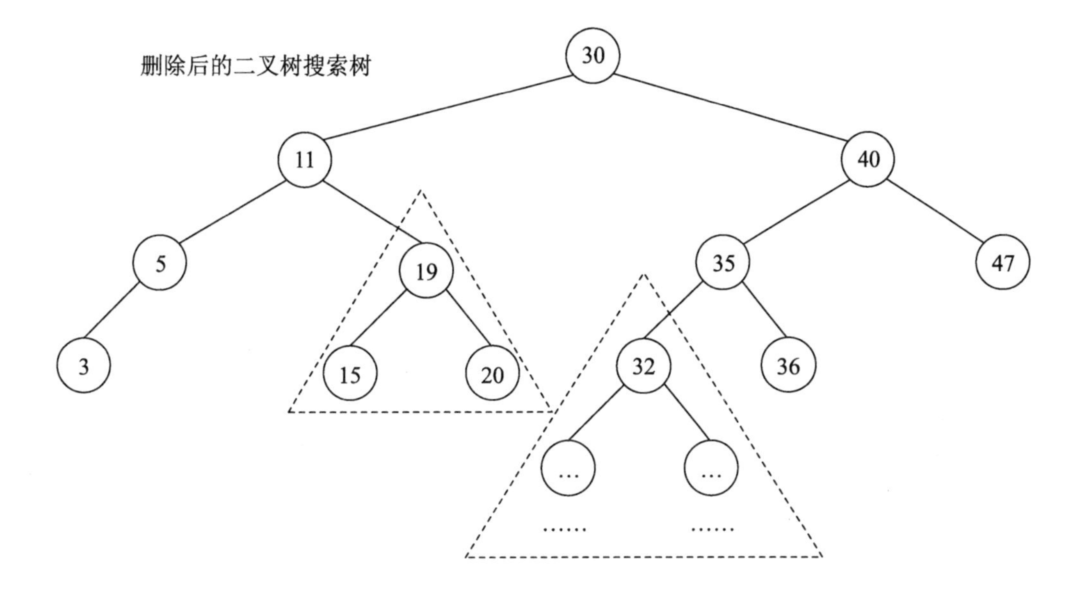

图 3.40　删除叶子节点和只有单个子树的节点（2）

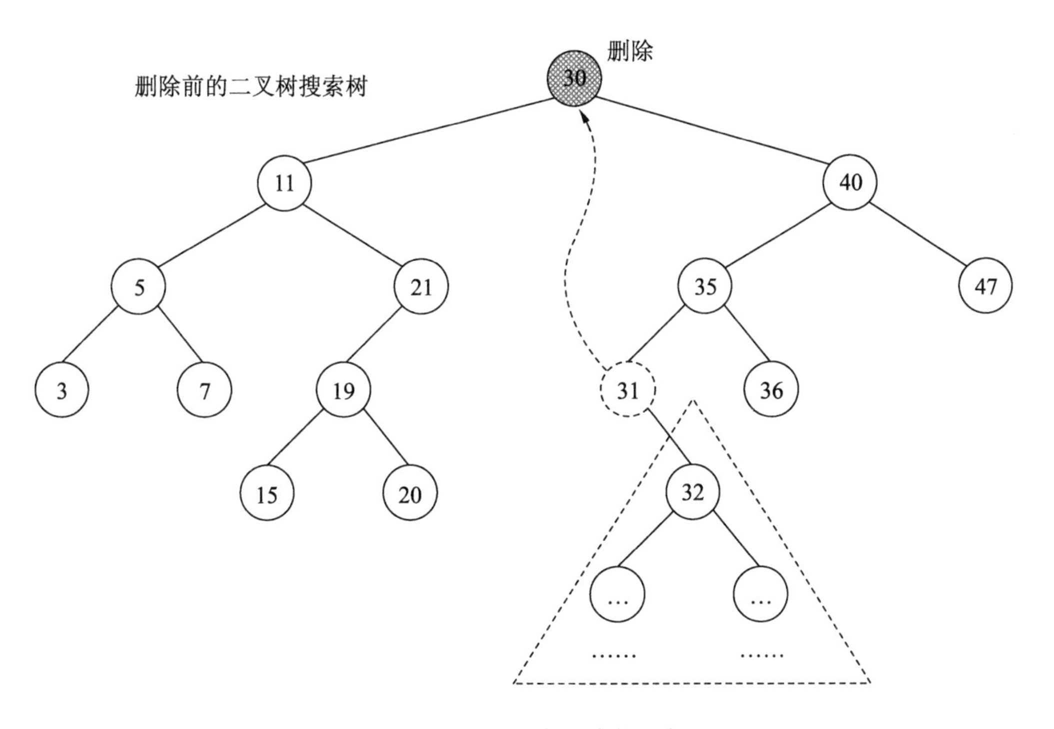

图 3.41　删除左、右子树俱全的节点（1）

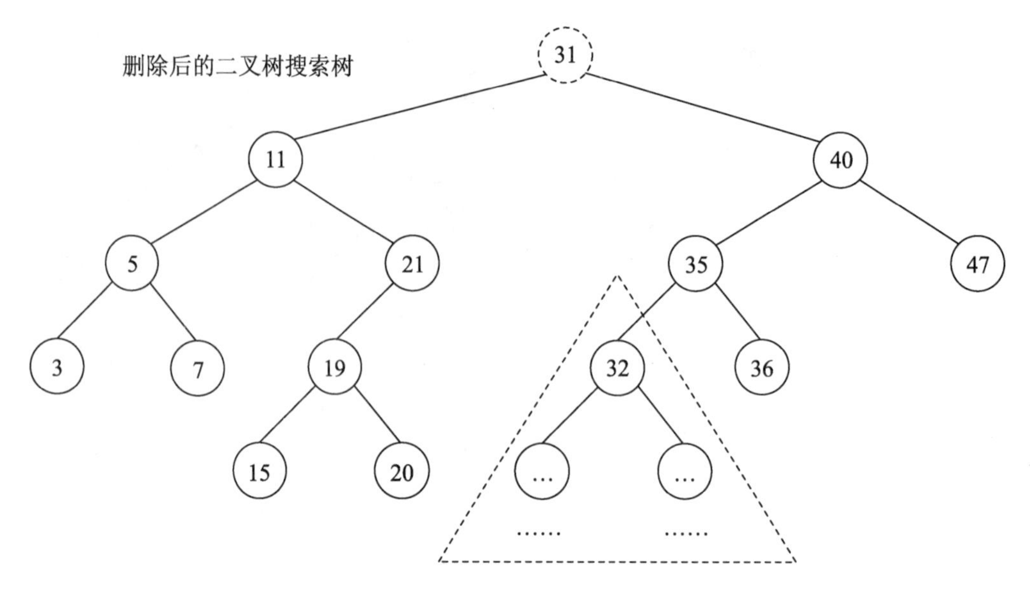

图 3.41　删除左、右子树俱全的节点（2）

4．平衡

简单地使用前述方法对二叉搜索树进行插入和删除操作，而不做任何处理，会导致二叉树向链表退化。例如插入有序数据时始终在二叉树一侧插入会形成如下结构：

```
$ python3 -i bst_insert.py
>>> t = bst()
>>> t.insert(1)
>>> t.insert(2)
>>> t.insert(3)
>>> t.insert(4)
>>> print(t)
1
 \
  2
   \
    3
     \
      4
```

二叉搜索树的性能则会从 $O(\log(n))$退化为 $O(n)$。应用于实践的二叉搜索树必须包含平衡机制，即在插入和删除时通过对二叉树进行调整以维持节点相对均匀地分布于各左、右子树。这种调整操作也称为“旋转”。对平衡二叉树的讨论超出了本书的范畴，有兴趣的读者可以阅读参考文献[14]和[11]。

【思考和扩展练习】

（1）如何找到二叉搜索树的最大最小节点；

（2）给定某节点，如何找到按中序遍历排列紧邻的节点？

（3）将代码 3.13 中尾递归版本的二叉树的插入操作改为迭代形式。

（4）写出二叉树的删除节点的代码。

3.4.5　二叉堆和优先队列

在计算机科学中，术语“堆”（Heap）用来表示一种基于树的数据结构。在该结构中，父节点的键值均小于（或大于）子节点的键值。“二叉堆”（Binary heap）是用完全二叉树构建的堆（如图 3.42 所示），由 J. W. J. Williams 在 1964 年提出[15]。由于用完全二叉树构建，二叉堆可以使用数组存储。如果二叉堆中的父节点小于子节点，则成为最小堆；反之，则称为最大堆。

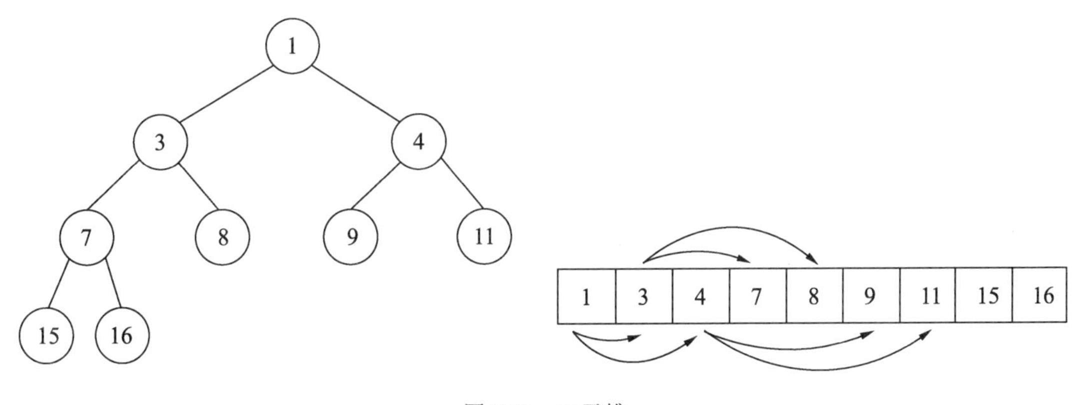

图 3.42　二叉堆

二叉堆的典型应用是构建优先队列（Priority queue）。优先队列与普通队列的区别在于，前者总是键值最小（或最大）的元素出队，而后者则是按照入队次序出队。利用二叉堆的性质，始终在顶端根节点执行删除操作，即可实现优先队列。

1. 优先队列插入操作（入队）

首先将待插入节点置于二叉堆末尾，如图 3.43 中（a）所示。然后逐级比较该节点与父节点的大小关系，如果不满足二叉堆性质，则交换该节点与其父节点的位置，如图 3.43 中（b）所示。反复比较直至该节点位于二叉堆顶部或与父节点的大小关系满足二叉堆性质，如图 3.43 中（c）所示。

2. 优先队列的删除操作（出队）

删除根节点，将二叉堆末尾节点置于根节点原有位置，如图 3.44 中（a）和（b）所示。然后不断比较该节点与子节点的大小关系，如果不满足二叉堆性质，则交换该节点与较小（最小堆）或较大（最大堆）子节点的位置，如图 3.44 中（c）所示。反复比较直至该节点变为叶子节点或与子节点的大小关系满足二叉堆性质，如图 3.44 中（d）所示。

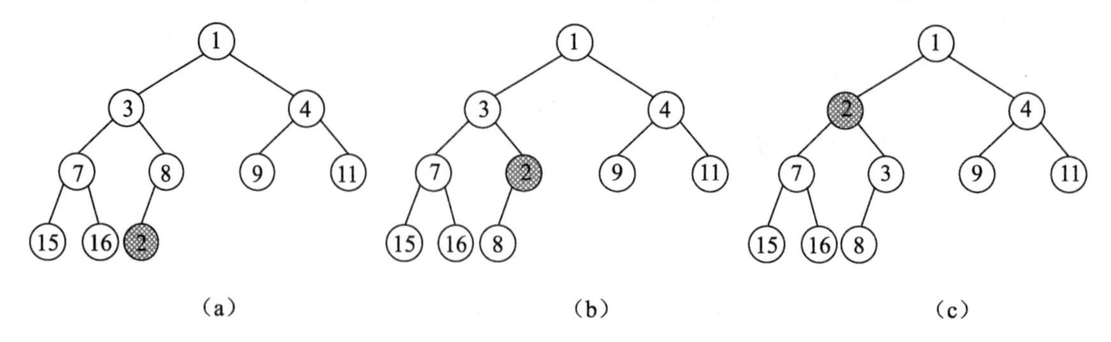

图 3.43　二叉堆的插入操作

3. 标准库heapq模块

Python 标准库的 heapq 模块利用二叉堆（最小堆）在列表类型上实现了优先队列算法。部分 API[①]如下：

- heapify(x)：将列表 x 整理成二叉堆；
- heappush(heap, item)：在二叉堆 heap 中插入 item；
- heappop(heap)：从二叉堆 heap 中取出堆顶（最小）元素。

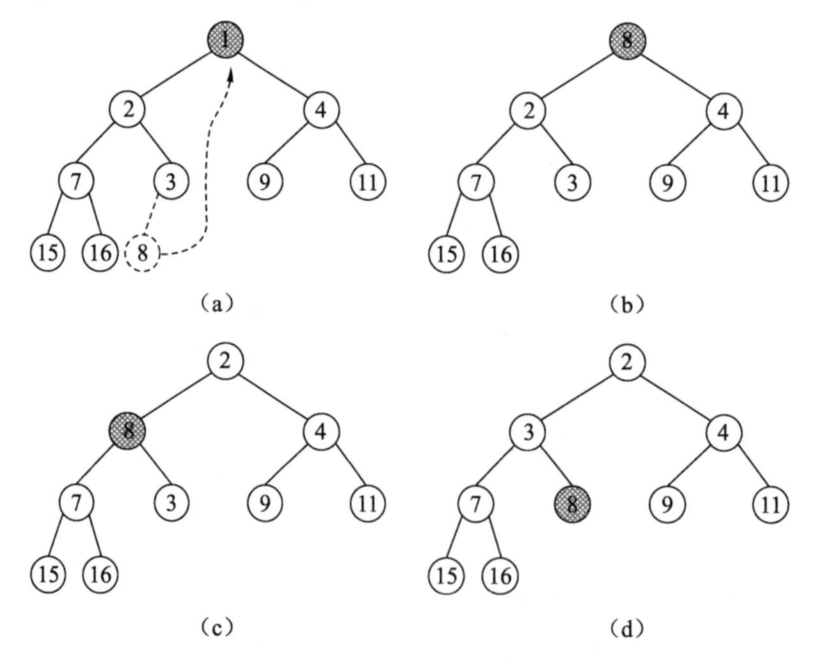

图 3.44　二叉堆的删除操作

① 完整 API 请读者参见 https://docs.python.org/3/library/heapq.html。

示例如下：

```
>>> from heapq import *
>>> h = [10, 8, 6, 4, 2, 0]              0
>>> heapify(h)                        2       6
>>> h                               4   8   10
[0, 2, 6, 4, 8, 10]
>>> heappush(h, 3)                        0
>>> heappush(h, 1)                    1       3
>>> h                               2   8   10  6
[0, 1, 3, 2, 8, 10, 6, 4]         4
>>> heappop(h)                          1
0                                   2       3
>>> h                             4   8   10  6
[1, 2, 3, 4, 8, 10, 6]
>>> heappop(h)                          2
1                                   4       3
>>> h                             6   8   10
[2, 4, 3, 6, 8, 10]
```

3.4.6 节介绍的哈夫曼编码算法和 3.6 节介绍的综合练习将用到优先队列。

【思考与扩展练习】

（1）在互联网上搜索“堆排序”主题，了解这种利用二叉堆排序的方法。

（2）heapify 函数的时间复杂度是怎样的？

3.4.6　哈夫曼编码

哈夫曼编码是一种用于无损压缩①的前缀码②，由 David A. Huffman 于 1952 年提出[16]。其编码算法用于在给定符号集和各符号的权重（往往正比于概率）的情况下，找到最短长度的前缀码。哈夫曼编码的核心思想是使用较短的比特编码出现频率较高的符号，从而达到压缩的目的。哈夫曼编码的算法通过自底向上构建一棵满二叉树的过程来实现前缀编码。

哈夫曼编码的算法描述如下：

- 将每个（符号、频率）对置为叶子节点，并置于优先队列内。
- 当队列内尚有多于一个节点时，做如下操作：

① 无损压缩：能够从压缩后的数据中完全恢复初始数据的压缩方式。如 zip/rar 压缩工具采用的就是无损压缩。与之相对的是有损压缩，如 jpeg 和 mp3 等压缩格式。

② 前缀码：任何一个元素的编码都不能是其他元素编码的前缀。比如{4,54,554}就是一组前缀码。前缀码是无歧义的编码方式，解码器无须标记即可划分码元。如序列 454554445454，能够被解码为 4 54 554 4 4 54 54 。请注意，前缀码是无歧义编码的充分条件而非必要条件。

（a）从队列中取出两个频率最低的节点；

（b）创建新节点作为上述出队节点的父节点，新节点的频率值为这两个节点之和；

（c）将新节点添加至优先队列；

- 当队列内只剩一个节点时，将该节点置为根节点。
- 构建出二叉树的左子树路径为 0，右子树路径为 1，从根节点至叶子节点的路径的 0/1 序列，即为该叶子节点代表符号的编码。

以 A～F6 个字符组成的序列(AFCBDEEFACB....)为例，如果字符的出现次数如下（为简单起见，用次数代替归一化的概率）：

```
A ~ 3
B ~ 5
C ~ 8
D ~ 10
E ~ 11
F ~ 15
```

如果使用常规编码，需要 3 位对每个字符编码，共需要 52×3=156 位。对该序列进行哈夫曼编码的过程如图 3.45 所示。编码的结果如下所示。

```
A ~ 1100
B ~ 1101
C ~ 111
D ~ 00
E ~ 01
F ~ 10
```

读者可以验证该编码符合前缀码的要求。编码总长为 3×4+5×4+8×4+8×3+10×2+11×2+15×2=128 位。

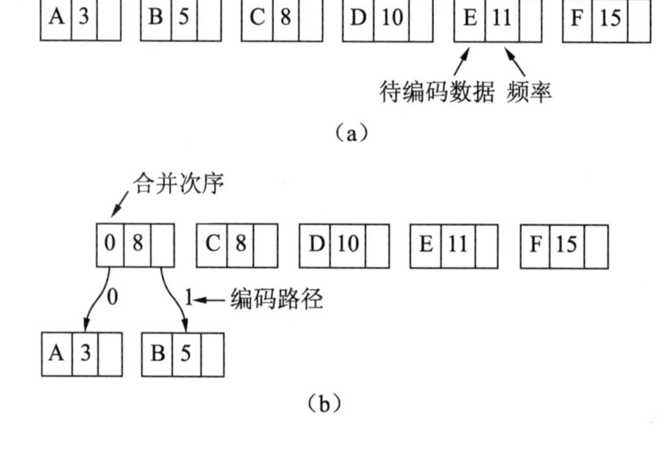

图 3.45　哈夫曼编码过程（1）

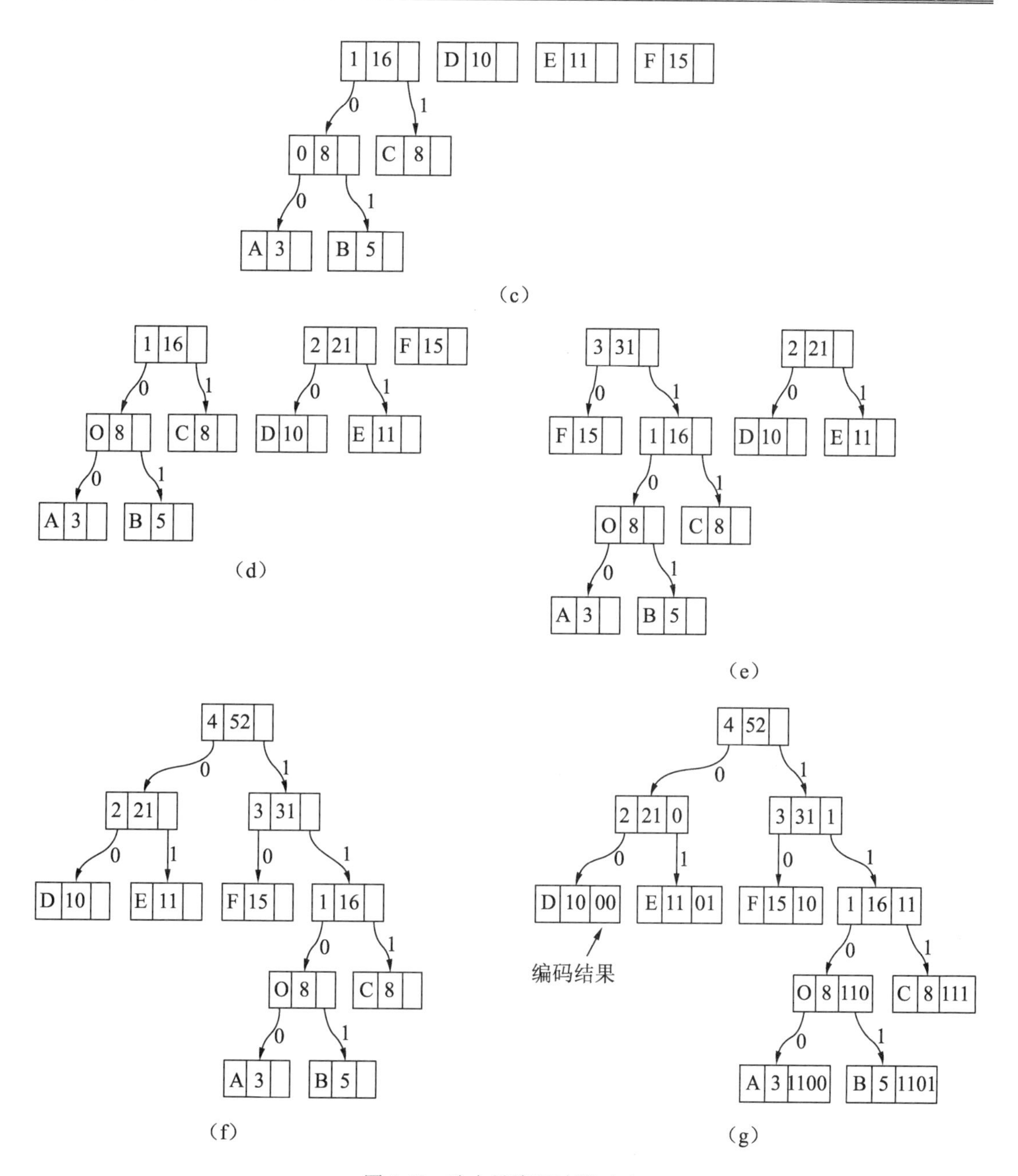

图 3.45　哈夫曼编码过程（2）

【思考与扩展练习】

（1）实现本小节所述哈夫曼编码算法。

（2）哈夫曼编码是一种“最优”的编码，这种最优的前提条件是什么？

（3）哈夫曼编码的压缩比和什么有关？

3.4.7 小结

二叉树是一种应用非常广泛的数据结构。本节介绍了其在二叉搜索树、二叉堆及哈夫曼编码等结构中的应用。相比散列表而言，二叉树的不同应用场景的差异性较大，所以程序设计语言中往往并不提供一种“通用二叉树”。因此对程序员来说，能够恰当地创建二叉树解决具体工程问题是具有一定挑战性的。学习二叉树的意义还在于，这是其他一些结构和算法的基础，如使用二叉堆实现的优先队列，这些结构往往由于其形式固定所以能够获得现成的实现。学习者首先要了解这些结构的应用领域和性能特点，以便能够在恰当的场合记得使用它们。

3.5 案 例 分 析

各种基本的数据结构和算法首先被用来构建计算机软件世界的基础架构，如程序设计语言本身、标准库、操作系统和数据库等。对数据结构和算法的深入学习也应当从这些主题入手[①]。本节以 Python 的两种标准库类型 deque 和 OrderedDict 为例，向读者展示将各种结构结合起来以获取综合优异性能的设计方法。deque 将数组和链表结合起来构建队列缓冲区，兼具动态扩展容量和优良的随机索引访问性能。OrdredDict 则将双向循环列表与散列表结合，实现有序的字典结构。

【学习目标】

- 进一步加深对基础数据结构的认识；
- 了解混合数种基础结构以构建复杂结构的方法。

3.5.1 deque 链表块

3.2.5 节的链表队列在处理大量数据时会频繁地创建和释放节点对象。为了节省这些操作带来的开销，可以用数据块作为基础单元，一次分配“一大块”指针，将这些“指针块”串接起来形成链表。Python 标准库 collections 提供的 deque 对象实现了这种模式。

1. 操作接口

使用如下代码创建一个 deque 对象：

```
from collections import deque
dq = deque()
```

在创建 deque 队列时可以使用可迭代对象进行初始化，或进一步指定最大长度。完整

① 而不是各种刻意构造出来的“稀奇古怪”的习题甚至竞赛题目。

的构造函数如下：

```
deque([iterable[, maxlen]]) --> deque object
```

从外观（API）上看，deque 与列表相比并无太多特别之处：

- append(x)：向队列右侧添加数据。
- appendleft(x)：向队列左侧添加数据。
- clear()：清空队列。
- copy()：浅拷贝。
- count(x)：统计值为 x 的元素个数。
- extend(iterable)：向队列右侧依次插入可迭代对象给出的元素。
- extendleft(iterable)：向队列左侧依次插入可迭代对象给出的元素。
- index(x[, start[, stop]])：搜索（在某范围内）x 首次出现的位置，如果没找到则抛出 ValueError 异常。
- insert(i, x)：在位置 i 插入 x。
- pop()：从右端移除并返回数据，如果队列为空，抛出 IndexError 异常。
- popleft()：从左端移除并返回数据，如果队列为空，抛出 IndexError 异常。
- remove(value)：移除最先出现的值为 value 的节点，如果没有这样的节点，抛出 ValueError 异常。
- reverse()：原地翻转队列。
- rotate(n=1)：循环移位。
- maxlen：队列最大长度，为 None 则无限制。

这些操作与列表虽不能完全对应，却也相去不远。如 appendleft(x)在列表中可以使用 insert(0, x)完成类似操作。但从内部结构上，deque 采用了如图 3.46 所示的实现。

Python 的典型实现 CPython 采用了 64 个引用一组的块结构作为 deque 内存分配的基本单元，这些基本单元串接形成双向链表（非循环）。deque 的内部结构维护最左和最右的块指针（leftblock/rightblock），以及这两个块内的队头位置和队尾位置（leftindex 和 rightindex）。

2. 性能测试

本小节介绍的 deque 类型相比列表类型，在头部插入操作的时间复杂度上占有阶的优势，前者的头部插入的时间复杂度为 $O(1)$，后者为 $O(n)$。deque 类型相比 3.2.5 节的链表队列类型在头部插入上也占据优势，二者的时间复杂度的阶虽然相同，但前者由于采用了批量分配内存和使用底层语言（C）实现，在性能上要高出一个数量级。用以下 3 个程序（如代码 3.14～代码 3.16 所示）对比在 list 头部插入和 deque 结构头部插入的效率。

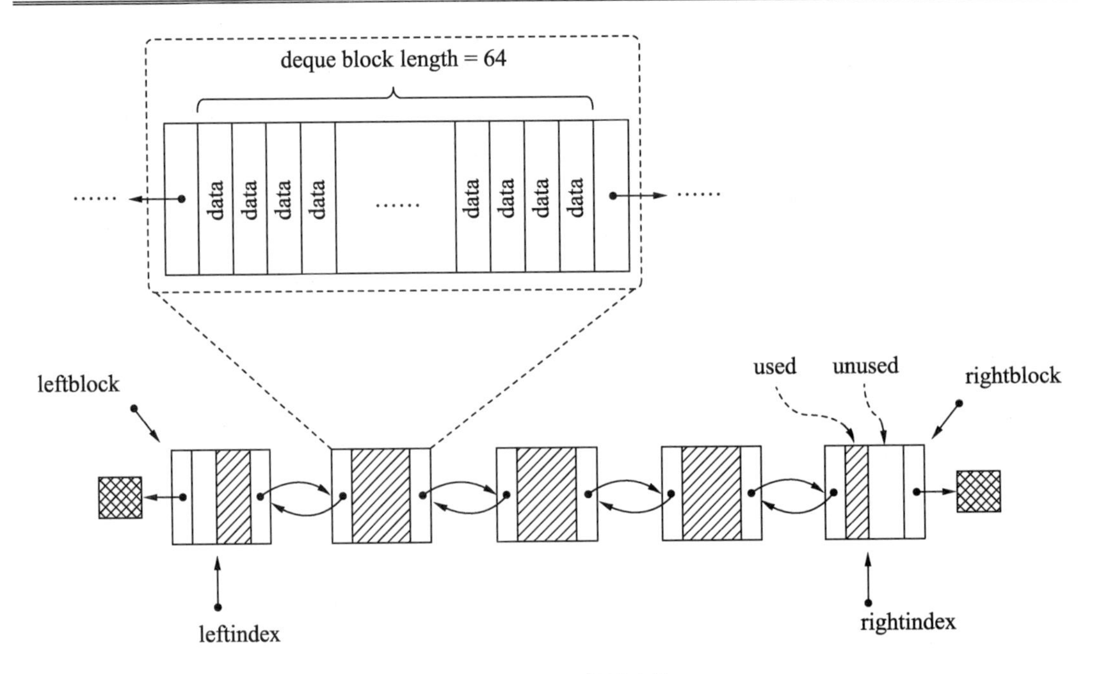

图 3.46　deque 的链表块

代码 3.14　list_insert.py 在列表进行头部插入的测试程序

```
#!/usr/bin/env python3
from sys import argv
loops = int(argv[1])
L = []
for i in range(loops):
   L.insert(0,0)
```

代码 3.15　dlist_insert.py 在双向链表进行头部插入的测试程序

```
#!/usr/bin/env python3
from dlist_queue import dlist_queue
from sys import argv
loop = int(argv[1])
D = dlist_queue()
for i in range(loop):
   D.enq(0)
```

代码 3.16　deque_insert.py 在 deque 进行头部插入的测试程序

```
#!/usr/bin/env python3
from sys import argv
from collections import deque
loops = int(argv[1])
D = deque()
for i in range(loops):
   D.appendleft(0)
```

针对这些程序分别做 50000 次到 500000 次头部插入动作的实际运行时间测试如下：

```
----------------------------------------
 loops      list     dlist      deque
argv[1]
----------------------------------------
 10000     0.064s    0.050s     0.039s
 20000     0.144s    0.064s     0.040s
 30000     0.277s    0.079s     0.041s
 40000     0.463s    0.094s     0.042s
 50000     0.704s    0.112s     0.044s
100000     2.698s    0.205s     0.050s
150000     6.017s    0.301s     0.056s
200000    10.635s    0.404s     0.062s
250000    16.749s    0.505s     0.068s
300000    24.560s    0.609s     0.074s
350000    32.456s    0.693s     0.081s
400000    42.447s    0.803s     0.086s
450000    53.718s    0.890s     0.093s
500000    66.563s    1.025s     0.099s

注：以上时间是基于 UNIX/Linux 系统中的 time 命令测试的 real 时间。
系统硬件环境为：Intel(R) Xeon(R) CPU E5-1620 v2 @ 3.70GHz。
```

将上述数据绘图，如图 3.47 和图 3.48 所示。

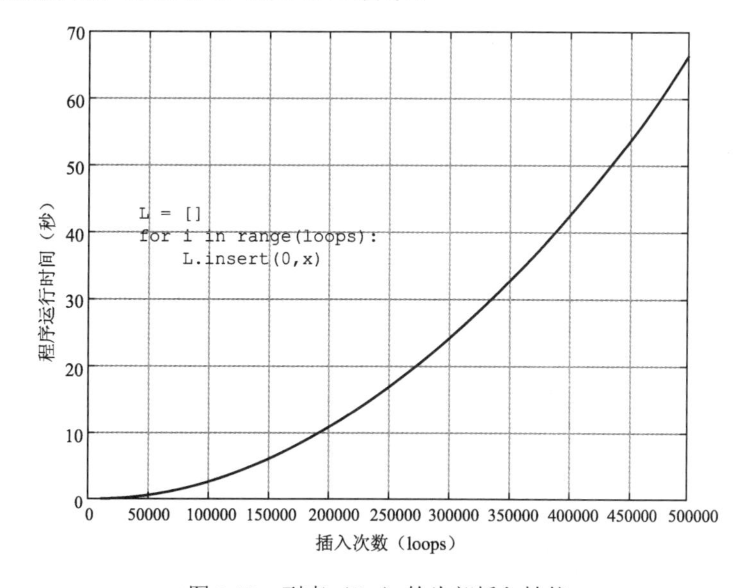

图 3.47　列表（list）的头部插入性能

从图 3.47 和图 3.48 可以看出，循环执行头部插入时，基于数组的 list 类型具有 $O(n^2)$ 复杂度。对自定义的双向链表队列和 deque 来说，虽然都是 $O(n)$复杂度，但前者花费的运行时间是后者的 10 倍之多。

【思考和扩展练习】

（1）编写测试程序，对比列表、deque 和自定义链表这几种数据结构的随机索引访问性能。

（2）在 CPython 的源码中找到 deque 模块的实现代码，阅读之。

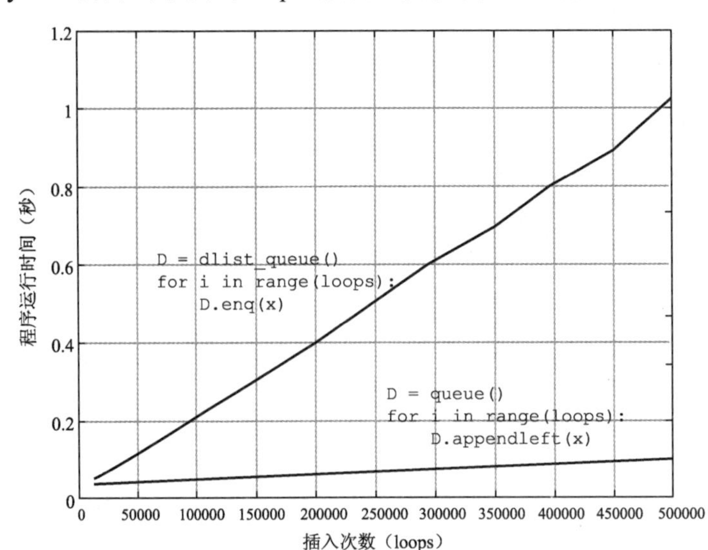

图 3.48　自定义双向链表和 deque 的头部插入性能

3.5.2　OrderedDict 有序字典

混合使用多种数据结构是一种常见的程序设计手段。本节以 Python 标准库提供的有序字典类型（OrderedDict）［17］为案例向读者展示这种方法。OrderedDict 类型不但支持字典类型的常见操作，还能够记住元素的插入次序，迭代操作也按照元素的插入次序进行。除去字典本身就具有的 API 之外，OrderedDict 类型还支持以下操作：

- popitem(last=True)：如果 last 参数为 True，则按后进先出序（LIFO）取出元素；如果为 False，则按照先进先出序（FIFO）取出元素。
- move_to_end(key, last=True)：如果 last 参数为 True，则把键为 key 的元素移植序列末尾；如果为 False，则移至序列起始。

OrderedDict①在内建字典之上建立了一个抽象层用以记录所有键的插入次序。该抽象层使用了双向循环链表记录元素的插入次序。除此之外，还使用了一个散列表来记录〈键；节点〉的对应信息，以便能够在对某个键进行删除时，在 $O(1)$时间复杂度内找到链表中的对应节点。OrderedDict 类型的结构，如图 3.49 所示。

如代码 3.17 所示为节选自 OrderedDict 类型的实现代码[18]。其中：

- __root 是双向循环链表的哑元节点；
- __map 是用来索引链表元素的字典；
- __setitem__()和__setitem__()对应字典的索引和 del 操作；

① OrderedDict 是继承自内建类型 dict 的派生类。本书将在第 4 章讲述继承和派生类等面向对象编辑概念。

- __iter__()用于返回迭代器；
- _Link()返回一个包含 key 的双向链表节点。

请读者阅读代码 3.17，体会这种程序的设计手段。

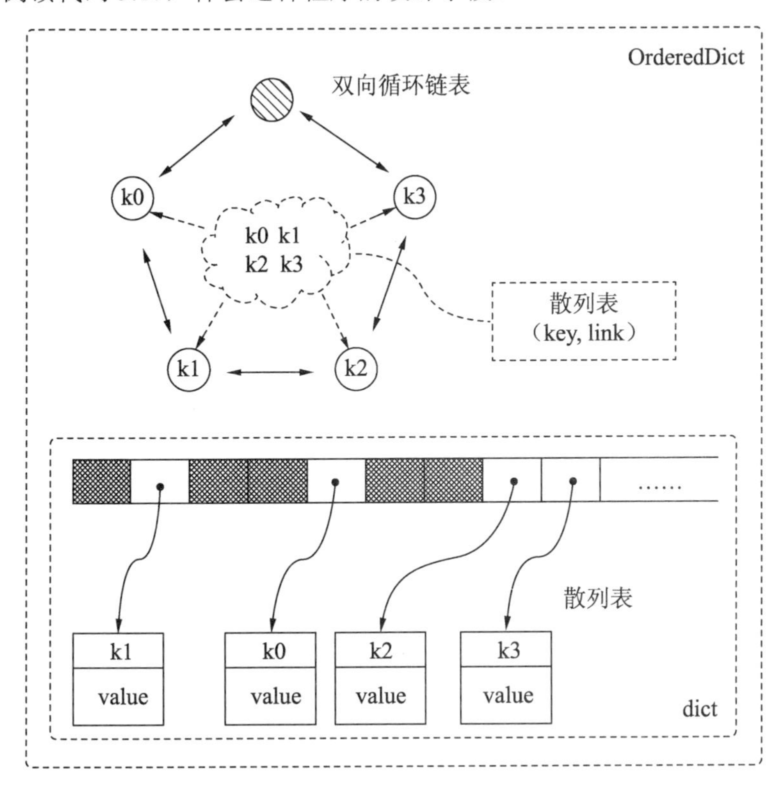

图 3.49　OrderedDict 类型的结构图

代码 3.17　OrderedDict 实现代码（节选）

```
class OrderedDict(dict):
    def __init__(*args, **kwds):
        ....
        self.__hardroot = _Link()
        self.__root = root = _proxy(self.__hardroot)
        root.prev = root.next = root
        self.__map = {}
        ....
        self.__update(*args, **kwds)

    def __setitem__(self, key, value,
                    dict_setitem=dict.__setitem__,
                    proxy=_proxy, Link=_Link):
        'od.__setitem__(i, y) <==> od[i]=y'
        if key not in self:
            self.__map[key] = link = Link()
            root = self.__root
```

```
            last = root.prev
            link.prev, link.next, link.key = last, root, key
            last.next = link
            root.prev = proxy(link)
        dict_setitem(self, key, value)

    def __delitem__(self, key, dict_delitem=dict.__delitem__):
        'od.__delitem__(y) <==> del od[y]'
        dict_delitem(self, key)
        link = self.__map.pop(key)
        link_prev = link.prev
        link_next = link.next
        link_prev.next = link_next
        link_next.prev = link_prev
        link.prev = None
        link.next = None
    def __iter__(self):
        'od.__iter__() <==> iter(od)'
        root = self.__root
        curr = root.next
        while curr is not root:
            yield curr.key
            curr = curr.next
```

【思考与扩展练习】

（1）自 Python3.7 版本开始，内建类型字典（dict）的 popitem()方法也按照先进先出序从容器中取出元素。在 Python 的实现代码中找到 dict 和 OrderedDict 的相应部分，比较并研究二者的 popitem()实现。

（2）阅读 OrderedDict 的实现代码，你有什么其他的实现思路？

（3）在 OrderedDict 的实现代码中_proxy()函数起到什么作用？

3.6 综合练习：寻路问题算法

寻路问题（Pathfinding）[19]是电子游戏、地图导航中的常见问题：**从地图中的某位置出发，寻找到达指定位置的代价最小的路径**[①]。

本节通过寻路问题的讲解介绍了“图”（Graph）这种数据结构及一组搜索算法。寻路问题的研究很大程度上基于著名的 Dijkstra 算法（由 Dijkstra 于 1956 年提出，于 1959 年发表[20]）。寻路问题很接近图论中的最短路径问题但有所不同，其本质区别是在前者场景中往往能够依据空间位置或其他经验对结果做出某种估计，从而大大降低搜索工作的复杂度。

在图中进行搜索的方式有很多，例如本书已经多次使用的广度优先搜索和深度优先搜索。A*算法是一种广泛应用于寻路和图搜索的算法[21]，由 P. E. Hart 等人于 1968 年提出[22]。

① 或带有某种限制，比如不贴墙、不沿墙角拐弯。代价也可能并不只是距离或时间，比如还考虑过路和过桥的费用。

【学习目标】

- 了解图这种数据结构的概念和表示；
- 了解网格地图的表示方法；
- 掌握深度优先搜索和广度优先搜索方法；
- 掌握 Dijkstra 算法；
- 掌握 A*算法。

3.6.1　图的表示

设计者首先要解决的是地图建模问题。真实世界三维空间的信息量是无限的，不可能也没必要将这些信息全部用于寻路搜索。在寻路算法中，只需将地图划分为区域后代之以节点，再由节点组成网络图进行寻路即可。

人们在生活中从一点到另一点时，只是在不同尺度的地图上反复应用该方法而已。比如，出发前预订海南省三亚市的酒店。首先使用全国尺度的基于区域划分的航空班次表找到航班并订票。在这一步我们其实不太在意地理位置，只在意节点的连接关系。从机场到酒店则依据城市道路交通图提供的公交站点网络，到酒店后则依据大厅和各层服务生的不断指示找到房间。在具备明确位置信息时，人们往往通过问路获得简单方位指示“往那边走”（对结果的估计）以提升寻路效率。

图由节点（vertex）和边（edge）组成。边可以具有方向属性，则图为有向图；边也可以具有长度属性，则图为有权图。有向图和有权图如图 3.50 和 3.51 所示。

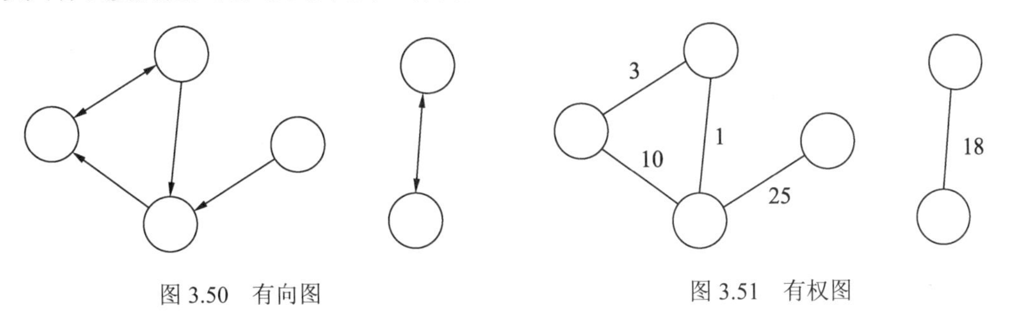

图 3.50　有向图　　　　图 3.51　有权图

对同一地图可以有不同的划分。可以划分为区域后以节点表示成网络，如图 3.52 所示；或划分为正方形格点网络，如图 3.53 所示。

任何一种能够表示节点和边（及权重）的表示方法都可以表示图。

邻接表：将节点标号，再用某种邻接表标记边是最直接的方法。图的连接关系，如图 3.54 所示。

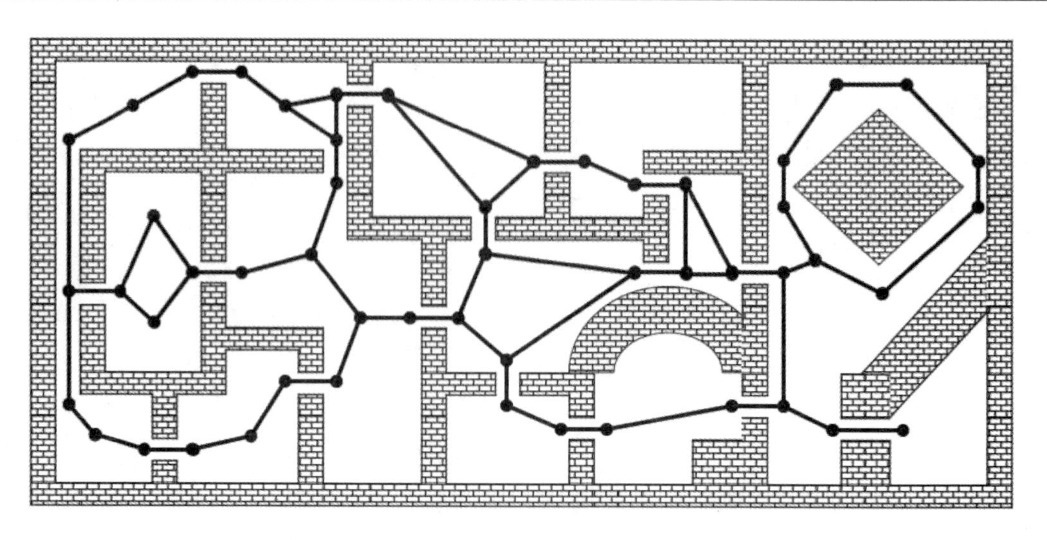

图 3.52　将地图划分为区域网络

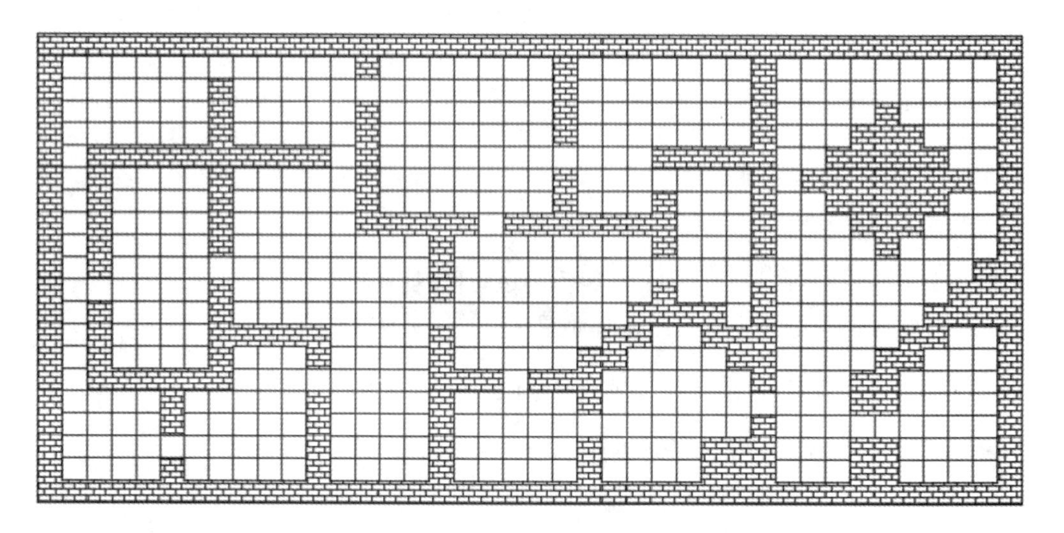

图 3.53　将地图划分为格点

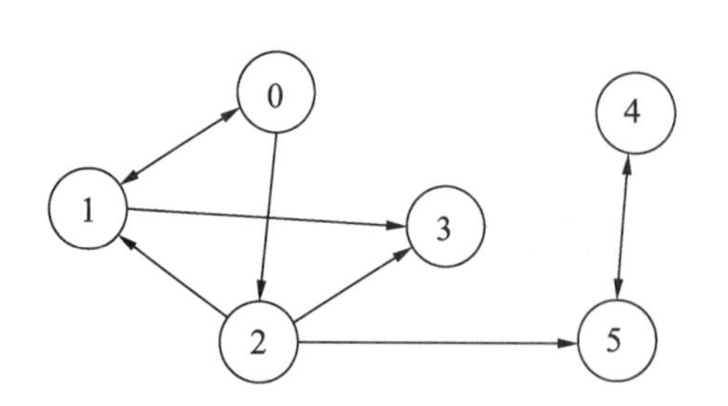

	0	1	2	3	4	5
0	0	1	1	0	0	0
1	1	0	0	1	0	0
2	0	1	0	1	0	1
3	0	0	0	0	0	0
4	0	0	0	0	0	1
5	0	0	0	0	1	0

图 3.54　图的连接关系

如下面所示列表结构，列表的每一项代表对应该节点出发的边：

```
>>> g = [
...     {1, 2},
...     {0, 3},
...     {1, 3, 5},
...     set(),
...     {5},
...     {4}
... ]
```

邻接矩阵： 有些支持数组的语言可以使用二维数组，成为邻接矩阵，类似的做法在 Python 中如下所示。

```
>>> g = [
...     [0, 1, 1, 0, 0, 0],
...     [1, 0, 0, 1, 0, 0],
...     [0, 1, 0, 1, 0, 0],
...     [0, 0, 0, 0, 0, 0],
...     [0, 0, 0, 0, 0, 1],
...     [0, 0, 0, 0, 1, 0]
... ]
```

隐式结构： 针对划分为方格的地图（如图 3.53），只需要用二维存储结构标记每个格点的属性（障碍、地形），就可以表示图的连通特性（如 1.8.6 节的示例）。本节的寻路算法示例也将采用这种结构。

【思考和扩展练习】

（1）比较邻接表和邻接矩阵在访问效率和空间上的开销。

（2）你还能想到什么可以用来表示图的方法?

3.6.2　Dijkstra 算法

Dijkstra 算法用于在有权图中寻找最短路径。该算法是其他许多图搜索算法的基础。算法描述如下：

（1）将所有节点标记为“未访问”。将出发节点距离设置为 0，其他节点的“临时距离”设置为无穷大；

（2）在“未访问”节点集合中选取距离值最小的节点 C，更新其相邻节点的“临时距离”。更新方法：如果 C 的距离值与 C 到该节点的距离之和 sum 小于该节点当前距离值，则更新该节点距离值为 sum；否则，保持该节点距离值不变（直观地说，就是看看 C 周围的节点可否经由 C 获得比之前搜索结果更短的路径）；

（3）将 C 的状态设置为“已访问”（不会再有更短的到达 C 的路径了）；

（4）如果还有“未访问”节点，则返回第（2）步。如果全部节点均“已访问”，则结束扫描，此时各节点标记距离即为从出发点到该节点的最短距离；

（5）根据各节点的距离值，从任意目标节点反向求出至起始节点的路径。

以图 3.55 所示的地图为例，Dijkstra 算法寻路过程如图 3.56 所示，寻路结果如图 3.57 所示。

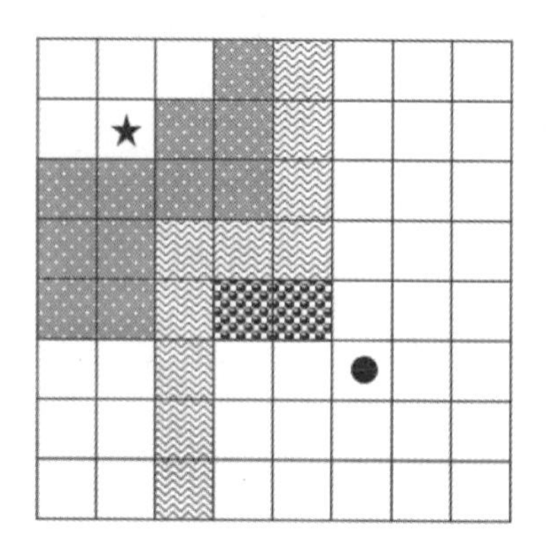

图例	说明	点数
	硬地	1
	草地	2
	河流	5
	障碍	--

★ 起点

● 终点

图 3.55　用于 Dijkstra 算法寻路示例的地图

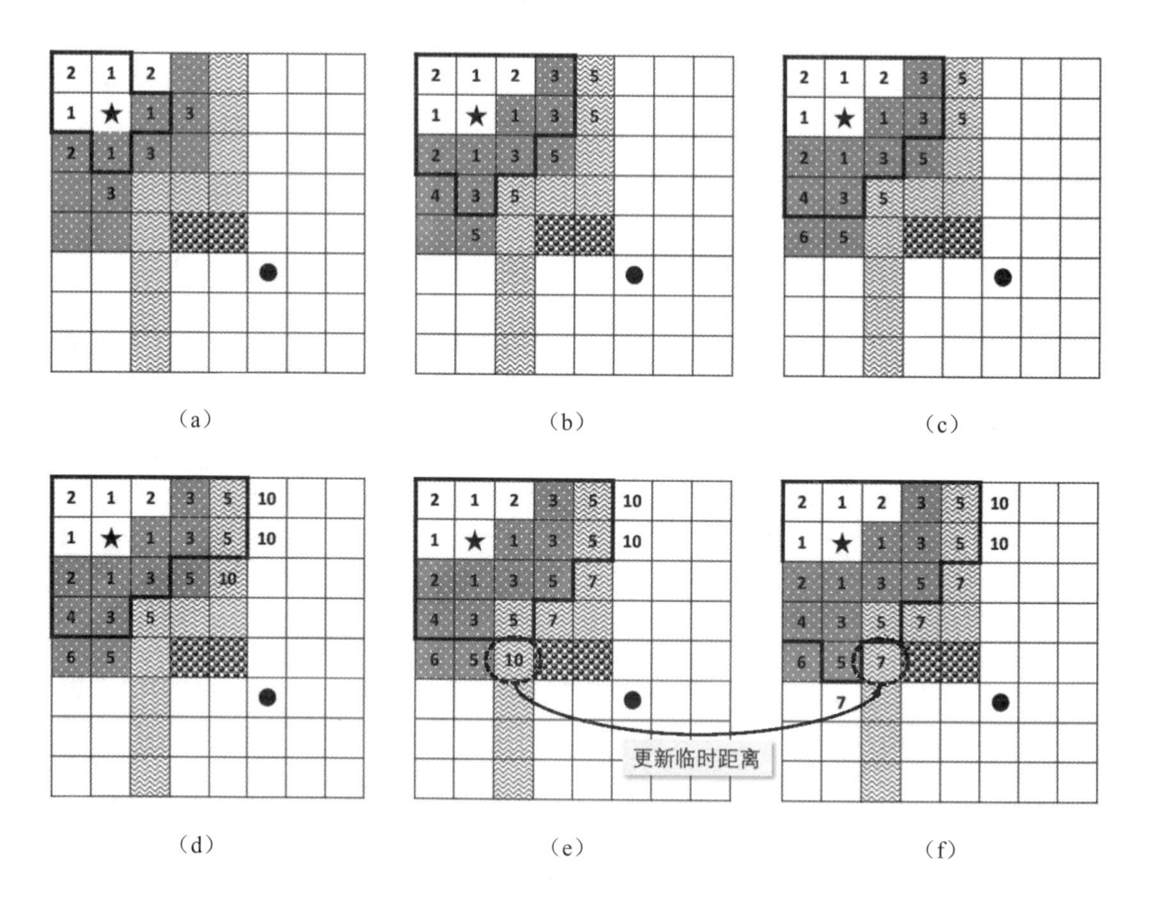

图 3.56　Dijkstra 算法寻路过程（1）

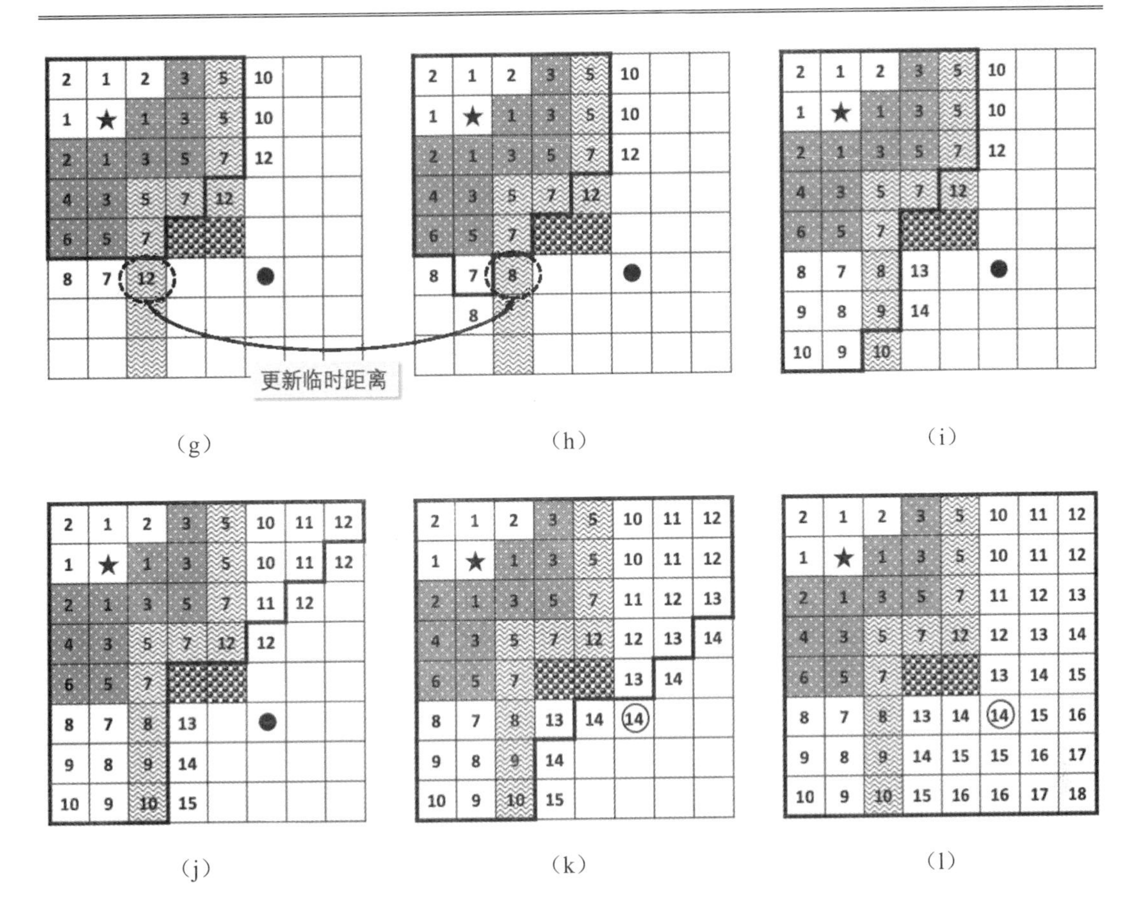

图 3.56　Dijkstra 算法寻路过程（2）

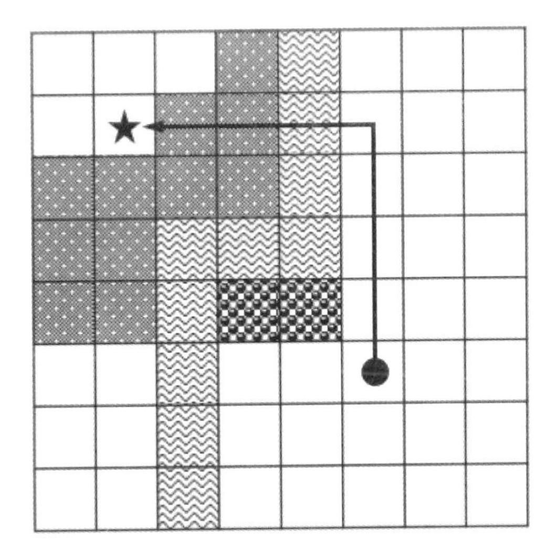

图 3.57　Dijkstra 算法寻路结果

【思考和扩展练习】

（1）如何表示本小节展示的带有地形的格点地图？

（2）编写程序，实现在该地图中寻路的 Dijkstra 算法。

（3）不使用能够加速寻找最小距离值的结构，Dijkstra 算法的时间复杂度是怎样的（提示和节点数 V 与边数 E 均有关系）？

（4）如何使用优先队列优化 Dijkstra 算法？优化得到的时间复杂度是怎样的 [23]？

（5）如果事先知道目标节点，算法可以在什么情况下提前终止？

（6）如何处理图不连通的情况？

（7）Dijkstra 算法与广度优先搜索算法有什么区别和联系？

（8）使用广度优先搜索求解有地形地图最短路径，会得到什么结果？

3.6.3 A*算法

为了学习 A*算法，需要首先回顾一下 Dijkstra 算法，并且理解将后者应用于地图寻路问题时的性能。简单、直观地概括 Dijkstra 算法就是：向各个方向探路，优先处理较近的节点，不断更新到达各节点的最短距离。Dijkstra 算法用于地图寻路时的核心行为特征是“在遇到阻力较大的路径时绕过去”，如图 3.58 所示。

然而，单纯地使用 Dijkstra 算法在地图中寻路是低效的。日常生活中，在地图上的道路网络上寻径都是先按照某个大致方向寻找，以避免“南辕北辙”，如图 3.59 所示。

Dijkstra 算法始终在前沿节点集合中，挑选从出发节点开始距离代价较短的节点，再行探路。A*算法则把目标方位的因素考虑在内，其关键在于，将出发节点开始的距离代价与对终点距离的估计之和，作为挑选下一个探路节点的依据。

5	4	5	6	7	8	9	10
4	3	4	14	8	9	10	
3	2	3	13	18	10		
2	1	2	12				
1	★	1	11				●
2	1	2	12				
3	2	3	13	18	10		
4	3	4	14	8	9	10	
5	4	5	6	7	8	9	10

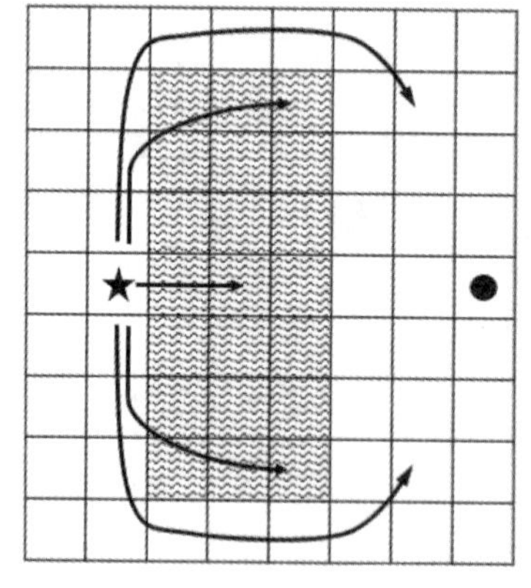

图例	说明	点数
	硬地	1
	沼泽	10

★ 起点

● 终点

图 3.58　Dijkstra 算法的寻路行为

A*算法的发明人 Peter E. Hart 在 1968 年的论文 [22]中写下了这样一段话：“为了在搜索最优路径上探寻最少可能的节点，搜索算法必须持续决策下一个探路节点。在明显非最优路径节点的探路工作就是浪费时间。反之，如果忽视可能的最优路径节点则会导致无法求得期望的结果。一个有效的算法需要某种对节点的评价方法以确定探路方向。”

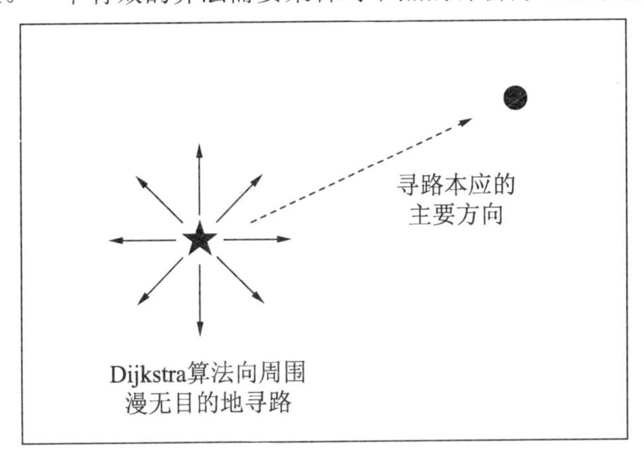

图 3.59　Dijkstra 寻路方向

1．算法描述

假定评价方法是函数 $\hat{f}(n)$，算法描述如下：

（1）将起始节点 s 标记为 open 并且计算 $\hat{f}(s)$；

（2）在标记为 open 的节点集合中挑选 $\hat{f}$ 值最小的节点 n，如果 n 是终点，则探路结束；

（3）否则，以 n 为基础探路其周围节点（就像 Dijkstra 算法中那样）。将 n 标记为 closed，将相邻节点中尚未标记为 closed 的节点标记为 open。转步骤（2）。

在算法执行过程中，标记为 open 的节点代表探路的外沿，标记为 closed 的节点代表已经探路完毕的节点。**A*算法的关键是如何设计** $\hat{f}(n)$ 的呢？用 $g(n)$与 $h(n)$分别表示从开始节点至某节点，以及从该节点至目标节点的真实最小距离，则：

$$f(n)=g(n)+h(n)$$

如此定义的 $f(n)$在最短路径节点上的函数值无疑是最小的。如果用 $f(n)$作为评价函数，则探路过程能够直接获得最佳路径，如图 3.60 所示。

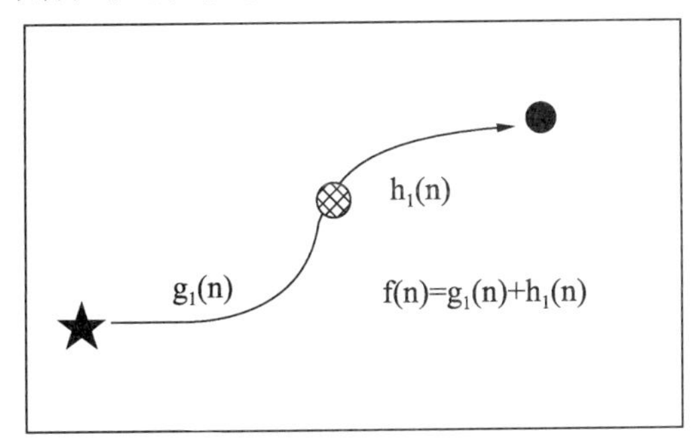

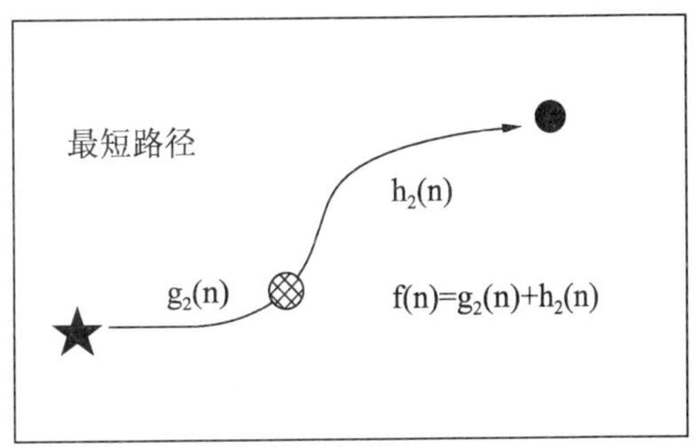

图 3.60　理想的 $f(n)$

然而无法直接获得 $g(n)$与 $h(n)$，只能对二者进行估计得到 $\hat{g}(n)$ 和 $\hat{h}(n)$。也就是说，在 A*算法中实际只能使用：

$$\hat{f}(n)=\hat{g}(n)+\hat{h}(n)$$

作为评价函数以选取下一个探路节点。

2．评价函数 $\hat{f}(n)$

A*算法使用探路过程中不断生成的“距离值”作为 $\hat{g}(n)$。显然，如果每次都在 open 标记节点中挑选“距离值”最小的节点，则始终有 $\hat{g}(n)=g(n)$。进一步可以证明（[22] Theorem 1）只要挑选的 $\hat{h}(n)$ 满足 $\hat{h}(n)<h(n)$，就能保证最后得到的路径是最佳的。$\hat{h}$ 被称为“启发函数”（Heuristic）。启发函数的设计控制着 A*算法的性能[24]：

- 极端情况下，$\hat{h}(n)=0$，A*算法退化成 Dijkstra 算法。
- 如果 $\hat{h}(n)\leq h(n)$，可以证明([22] Theorem 1)能保证最后得到的路径是最佳的。$\hat{h}(n)$ 和 $h(n)$的差距越大，A*算法就会探测越多的节点，速度也就越慢。
- 如果 $\hat{h}(n)$ 有时会大于 $h(n)$，A*算法不一定能够获得最短路径，但可以在较快的速度下运行。

注意： 非最短路径也是有意义的。比如游戏场景里的单位（无论是玩家单位还是 NPC）只要能够大致沿一条较优的路径移动，就能够有很好的游戏体验。其实，纯粹的最短路径反倒会让人觉得僵硬，比如贴着墙走或在墙角拐弯等。

3．针对方格地图的启发函数

针对方格地图的启发函数，有 3 种，如图 3.61 所示。

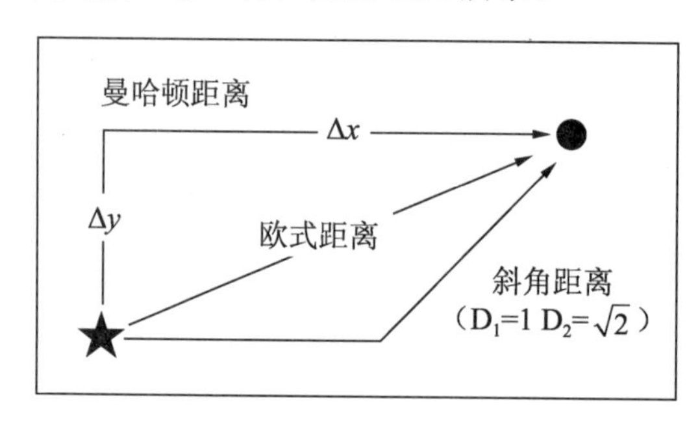

图 3.61　3 种启发函数

- 曼哈顿距离（Manhattan distance）[25]：①

$$\hat{h}(n)=D\cdot(\Delta X+\Delta Y)$$

- 斜角距离（Diagonal distance）：

① 其中因子 D 是调整算法行为的参数。

$$\hat{h}(n) = D_1 \cdot (\Delta x + \Delta y) + (D_2 - 2D_1) \cdot min(\Delta x, \Delta y)$$

- 欧式距离（Euclidean distance）：

$$\hat{h}(n) = D \cdot \sqrt{\Delta x^2 + \Delta y^2}$$

4．示例地图

考察分别将 Dijkstra 算法和 A*算法应用于如图 3.62 所示的地图寻路时的情形。

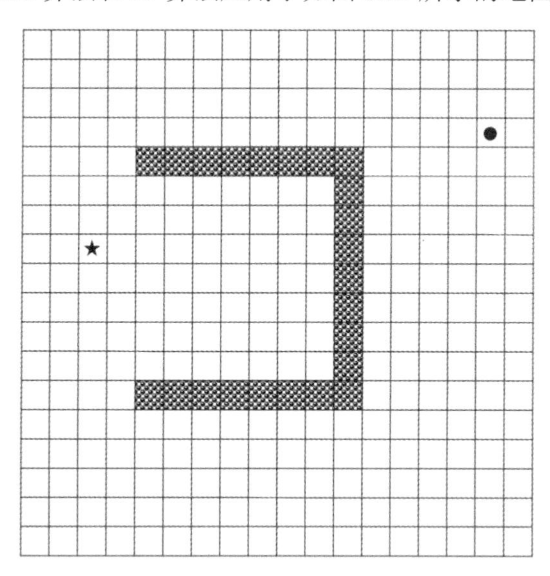

图 3.62　用于比较不同寻路算法的地图

5．参考代码

代码 3.18 和代码 3.19 共同组成了寻路算法的。前者用于绘制网络地图，后者用于实现寻路算法。运行时需要将二者置于同一目录下，执行 astar.py（代码 3.19）。示例程序的默认行为是 A*算法。将代码 3.19 中函数_f 的定义中 D 的默认参数改为 O 即为 D:jkstra 算法（见代码 3.19 的注释）。

代码 3.18　terrain.py 辅助绘图代码

```
def make_terrain(x, y, obstacle ):
    m = []
    m.append(list((-2,)*(y+2)))
    for _ in range(x):
        m.append(list((-2,)+(float('inf'),)*y+(-2,)))
    m.append(list((-2,)*(y+2)))
    for ob in obstacle:
        m[ob[0]][ob[1]] = -2
    return m
```

```
def draw_terrain(m):
    print()
    # inf : untouched
    # -2 : wall
    for row in m:
        for grid in row:
            if grid == float('inf'):
                print(' ', end='  ')
            elif grid >= 0:
                print('{0:<3d}'.format(grid), end='')
            elif grid == -2:
                print('#', end='##')
            else:
                print(grid, end='  ')
        else:
            print()
```

代码 3.19　astar.py 寻路算法代码

```
#!/usr/bin/env python3
# -*- coding: utf-8 -*-
from terrain import *
from functools import reduce
ob = [(5,5), (5,6), (5,7), (5,8), (5,9), (5,10), (5,11), (5,12),
    (6,12), (7,12), (8,12), (9,12), (10,12), (11,12), (12,12),
    (13,12), (13,11), (13,10), (13,9), (13,8), (13,7),(13,6),(13,5)
]
def h(n):
    return (abs(n[0]-end[0])+abs(n[1]-end[1]))
def g(n):
    return m[n[0]][n[1]]

def _f(n1,n2, D=1):
# 评价函数，改为 D=0 即是 Dijkstra 算法
    if g(n1)+h(n1)*D < g(n2)+h(n2)*D:
        return n1
    else:
        return n2
def neighbors(n):
# 取得 n 的尚未探路的邻居节点
    x,y = n
    results = [(x+1, y), (x, y-1), (x-1, y), (x, y+1)]
    results = filter(lambda n:m[n[0]][n[1]] != -2, results)
    results = filter(lambda n:n not in close_set, results)
    return results
start = (8,3)
# 起点
end = (4,17)
# 终点
open_set = {start}
# 探路前沿
close_set = set()
# 探路完毕的节点
def path(m, f=_f):
```

```
    x,y = start
    m[x][y] = 0
    while len(open_set) > 0 :
        current = reduce(f, open_set)
        if current == end:
            break
        open_set.remove(current)
        close_set.add(current)
        x,y = current
        distance = m[x][y]
        for n in neighbors(current):
            x,y = n
            m[x][y] = min(m[x][y], distance+1)
            open_set.add(n)
        # 解除以下两行的注释，就可以每次按回车键打印一次寻路状态
#        draw_terrain(m)
#        input()
m = make_terrain(18, 18, ob)
draw_terrain(m)
path(m)
draw_terrain(m)
```

6. 寻路结果

以下分别是 Dijkstra 算法和 A*算法的寻路结果。读者可以清晰地看出 A*算法利用地图的位置信息为寻路指明了方向。

```
                  Dijkstra's Algorithm
############################################################
###9  8  7  8  9  10 11 12 13 14 15 16 17 18 19          ###
###8  7  6  7  8  9  10 11 12 13 14 15 16 17 18 19       ###
###7  6  5  6  7  8  9  10 11 12 13 14 15 16 17 18       ###
###6  5  4  5  6  7  8  9  10 11 12 13 14 15 16 17 18    ###
###5  4  3  4  ########################15 16 17 18       ###
###4  3  2  3  4  5  6  7  8  9  10 ###16 17 18          ###
###3  2  1  2  3  4  5  6  7  8  9  ###17 18             ###
###2  1  0  1  2  3  4  5  6  7  8  ###18                ###
###3  2  1  2  3  4  5  6  7  8  9  ###                  ###
###4  3  2  3  4  5  6  7  8  9  10 ###                  ###
###5  4  3  4  5  6  7  8  9  10 11 ###                  ###
###6  5  4  5  6  7  8  9  10 11 12 ###18                ###
###7  6  5  6  ########################17 18             ###
###8  7  6  7  8  9  10 11 12 13 14 15 16 17 18          ###
###9  8  7  8  9  10 11 12 13 14 15 16 17 18             ###
###10 9  8  9  10 11 12 13 14 15 16 17 18 19             ###
###11 10 9  10 11 12 13 14 15 16 17 18 19                ###
###12 11 10 11 12 13 14 15 16 17 18 19                   ###
############################################################
```

```
        A* Algorithm : h(n) = delta_x + delta_y

###############################################################
###                                                         ###
###                                                         ###
###           6  7  8  9 10 11 12 13 14 15 16 17 18         ###
###        6  5  6  7  8  9 10 11 12 13 14 15 16 17 18      ###
###        5  4 ######################## 15 16 17 18         ###
###        4  3  4  5  6  7  8  9 10###                     ###
###        1  2  3  4  5  6  7  8  9###                     ###
###     1  0  1  2  3  4  5  6  7  8###                     ###
###        1  2  3  4  5  6  7  8  9###                     ###
###                                 ###                     ###
###                                 ###                     ###
###                                 ###                     ###
###            ########################                     ###
###                                                         ###
###                                                         ###
###                                                         ###
###                                                         ###
###                                                         ###
###############################################################
```

【思考和扩展练习】

（1）Amit's A* Pages [26]是非常优秀的在线资源，请读者参阅以获得更直观的、完整的算法概念。

（2）如何设计参数，调整游戏单元的 AI，比如一个比较“笨”的游戏单位会在移动时直接“淌过”沼泽而不是绕道，而设定为高难度级别时，该单位会聪明地绕道？

（3）在地图中设置若干“路点”，预先计算出两两路点之间的 h(n)，可以避免向死胡同寻路。如图 3.63 所示，在本节给出的 A*算法中，会先沿起点与终点的连线寻路至 A 点。但如果能够事先知道 A 点到终点的路径代价，并以此作为 h(n)的参考值，则可以避开这条不通的道路。在寻路算法中提供设置路点并实现预先计算的机制。思考如何通过有限的路点为全地图所有位置的寻路提供支持。

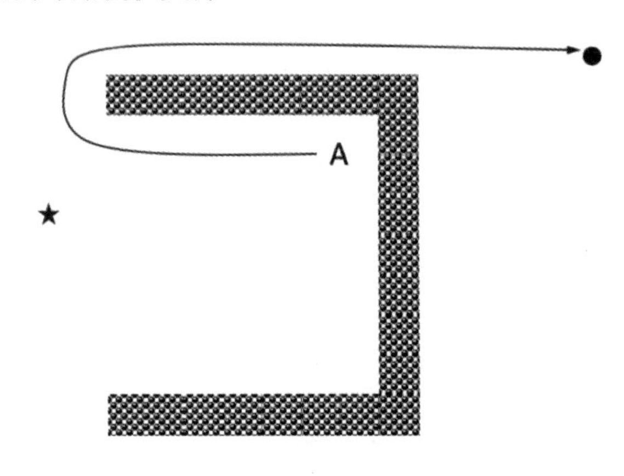

图 3.63　预先计算死胡同内路点的 g(n)

（4）在参考文献 [27] [28] [29]中包含了大量寻路主题的论文。有兴趣的读者可以进一步参阅这些文献。

3.7　总　　结

本章讲述了常见的数据结构，如数组、链表、散列表、二叉树和图，并且在此基础上讨论了列表和字典等内建数据结构。这些数据结构在实践中可以组合起来以获得各方面性能的长处。本章以 deque 和 OrderedDict 这两种标准库类型为例，说明了混合数据结构的应用。在本章最后的综合练习中以寻路问题为例简要介绍了图这种结构，并且介绍了 Dijkstra 和 A*算法，以及算法参数对算法行为的影响。

第4章　面向对象

绝大多数当代主流[①]语言都支持面向对象特性[②]。面向对象风格是代码的一种组织形式[③]。这种程序设计风格能让程序员写出易于阅读和维护的代码。Python 中“一切皆是对象”，却并不强制用户以面向对象风格编程[④]。这是 Python 的重要特点。

以面向对象风格编程，不是在创建新类型[⑤]，就是在使用已有类型[⑥]，或兼而有之。面向对象的基本手段通常被教科书总结为**封装、继承和多态**[⑦]。从而大特点的要旨如下：

- **封装**：将数据和方法整合为类型，从而便利、安全地操作数据；
- **继承**：通过已有类创建新类，以达到复用已有类之目的；
- **多态**：使代码可以操作不同类型的对象，以达到复用该代码之目的。

4.1 节着眼于 Python 的封装机制，即如何编写一个类，讲述不同抽象层次上的 3 种成员方法、成员属性、对象生命周期方法和对象复制操作等概念。

4.2 节介绍继承和多态的概念。由于 Python 舍弃了访问控制权限关键字和接口等老牌主流语言（C++/C#/Java）的诸多特性，这部分内容变得相当简洁[⑧]。另外的原因是，Python 的动态语言性质使代码的多态性不受类间继承关系的限制。本节介绍继承（包括多继承）的语法，讨论如何在类的设计中使用继承，以及“鸭子类型”和多态的概念。

许多框架都基于面向对象模型，尤其是 GUI 框架。在 4.2 节中将以 Python 标准库 GUI 框架 tkinter 为例展示继承的特性。在本章最后的 4.3 节中将简要介绍图形框架 PyQt。

学习完本章的内容后，读者将会对前面诸章中的某些概念有更清晰的认识。例如，3.5.2 节介绍的 OrderDict 类型即继承自内建类型 dict，而各种内建异常类型之间也有树状继承关系。学习完本章后，读者应当重新阅读之前相关的 CPython 源码或文档，在原有认识上更进一层。

---

① 这里的“主流”是指使用人数较多。

② 例外大概只有 C 语言。

③ 面向对象风格并不能实现什么“新功能”，它只是能让你更快地实现某些功能。

④ 有些语言（如 Java）则强制用户以面向对象风格编程，即使是主函数也需要封装在类里面。

⑤ “封装”着眼于创建新类型。

⑥ “多态”着眼于此。

⑦ 另外两个常被提及的手段是组合和委托。但在笔者看来，这两种手段更侧重于设计方法，而非从无到有的语言机制突破。在着眼于“面向对象模式”的专著中将组合、委托与继承并称类间关系而加以深入分析。本章的目的在于为读者介绍最基本的面向对象概念，故不用此分法。

⑧ 在传统面向对象语言（C++/C#/Java）的教学中，继承和多态各占相当篇幅，多于三大特性中的封装。然而 Python 却不然，这也是 Python 受欢迎的原因之一。

4.1　类

本节讲述创建类的相关语法。

【学习目标】

- 掌握 Python 的 3 种成员方法（实例方法、静态方法和类方法）的原理和用途；
- 掌握构造函数__init__()的用法；
- 了解私有成员的概念；
- 掌握 property 的用法；
- 掌握 slots 的用法；
- 了解__new__()和__del__()的作用；
- 了解“浅拷贝”“深拷贝”“写时拷贝”等概念。

4.1.1　术语

类型（type）、类（class）、对象（object）和实例（instance）等一干术语的内涵有时会引起教师和学习者的困惑，在 Python 中更是如此。本节将对这些术语进行说明。

1. 类和类型

“类”一词指使用 class 关键字（或其他用于定义类的关键字）定义的语法单元。对 Python 来说，就是在如下定义中名字 A 所绑定的实体[①]。

```
class A:
    ...
```

严谨地说，A 并不是类本身，上述定义只是将 A 与所定义的类进行绑定[②]。但习惯上并不特意说明，而是直接说“类 A”。

“类型”一词的含义较“类”广泛。在某些语言中有“基本类型”（primitive type）的意思，如 Java 语言的 int 类型。这些语言要素并非使用 class 之类关键字定义的“类”。在非面向对象语言如 C 中则干脆并无“类”这一概念，只有“类型”。[③]

在 Python 中，并无“基本类型”一说，即使 int 这种简单常用的类型也是以类的统

① 此处也许应称“对象”，但此时称“对象”（或类对象）可能会使部分读者感到困惑，所以称“东西”，好在二者英文均为 object，中文差别则仅在“东西”多见于口语泛指，“对象”在计算机科学中为术语泛指。下文出于书面考虑，在同样情形下称“实体”（entity）。

② 稍后可以通过对 A 的赋值操作再将其绑定至其他实体。

③ 其实用 type 一词表示“类”更为合适，但由于计算机科学发展的历史因素，class 成为了描述“类”的术语。

一语法定义，故“类”与“类型”的分别则并不明显。因此本书行文依习惯[①]混用这两个称呼。

```
>>> help(int)
class int(object)
 |  int([x]) -> integer
 |  int(x, base=10) -> integer
...
```

2. 对象和实例

对象和实例是同义词，但各有所强调。对象一词的概念较为广泛，在各种程序设计语言中，任何占据一定内存的实体都可以被称为对象。实例（instance）一词则强调由抽象类型（概念）得到的具体在内存中的实体，如“程序的运行实例”（the instance of a programm）。在面向对象程序设计中，由类创建对象的过程被称为“实例化”（instantiation），所得到的对象即称为“实例”。

Python 中“一切皆是对象”，类也不例外[②]。所以在 Python 的词汇体系中，称类实例化的结果为“对象”并不完全准确。在 Python 的词汇体系中称如下代码片段中名字 A 指向的实体为“类对象”（class object），而称名字 a 指向的实体为“实例对象”（instance object）。

```
class A:
    ...
a = A()
```

本书并不采用上述拗口的称法，而是随多数面向对象语言的习惯，称上述代码片段中的 A 为“类”或“类型”，称 a 为“对象”或“实例”。在大多数情况下，这种称法并不会引起歧义。如需特别指明，则用“类对象”和“实例对象”的严谨说法。

4.1.2 成员方法

本书在 2.5 节讲述过创建类的基本方法，并且在第 3 章已经使用了这些方法。出于完整性的考虑，本节首先对已经介绍过的面向对象特性做一个总结和回顾。在 2.5 节中以自定义有理分数类型作为示例，创建如下类型（见代码 4.1）。

代码 4.1 frac.py 自定义有理分数类

```
#!/usr/bin/env python3
from math import gcd
class frac:
    def __init__(self, n, d):
        self.n = n
```

① 笔者本人习惯。

② 其他面向对象语言则不一定，以 C++为例，类的定义用来指导编译器的编译行为，在执行编译后的程序时，类就不复存在了，只剩下函数调用和参数传递。在 C++中，程序员无法“传递”一个类。

```
        self.d = d
    def __str__(self):
        return str(self.n)+"/"+str(self.d)
    def __add__(self, other):
        n = self.n*other.d + self.d*other.n
        d = self.d*other.d
        n, d = n//gcd(n,d), d//gcd(n,d)
        return frac(n, d)
```

【代码说明】

- 定义了构造方法__init__()，该函数将在实例创建后对其进行初始化，参数 self 是实例的引用；[1]
- 在构造方法中初始化了对象的成员属性 n 和 d，分别作为分子和分母；
- 重载了__str__()内建方法，该方法将在对象用于字符串上下文时被调用；
- 添加了__add__()成员方法，该方法定义了对象与加法运算符组成表达式时的行为。

上述各成员方法均可用面向对象风格，即“对象名.方法名”的格式调用，同时这些方法还会在特定的上下文中（对象创建、字符串和加法运算）被调用。这些方法定义的操作赋予<n, d>二元组以有理分数而不是别的含义。这些成员方法还遵循 Python 语言规范所规定的方法名和参数，从而使已有的上下文行为得到复用。这即体现出了“封装”和“多态”的面向对象特性。

在__init__(), __str__()和__add__()方法签名中的 self 参数，表明这些方法在调用时接收调用对象自身作为参数。这类方法是最广泛的一类成员方法。self.n 和 self.d 是对象的（成员）属性，在__init__()构造方法中被初始化。对象的属性可以通过绑定至该对象的名字访问，以“对象名.属性”的形式如 f1.n 和 f1.d，或在对象的成员方法里以 self.n 和 self.d 的形式。

【程序运行结果】

```
$ python3 -i frac.py
>>> f1 = frac(1, 2)
>>> f2 = frac(3, 4)
>>> f1.__init__(2, 5)                  # 显式调用 __init__()方法
>>> f1.__str__()                       # 显式调用 __str__()方法
'2/5'
>>> print(f1)                          # 在字符串上下文中使用 frac 对象
2/5
>>> print(f1.__add__(f2))              # 显式调用 __add__()方法
23/20
>>> print(f1+f2)                       # 在加法上下文中使用 frac 对象
23/20
```

【思考和扩展练习】

其他一些主流面向对象语言（如 C++和 Java）在定义成员方法时无须显示传递调用对

① 请注意这里的“创建实例后”的提法。在 Python 创建某个类的实例时会首先调用__new__()（如果有的话）方法得到实例，然后用__init__()对其进行初始化。在“通常”的情况下，使用默认的创建行为得到一个新实例即可。但有时候也需要控制创建实例的行为，本书将在 4.1.8 节讨论这种更加精细的实例化过程。

象参数（如 Python 的 self）。比较这些语言的语法形式与 Python 的语法形式，思考后者的设计理由，以及这两种形式各自的优缺点。

4.1.3 静态方法

在类中定义不带 self 参数的函数，则称为**静态方法**[1]。静态方法在传参上与普通函数无异，不需要额外的 self 参数。定义静态方法的示例如下：

```
>>> class A:
...     def foo():
...         print('hello')
...
>>> A.foo()
hello
```

静态方法的特点如下：

- 以“类名.方法名”调用；
- 无 self 参数，也不能访问对象的成员；
- 多用于提供\textbf{类型附带的工具函数}；
- 不对类外部的名字空间造成污染。

【示例】 使用 str.maketrans。

学习者常常困惑于使用静态方法的时机。一个好办法是观察 Python 内置的静态方法，在 1.8.2 节的代码 1.24 中使用的 str.maketrans()方法就是静态方法。该方法从字符串字面值生成字典查找表，如下：

```
>>> d = str.maketrans('abc','xyz')
>>> d
{97: 120, 98: 121, 99: 122}
```

str.maketrans 静态函数由两个字符串（待替换列表'abc'、替换结果列表'xyz'）得到查找表字典 d。请读者根据前文所述静态方法的特点，分析设计者将 maketrans()实现为 str 类型静态方法的意图。

【思考和扩展练习】

（1）如果将静态方法与某个名字绑定 maketrans = str.maketrans，那么如何通过该名字调用静态方法？

（2）如果将对象成员方法与某个名字绑定 replace = str.replace，那么如何通过该名字调用对象成员方法？

（3）在 Python 的内建类型或标准库类型中再寻找一些静态方法。

① 在本书中，“静态（成员）方法”指本节介绍的静态成员方法。另外，带有 self 参数的方法也可对应称为“实例的成员方法”，以示其带有实例参数 self。本书不用这些拗口的叫法，在不引起歧义的前提下尽量使用简短的叫法。

4.1.4　类属性和类方法

为了讲解类方法（classmethod），需要先介绍“类的属性”这个概念。

1．类的属性

在类中定义的名字是**类的属性**（对比 4.1.2 节中的“实例属性”self.n 和 self.d）。以下代码片段中定义的 cnt、__init__、foo、boo 均为“类的属性”，使用“类名.属性”的语法进行访问。

```
>>> class A:
...     cnt = 0
...     def __init__(self, d):
...         self.d = d
...     def foo(self):
...         print(self.d)
...     def boo():
...         print('hello world')
...
>>> A.n
0
>>> A.foo
<function A.foo at 0x10f451840>
>>> A.boo
<function A.boo at 0x10f4518c8>
>>>
```

注意：在类中定义的带有 self 参数的成员函数，这些函数本身是类的属性（attribute）。当使用类名访问该属性时得到的是函数。这些函数对于类的实例来说则是成员方法，使用“实例名.函数名”得到的则是成员方法（method）。例如以下代码片段：

```
>>> a = A(5)
>>> a.foo
<bound method A.foo of <__main__.A object at 0x10f45e400>>
>>> A.foo
<function A.foo at 0x10f4519d8>
```

成员方法调用和函数调用也有不同的语法形式，例如：

```
>>> a.foo()              # 实例 a 的成员方法，故 a 作为 self 参数传递
5
>>> A.foo(a)             # A.foo 是函数，故第一个 self 参数需要显示传递
5
```

2．类方法

类方法用来操作类对象。Python 使用@classmethod 装饰器将某个函数转换为类方法。类方法的第一个参数为类对象。**请注意，类方法的第一个形参名是任意的，只是习惯上命**

名为 cls[①]。类方法的作用之一是用来访问和修改类的属性（状态）。

```
>>> class A:
...     x = 0
...     @classmethod
...     def inc(cls, n):
...         cls.x += n
...
>>> A.x
0
>>> A.inc(5)
>>> A.x
5
```

类方法的另一个常见作用是用来实现更多的构造手段[②]。下面仍以有理分数类型为例，创建通过字符串（如“1/2”和“2/3”等）构造有理分数的接口 from_string()（见代码 4.2）。

代码 4.2　frac.py 用类成员创建对象

```
class frac:
    def __init__(self, n, d):
        self.n = n
        self.d = d

    @classmethod
    def from_string(cls, s):  # s = '1/2'
        n, d = map(int, s.split('/'))
        return cls(n, d)
```

【代码说明】

- __init__()为“正牌”构造函数；
- from_string()为辅助构造手段。

【程序运行结果】

```
$ python3 -i frac.py
>>> f1 = frac(1,2)
>>> f1.n, f1.d
(1, 2)
>>> f2 = frac.from_string('1/2')
>>> f2.n, f2.d
(1, 2)
```

3. 标准库的类方法示例

Deceimal.from_float()用来从浮点数构建 Deceimal 类型。

```
>>> from decimal import *
>>> Decimal.from_float(0.1)
Decimal('0.1000000000000000055511151231257827021181583404541015625')
```

① 实例方法的第一个参数 self 则是 Python 的关键字。

② 类似的功能在 C++中以构造函数重载实现，但 Python 不支持类似的手段。

```
>>> Decimal.from_float(float('nan'))
Decimal('NaN')
>>> Decimal.from_float(float('inf'))
Decimal('Infinity')
>>> Decimal.from_float(float('-inf'))
Decimal('-Infinity')
```

datetime.date 类型提供了一组类方法（today, fromtimestamp(timestamp)）用以构建 date 类型对象。

```
>>> from datetime import date
>>> date.today()
datetime.date(2019, 1, 17)
>>> date.fromisoformat('2019-01-17')
datetime.date(2019, 1, 17)
```

【思考和扩展练习】

（1）静态方法也可以通过直接访问类名的方式访问类对象及其属性，这使得静态方法也能完成类方法的功能，如下代码片段所示。请读者思考有没有什么场景是必须使用类方法的？

```
>>> class A:
...     x = 0
...     def foo():
...         A.x += 1
...
>>> A.x
0
>>> A.foo()
>>> A.x
1
```

（2）在 Python 较早的版本中必须使用@staticmethod 修饰符才能定义静态方法。研究这段历史，观察该特性的演进。你如何看待这种演进？

4.1.5　私有成员

将成员设置为“私有”，意味着只在类的内部使用该成员，而并不将其作为外部接口。Python 在语法上并不完整地支持私有成员[①]。在 Python 中，约定使用单下划线开头的成员如_x 为私有成员。**请注意，这仅仅是“约定”，也就是说这种“私有性”完全凭程序员的自觉性。**以双下划线开头且不以多于一个下划线结尾的成员如__y 会被替换为_classname__y。这也从某种程度上阻止了直接使用__y 来访问这类成员，但其实并无绝对约束力，依然要靠程序员的自觉性。

```
>>> class A:
...     def __init__(self, x, y):
...         self._x = x
```

① 如 C++和 Java 之类的语言有专门的 private 关键字用以指明某个成员为私有，从而限制该成员不能被外部（包括派生类）访问。

```
...         self.__y = y
...
>>> a = A(1, 2)
>>> dir(a)
[... , '_frac__y', '_x']
```

在许多面向对象语言中，成员的私有化机制是重要的语法要素。相比这些语言，Python 并没有完整地提供私有化机制，而是用相当“随意”的方式实现了一种“表面机制”。

【思考和扩展练习】

你如何看待 Python 未完整地实现私有化成员机制的设计选择？

4.1.6 property 装饰器

property 装饰器用来实现属性的存取方法。

在前面的有理分数示例中，可以通过直接访问成员属性的方式对 frac 实例的属性 n 和 d 进行读写：

```
f = frac(1, 2)
f.n = 3
f.d = 4
```

若 frac 类仅用于某个局部，则此简单实现无可厚非。但若作为通用基础结构，参数检查就是必要的。这种检查不仅要在构造方法中进行，而且要在赋值操作中检查。这就是封装对属性的访问行为。封装后的读写方法常被称为 getter()和 setter()。

需要特别指出的是，不一定真的有一个变量存储对应的属性。getter()和 setter()可以通过计算完成读写操作。比如读取矩形面积，并非真的有一个变量存储这个面积，而只是通过长和宽计算出来。

Python 中提供了 property 装饰器，为实现属性的存取方法提供了便利，如图 4.1 所示。

```
class frac:
    ...
    @property                      getter()方法
    def n(self):                   _n为私有成员
        return self._n

    @n.setter                      setter()方法
    def n(self, value):
        self._n = value
        ...
    @n.deleter                     deleter()方法
    def n(self):
        del self._n
```

图 4.1 用 property 装饰器实现 getter()、setter()和 deleter()方法

示例实现如代码 4.3 所示。

代码 4.3　frac_check.py 使用 property 装饰器实现属性的存取方法

```
#!/usr/bin/env python3
class frac:
    def __init__(self, n, d):
        self.n = n
        self.d = d
    @property
    def n(self):
        return self._n
    @n.setter
    def n(self, value):
        if type(value) is not int:
            raise TypeError("value should be an int")
        self._n = value
    @property
    def d(self):
        return self._d
    @d.setter
    def d(self, value):
        if type(value) is not int:
            raise TypeError("value should be an int")
        if value == 0:
            raise ZeroDivisionError('Denominator cannot be zero')
        self._d = value
    def __str__(self):
        return str(self._n)+"/"+str(self._d)
```

【代码说明】

- property 装饰器使其修饰的函数成为属性 n 和 d 的 getter()方法；
- property 装饰器会创建 n.setter()和 d.setter()装饰器，后者用以设定 n 和 d 的 setter()方法；
- 在 setter()方法中对类型（int 型）和参数值（分母非 0）进行了检查。

【程序运行结果】

以下运行结果展示了在传递无效参数时抛出异常的行为。

```
>>> f = frac(1,0)
......
ZeroDivisionError: Denominator cannot be zero
>>> dir(f)
......
NameError: name 'f' is not defined          # 由于异常，未创建名字 f
>>> f = frac(1,2)
>>> f.n = 1.1
......
TypeError: value should be an int
```

【思考和扩展练习】

（1）将 f.n 这样对属性的访问转换为对方法调用的深层机制是什么？

（2）查阅标准库文档 [30]以了解 property 的完整特性，并思考 property 是如何实现这些功能的？

（3）能否通过其他类型参数构造有理分数，如浮点数和字符串等？尝试编写能够从各种不同参数进行构造的有理分数类。

4.1.7 动态添加属性和 slots

可以向类动态添加属性（如添加成员方法），如代码 4.4 所示。

代码 4.4 向 frac 类动态添加成员方法

```
#!/usr/bin/env python3
# -*- coding: utf-8 -*-
class frac:
    pass
def __init__(self, n, d):
    self.n = n
    self.d = d
def __str__(self):
    return str(self.n)+"/"+str(self.d)
def __add__(self, f2):
    n = self.n*f2.d + self.d*f2.n
    d = self.d*f2.d
    n, d = n/gcd(n,d), d/gcd(n,d)
    return frac(n, d)
frac.__init__ = __init__   # 将一众成员方法添加到类 frac 中
frac.__str__ = __str__
frac.__add__ = __add__
```

这样得到的类 frac 与 4.1.2 节中的 frac 类相同。能够这样做的原因是，Python 维护类的属性于__dict__字典，向类添加属性时对该字典执行插入操作。[①]

```
>>> frac.__dict__
mappingproxy({...,
    '__init__': <function __init__ at ...>,
    '__str__': <function __str__ at ...>,
    '__add__': <function __add__ at ...})
```

可通过为类增加名为__slots__的元组（tuple）属性，以达到限制改变类的属性之目的。只有被列入__slots__的类属性才能被修改。

```
class frac:
    __slots__ = ('__str__')

    def __init__(self, n, d):
        ...
    def __str__(self):
        ...
    def __add__(self, other):
        ...
```

① 当然，更深层次的原因是 Python 为动态语言。

这样定义的类只有__str__属性才能被改变。

【思考和扩展练习】

除了限制修改之外，使用 slots 还能获得什么好处？

4.1.8　实例的生命周期

在简单情形中①，只需要关心实例的__init__()方法对应的构造过程即可。但在稍复杂的场景中，工程师就需要深入了解实例的生命周期以更加精确地控制实例的创建、构造和释放行为。实例的生命周期主要涉及__new__()，__init__()和__del__()方法 [31]。

1. __new__()和__init__()方法

__new__()方法继承自 object 类②，是静态方法，用以控制类的实例化行为。该方法的第一个参数为类对象，之后的参数为构造表达式所用。__new__()方法返回创建的实例。

__init__()方法是传统意义③上的构造方法。该方法是带有 self 参数的实例方法，在__new__()之后被调用。不同于__new__()方法，__init__()方法并不返回什么。

注意： 这正是 new 和 init 两个方法名的含义所在。new 是“创建”之意，代表实例的创建过程。init 是“初始化”之意，代表创建后的实例初始化过程。

在派生类中，常常需要先使用 super 来调用基类的对应方法（这里涉及继承的概念，将在 4.2 节讲述。关于 super，参见 4.2.1 节），如图 4.2 所示。

__new__()方法的一个作用是用来实现“单例模式”（Singleton Pattern）。单例模式是指通过某种语法手段限制某个类的实例唯一。在 C++等语言中是通过私有化构造函数阻止显式调用构造函数，再通过另外的成员方法返回唯一对象。Python 则可以通过重写__new__()方法直接返回唯一实例。

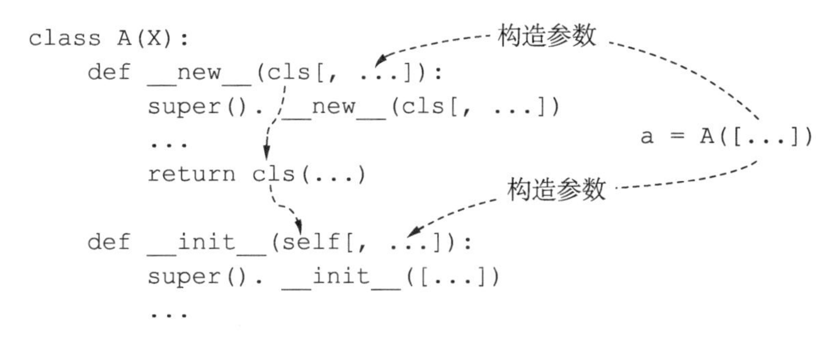

图 4.2　new 和 init 方法的参数

① 到目前为止，本书的各种示例基本上都是“简单情形”。
② 在 Python 3 中所有的类均继承自 object。
③ 所谓传统意义是相对 C++/Java 而言。

2．垃圾回收和__del__

Python 没有提供显式销毁对象的手段。当某个对象再也无法被访问时，垃圾回收机制就会销毁该对象。目前，CPython 的垃圾回收器实现采用引用计数和循环引用探测来判断不可达对象。Python 的 gc 模块提供的了控制垃圾回收器行为的接口。__del__()方法在对象销毁前调用。该方法在面向对象术语中被称为终结器（Finalizer）。

【思考和扩展练习】

（1）使用__new__()实现单例模式要处理很多细节，例如记录是否已经进行过实例化和初始化。尝试写出单例模式的完整代码（可以尝试通过搜索引擎寻找参考实现）。

（2）Python 还能够通过哪些途径实现单例模式？①

（3）__new__()方法还有哪些用途；

（4）在什么场景下使用__del__()。

4.1.9 复制对象

如何创建对象的副本？这个问题的答案比大多数人的直观想法复杂得多。本节只做简要讨论，为读者建立“这并不简单”的认知，以期遇到类似问题时，读者能以此处文字为起点，去理解复杂系统或按需实现解决方案。

这里要讲述的一对概念是“浅拷贝”（shallow copy）与“深拷贝”（deep copy）。前者描述的复制行为仅仅涉及“表面的对象”，或者说“语法上的对象”；后者描述的复制行为则涉及“真正的对象”，或者说“逻辑上的对象”。

以如下代码创建的列表对象 L 为例：

```
L = []
L.append([1,2,3])
L.append([4,5,6])
```

如何复制 L，取决于如何看待 L 所代表的概念。最狭义的看法，L 就是引用，复制 L 就是让另一名字也绑定至该列表，即直接进行赋值操作：

```
L2 = L
```

这种赋值并没有复制太多东西，仅仅是将同一对象绑定至另外的名字，如图 4.3 所示。

也可以认为 L 代表列表，而列表包含两个引用：L[0]和 L[1]。在这个理解层次上，复制 L 就是复制这个列表存储的引用。列表类型提供了 copy 方法完成该操作：

```
L2 = L.copy()
```

这种赋值是复制了整个列表，但是并未赋值列表元素引用的对象。这是对 Python 语法层面定义的列表进行复制，这种复制行为被称为“浅拷贝”（shallow copy），如图 4.4 所示。

---

① 其他途径之一是通过 metaclass。这种机制能够拦截类的构建过程。metaclass 对初学者来说是极不常用的手段，有兴趣的读者可以自行查阅相关资料。

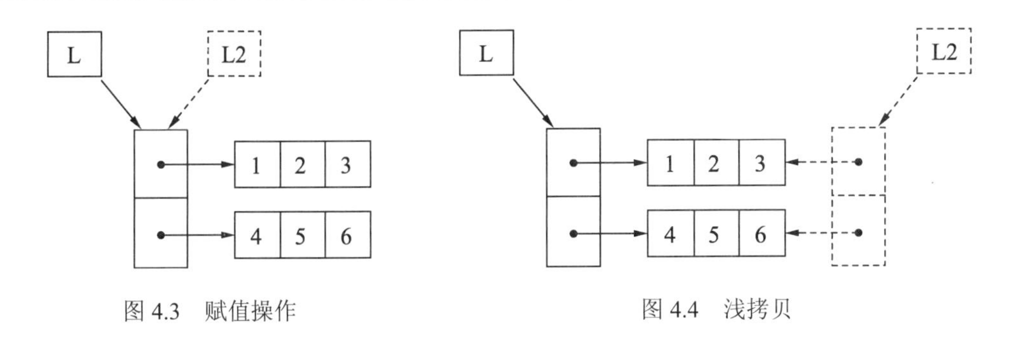

图 4.3　赋值操作　　　　图 4.4　浅拷贝

但程序员的意图往往是让 L 代表列表包含的引用和这些引用指向的对象。例如 L 可能被认为是一个 2 行 3 列矩阵。对整个矩阵的复制操作如图 4.5 所示。这种复制操作被称为“深拷贝”（deep copy）。因为具体问题的复杂性，往往无法提供深拷贝的统一实现，程序员需要自行编写相应方法处理对象复制任务。

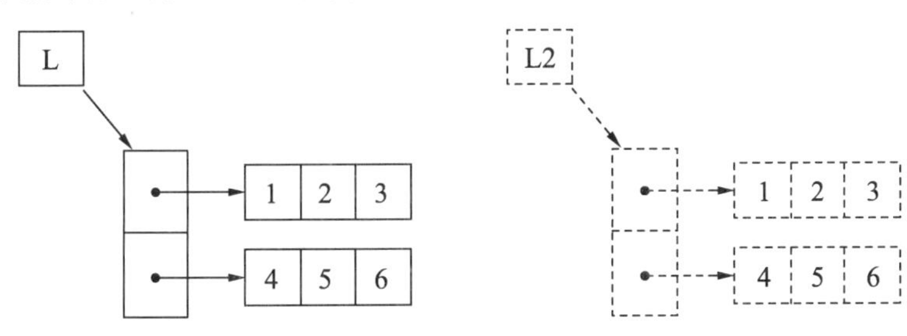

图 4.5　深拷贝

在成熟的系统中，往往使用“写时拷贝技术”(copy-on-write)：即先执行浅拷贝得到新对象，对某个对象进行写入操作时再行复制。例如 Linux 的 fork 操作（参考文献 [32] 的 2.4.1 节），以及面向对象跨平台框架 Qt 的 ImplicitSharing 机制 [33]。

4.1.10　小结

本节介绍了面向对象的基础概念：类和实例，以及 Python 语言的相关语法。在 Python 中有 3 种成员方法：带有 self 参数的实例方法、带有类对象参数（通常被命名为 cls）的类方法，以及不带额外参数的静态方法，如图 4.6 所示。此外，本节还介绍了 property 装饰器以封装属性的存取方法。在 Python 语言中，可以通过__new__()方法和__del__()方法介入实例的创建和销毁过程。总而言之，Python 的动态语言特性和设计思路带来了和 C++/Java/C#之类主流语言迥异的面向对象风格。

面向对象机制在 Python 中无处不在。读者如以本章（尤其是本节）知识为依托，回顾已经具备的 Python 知识，定能温故而知新。

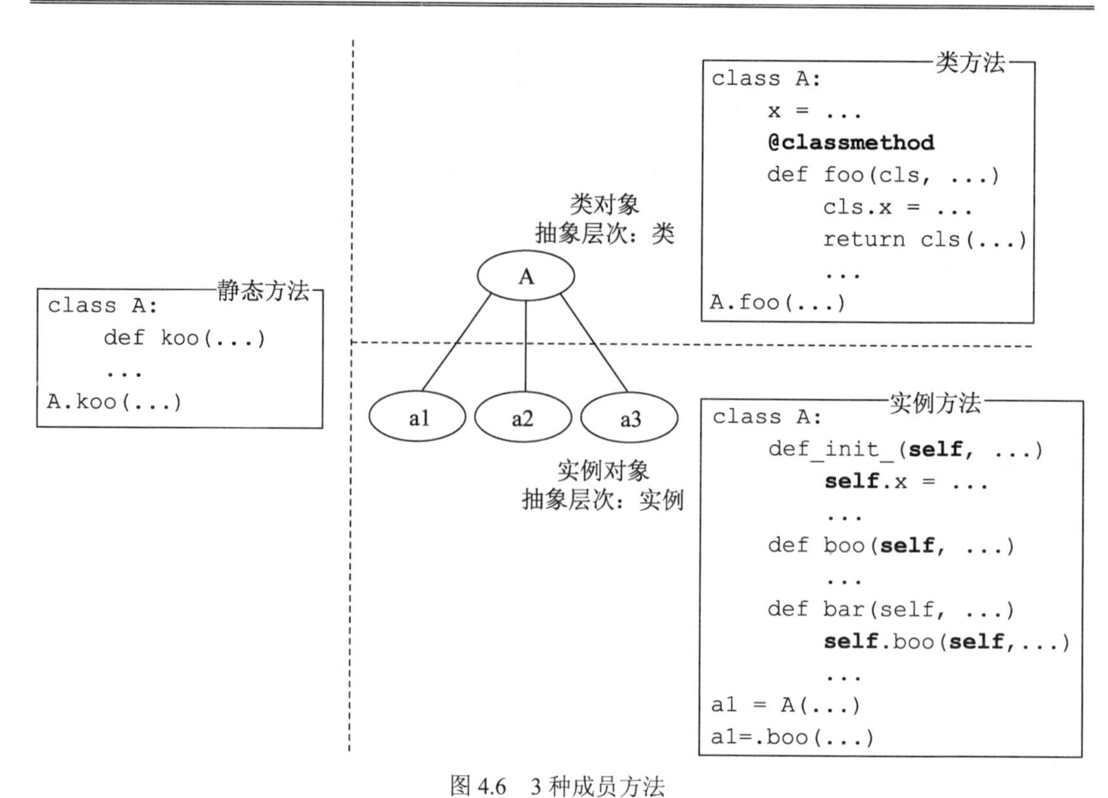

图 4.6　3 种成员方法

4.2　继承和多态

继承（inheritance）是面向对象的核心设计手段，是**在已有类的基础上创建新类**的机制。使用继承机制创建的新类被称为派生类（或子类）（Derived class），被继承的类被称为基类（或父类）（Base class）。

【学习目标】

- 掌握继承的相关语法；
- 了解 Python 如何处理多继承；
- 了解如何设计基类和派生类；
- 了解 Python 对多态的实现。

4.2.1　语法

从基类 A 创建派生类 B 的 Python 语法如下：[1]

① 如果在定义派生类时未指定基类（如前面所定义的各种自定义类），则默认的基类为 object。这是 Python 发展到 Python3 后的统一行为。

```
class B(A):
    ...
```

访问属性时，解释器沿着继承次序向上搜索。如果该属性在派生类中没有定义，解释器会搜索基类，如果基类中没有定义，解释器会搜索基类的基类。这样，派生类便如同“拥有”基类的全部属性。继承链和搜索次序，如图 4.7 所示。

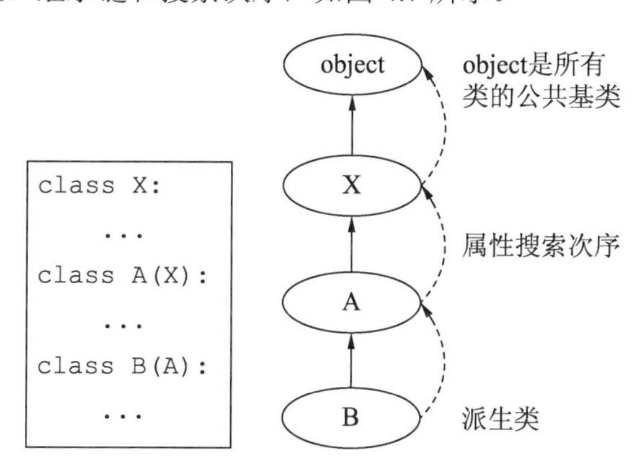

图 4.7　继承链和搜索次序

【示例 1】 使用内建列表类型实现栈。

在 1.8.5 节中使用了列表（list）类型作为栈来解决逆波兰表达式计算问题。但列表的入栈方法名为 append，与传统的入栈操作的习惯名称 push 显得格格不入。重新实现 stack 类又无法利用 list 已有的功能。此时，用继承扩展 list 的功能就是可以考虑的选择之一，如图 4-8 所示。代码 4.5 使用继承机制从 list 类直接创建 stack 类并且复用 list 的全部设计。

代码 4.5　以 list 为基类创建派生类 stack

```
>>> class stack(list):
...     def push(self, item):
...         self.append(item)
...
>>> s = stack()
>>> s
[]
>>> s.push(1)
>>> s
[1]
>>> s.push(2)
>>> s
[1, 2]
>>> s.pop()
2
>>>
```

可以看到，只需将 list 类型的 append()方法重新包装为 push()方法，便能实现友好的栈 API。与此同时，列表的 pop()方法依然有效。stack 也能以 list 原有的显示方式（方括号记号）显示（继承__str__()和__repr__()方法）。

当派生类属性与基类属性重名时，通过 super()方法可以调用基类的方法。该手段常用于在派生类的构造过程中调用基类构造方法。调用基类的构造方法，如代码 4.6 所示。

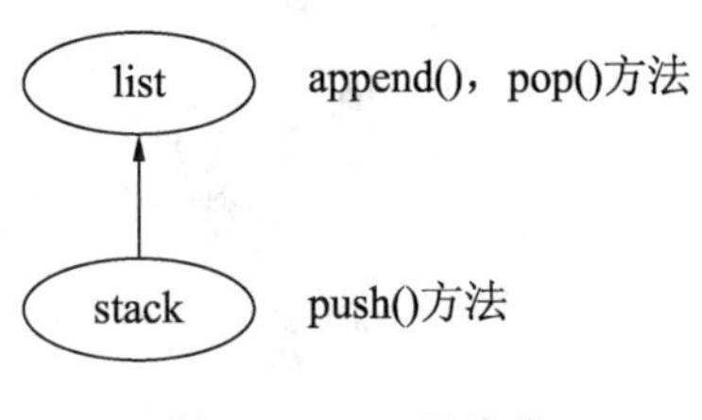

图 4.8　stack 派生类

代码 4.6　片段：调用基类的构造方法

```
class A:
    def __init__(self, arg):
        ...

class B(A):
    def __init__(self):
        super().__init__(arg)
```

【示例 2】 使用 tkinter 创建图形界面。

tkinter 是 Python 内建的 GUI 组件。代码 4.7 展示了在 tkinter 中创建空白窗体的方法。

代码 4.7　tk_frame.py 使用 tkinter 创建窗体

```
#!/usr/bin/python3
# -*- coding: utf-8 -*-
from tkinter import *
class Example(Frame):
    def __init__(self):
        super().__init__(bg='gray')
        self.master.title("MyFrame")
        self.pack(fill=BOTH, expand=1)
if __name__ == '__main__':
    root = Tk()
    root.geometry("200x150+50+50")
    app = Example()
    root.mainloop()
```

【代码说明】

- Frame 是图形组件窗体的基类；
- Frame.__init__()提供了窗体的构造方法，其中的 bg 参数可以用来指定背景色；
- Frame.master 是父窗体，title()方法用来设定窗体标题；
- Frame.pack 将窗体添加到布局管理器中，其中的 fill=BOTH 和 expand=1 参数让窗体填满布局；
- Example 继承自 Frame 类；
- Example 定制了自己的构造方法；
- Tk()返回整个应用句柄；
- geometry()方法设定应用窗体的尺寸和位置；

- mainloop()方法启动应用程序。

【程序运行结果】

```
$./tk_frame.py
```

显示如图 4.9 所示的窗体。

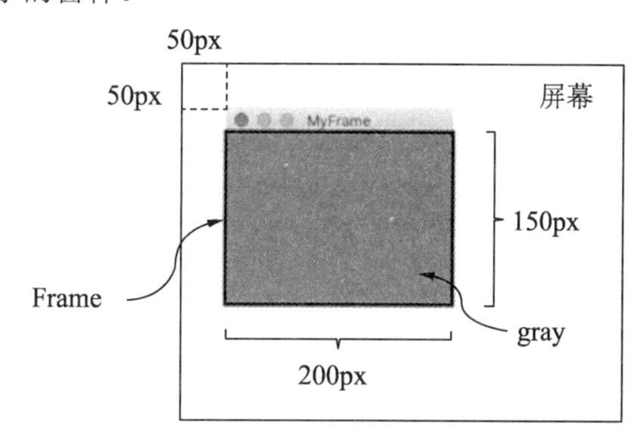

图 4.9　用 tkinter 创建的简单窗体

【思考和扩展练习】

（1）super 是什么，为什么可以通过它调用基类方法？

（2）super 还有什么功能？

4.2.2　如何设计类

语法上先有基类再有派生类，设计上则未必如此。

在 Python 中使用继承的核心动机是**复用基类代码**[①]。代码能够被复用，是因为它在某种意义上刻画了“共性”[②]。

1．描述共性的高层次抽象

最美妙的共性在面向对象术语中被称为“**是一个**”（is-a）关系。具体地说就是抽象的名词概念，如波斯猫和猫之间的关系。前者代表了一类猫，后者则在更大的范围上代表了各种各样的猫[③]。基类表示更高的抽象概念，如猫，用以实现其各种属性及成员方法。派生类则表示较低级别的抽象概念，如波斯猫，通过继承基类以复用代码[④]。

① 继承在其他一些面向对象程序设计语言（尤其是 C++或 Java 这些强类型语言）中的动机不仅是复用基类代码，多态性的实现也需要参与多态执行代码的诸类派生自同样的基类。

② 亚里士多德认为，“共相”的意思就是可以用于描述许多个主体的东西，不能被这样描述的就是“个体”。[38]

③ 从语言上描述则是“一只波斯猫是一只猫”（a persian cat is a cat.）is-a 中的不定冠词 a 的存在完全是因为英语语法的需要，若从中文语法出发则只有“是”一字必要。但 is-a 已成为计算机科学在描述这一问题时的专用术语，故本书也遵循此描述。

④ 这是绝大多数教科书对“继承”这一概念的“使用指南”，这一论述在实际编码中或者过于模糊，或者不切实际。

注意：“是”这个字有双重含义。有时“是”表示一种等价关系，如“木星是太阳系的最大行星”。等价关系的特点是前后对换后依然得到真命题，如“太阳系的最大行星是木星”。有时则表示上文所述派生类与基类的关系，如“白马是马”。这种关系则不能颠倒描述（“马是白马”显然不对）。

如果事物间天生具有 is-a 关系，则可以使用继承描述之。然而，工程师还需要从实际代码的角度观察，以验证自己的设计：如果派生类与基类会用于同样的上下文中，则可以加强使用继承的信心。“用于同样的上下文”意味着代码的执行环境也“认同”二者之间的 is-a 关系，也往往意味着派生类与基类有部分相同的方法接口和方法实现。①

例如，在 GUI 系统中，为了能够管理各种图形组件，往往将空无一物的组件设计为基类，实现诸如调整大小位置等共同效果，再由该类派生出各个子类，如按钮、菜单等图形界面要素，实现各自独有的功能。这种场景很好地诠释了前文的“是一个”概念：按钮和菜单（派生类）均是图形组件（基类），因此均具有大小和位置等属性及相关方法，也均可用于诸如布局管理器的上下文环境中。

2．组合与继承

然而继承的使用场景并不总是有如此清晰的概念。**例如 4.2.1 节中由列表创建栈的示例，“栈是列表”这一命题中谬误的成分绝不少于正确的成分**②。另一种由列表实现栈的方式，如代码 4.8 所示。

代码 4.8　片段：用“组合”方式由 list 实现 stack 类

```
class stack:
    def __init__(self):
        self.d = list()
    def push(self, item):
        self.d.append(item)
    def pop(self, item):
        return self.d.pop()
```

以上不是继承自列表而是包含列表。这在面向对象的术语中被称为**“有一个”**（has-a）。相较“栈是列表”（继承），“栈包含列表”（组合）这一命题在大多数场景中稍接近事实。这里的“大多数场景”是指在栈的绝大多数应用领域，只需执行入栈和出栈操作，无须其他列表操作。此例中，“组合”带来的好处是接口干净。“继承”则可以轻易获得基类的全部便利（如可迭代特性）。

在一些无可辩驳的场景中使用组合是必然的。比如在“轿车有 4 个轮子”这个场景中，“轿车”和“轮子”的关系显然是“有”（而且是“有四个”）而非“是”。从语法角度

① 在某些语言中，如 Java 或 C++，“应用于同样的上下文”这一要求就已经构成语法上采用继承（包括 Java 的接口继承）的必要条件了。但在 Python 中这只是一个参考条件。

② 由此带来的是该例实现的栈中还包含很多“不必要”的功能，比如索引访问。

也无法让派生类“拥有 4 份同样基类”。但在本节的“列表栈”问题上，无论有多少支持某一方的论据，应当采用哪种策略依然是模糊的。因为这本就是“中间地带”，孤立地讨论应当使用什么手段只会陷入无休无止的争论中。

【思考和扩展练习】

（1）“接口最小原则”提出软件单元的设计应当尽量少暴露接口。根据这一原则，请比较本节中列表栈的两种设计方法的优劣。

（2）基类的设计是一成不变的吗？在什么情形下要重新调整基类的设计？

4.2.3　多继承

派生类可以同时继承自多个基类，语法如下：

```
class A:
    ...
class B:
    ...
class C(A, B):
    ...
```

一般来说，派生类拥有众基类的属性。在 Python 的设计中，这是通过设定属性搜索次序实现的。在上述示例中，访问 C 的属性时，会依次在 C-A-B 中搜索该属性，如图 4.10 所示。之所以要设定搜索次序，是为了解决在出现属性重名时的访问。举例来说，当 A 和 B 中均有 foo 方法而 C 中没有该方法时，在 C 类型对象上访问该方法会使用 A 定义的版本。

Python 多继承中，基类是不对称的。这是 Python 处理多继承的核心原则。

支持继承特性的语言都要给多继承“一个说法”。要处理的典型问题之一是菱形继承，如图 4.11 所示。

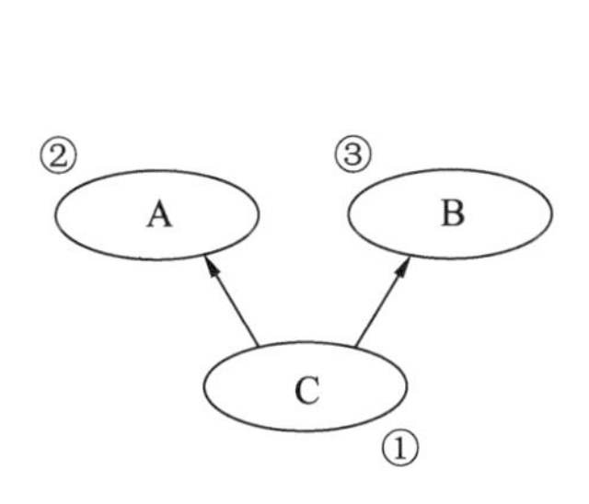

图 4.10　多继承的搜索次序

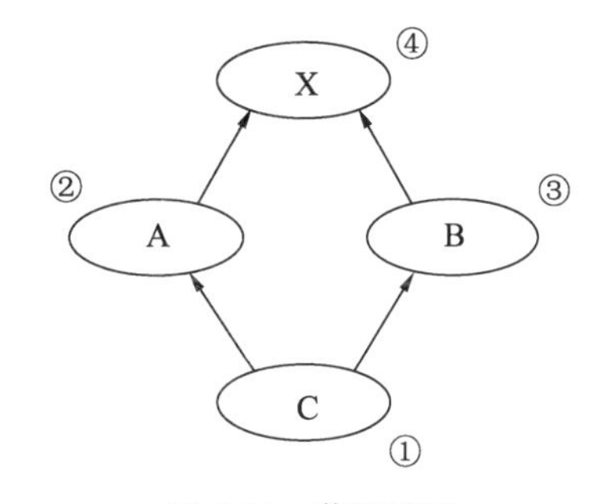

图 4.11　菱形继承

在这一问题上的困扰是，当图 4.11 所示的多继承关系成立时，C 似乎应当拥有 A 和 B 中的同名属性各一份。但如果 A 和 B 中的同名属性来源于二者的共同基类 X 时，C 又似乎只应当拥有单独一份 A 和 B 中的同名属性。这是两难的选择[①]。Python 放弃了对称性[②]，转而通过一种名为 C3 搜索方法的算法[34]确定图 4.11 所示的搜索次序为 C-A-B-X。即在 C 中没有定义某个属性的情况下：

- 如果 A 和 B 中有同样名字的属性，则使用继承列表中靠前基类中的定义（即优先用 A 的）；
- 如果 A 和 B 均继承 X 的属性而没有定义，则使用 X 的；
- 如果 A 和 B 中的某个类重新定义了 X 的属性，则使用之（同样优先用 A 的）。

内建方法 mro()[③]可以获得多继承的属性搜索次序如下：

```
>>> C.mro()
[<class '__main__.C'>, <class '__main__.A'>,
 <class '__main__.B'>, <class '__main__.X'>,
 <class 'object'>]
```

【思考和扩展练习】

（1）如图 4.12 所示的继承关系，属性搜索次序是怎样的？

（2）如果图 4.12 所示的继承关系中，C 需要调用 A 和 B 的构造方法，应当如何做？

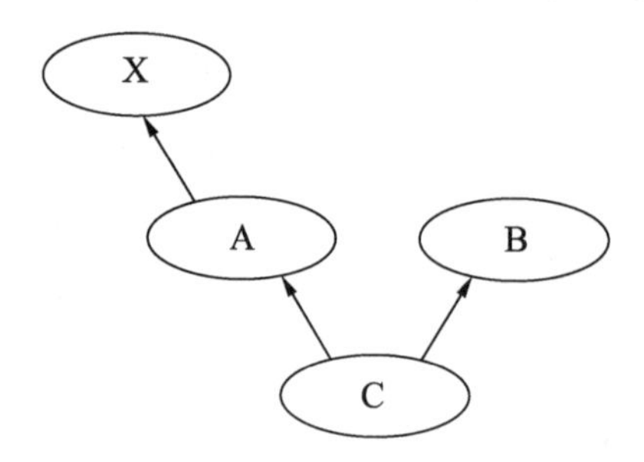

图 4.12　多继承示意图

4.2.4　鸭子类型和多态

本节写给具有其他面向对象程序设计语言基础（尤其是 C++/Java/C#）的读者。

---

① C++/Java/C#这些主流语言都着实花费了一番精力以解决这个问题：C++中需要将 X 声明为 virtual 以告诉编译器在 X 的派生类中，只保留一份 X 的属性；Java 和 C#则禁止从多个正常类进行多继承。只允许多个基类中有一个是正常的类，其他的只能拥有接口而没有数据和方法。

② 不论是在自然界中还是在文学艺术创作中，对称性破缺都是常见的。例如，树叶的脉络虽对称但略有不同；人体左右动脉连接中央动脉高低稍有不同，优秀的诗歌绝不完全对仗。基础物理学发现的一系列对称性破缺（如宇称不守恒）则构成了丰富的物质世界。

③ MRO 是 Method Resolution Order 的缩写。

鸭子类型（Duck-typing）是指一种程序设计语言风格[35]，这种风格不通过判断对象类型来确定该对象是否拥有某种接口，而是直接通过对象是否拥有对应的方法或属性进行判断。①

多态性（polymorphism）是指代码处理不同类型对象的能力。以下面的代码片段为例：

```
def foo(a):
    a.koo()
    a.boo()
```

函数 foo()接收参数 a。函数调用了对象 a 的 koo 和 boo 方法。在 Python 中只需要 a 所指向的对象具有这两个方法即可，对 a 的类型并无限制。相比之下，在 C++或 Java 中实现类似的代码则需要实参对象的类型均继承自某个基类（或接口），而后者拥有 koo 和 boo 方法（至少也需要是方法接口，如 C++的纯虚函数和 Java 的 interface）。

如果读者具备 C++/Java/C#等语言基础并且了解设计模式相关知识，需要特别注意：Python 的鸭子类型特性会导致许多“设计模式”书籍中所提到的问题应用于 Python 语言时发生重大变化。

【思考和扩展练习】

阅读参考文献[36]（或其中文版本[37]）中关于“策略模式”的 Java 实现，尝试使用 Python 处理类似问题。

4.2.5　小结

继承是面向对象的重要设计手段。本节讨论 Python 语言对该特性的支持。在基类和派生类的关系上，Python 没有设计全面的访问控制权限机制，而是对各种成员一视同仁。在处理多继承的问题上，Python 通过精心设计的搜索次序（MRO）来处理多个基类中的同名属性问题，是通过放弃基类的对称性来处理这个棘手问题。

在软件的整个设计过程和生命周期中，基类并非一成不变。工程师往往需要根据代码的演进来不断调整基类的设计，以及诸多类型之间的继承或其他关系。这种重构代码能力的建立，需要学习者对代码的变化保持敏锐并且在实践中积累相关经验。

4.3　综合练习：GUI 程序设计 PyQt

掌握一些图形界面（GUI）程序设计是非常有用的。对于程序设计初学者来说，应当学习某种简单的图形界面设计，以满足日常工作学习的需求。Qt 是一个跨平台的 GUI 框架，支持多种语言。其 Python API 版称为 PyQt。本节将向读者展示 PyQt 的简单示例，以

① 鸭子一词出自诗人 James Whitcomb Riley 的诗句“When I see a bird that walks like a duck and swims like a duck and quacks like a duck, I call that bird a duck.“——”我看到一只鸟，像鸭子般走路，像鸭子般游泳，像鸭子般嘎嘎叫，那我就叫它鸭子”。[47]

作抛砖引玉之用。读者如一路学习至此，应当已具备一定水准，故此处仅列出代码，不多做解释，请读者自行揣摩。

4.3.1 安装 PyQt

使用如下命令安装 PyQt：

```
$ pip3 install pyqt5
```

执行代码 4.9 所示的脚本示例，以验证是否安装成功。

代码 4.9 test.py pyqt 测试程序

```
#!/usr/bin/env python3
# -*- coding: utf-8 -*-
import sys
from PyQt5.QtWidgets import QApplication, QWidget
app = QApplication(sys.argv)
w = QWidget()
w.resize(250, 150)
w.show()
sys.exit(app.exec_())
```

【程序运行结果】

```
$ ./test.py
```

显示如图 4.13 所示的窗口。

示例代码 4.9 只是简单地使用 QWidget 类创建了空白组件，编写复杂的 GUI 程序就需要使用面向对象风格的代码。下一节将向读者展示如何从 QWidget 派生出更复杂的图形组件。

图 4.13 空白窗体

4.3.2　使用继承创建窗体

代码 4.10 将展示使用继承创建窗体，并加以定制（添加按钮）的过程。

代码 4.10　btn.py 用 PyQt 创建按钮

```
#!/usr/bin/env python3
# -*- coding: utf-8 -*-
import sys
from PyQt5.QtWidgets import QApplication, QWidget
from PyQt5.QtWidgets import QPushButton
class Example(QWidget):
    def __init__(self):
        super().__init__()
        self._initUI()

    def _initUI(self):
        self.setGeometry(400, 400, 200, 150)
        self.setWindowTitle('Fisrt APP')
        QPushButton('Quit', self)
        self.show()

if __name__ == '__main__':
    app = QApplication(sys.argv)
    w = Example()
    sys.exit(app.exec_())
```

【程序运行结果】

```
$ ./btn.py
```

显示如图 4.14 所示的带按钮窗口。

图 4.14　按钮

4.3.3 响应事件

代码 4.11 展示在 PyQt 中响应事件的方法。

代码 4.11 connect.py 响应事件

```
#!/usr/bin/env python3
# -*- coding: utf-8 -*-
import sys
from PyQt5.QtCore import Qt
from PyQt5.QtWidgets import QApplication, QWidget
from PyQt5.QtWidgets import QLabel, QPushButton
from PyQt5.QtWidgets import QVBoxLayout
from PyQt5.QtGui import QFont
class Example(QWidget):
    def __init__(self):
        super().__init__()
        self._initUI()

    def _initUI(self):
        self.label = QLabel('0')
        self.label.setFont(QFont('Arial Black', 20))
        self.label.setAlignment(Qt.AlignCenter)
        self.setGeometry(400, 400, 160, 120)
        self.setWindowTitle('Event')
        layout = QVBoxLayout()
        btInc = QPushButton('+1')
        btInc.clicked.connect(self.__inc)
        btExit = QPushButton('Exit')
        btExit.clicked.connect(QApplication.instance().quit)
        layout.addWidget(self.label)
        layout.addWidget(btInc)
        layout.addWidget(btExit)
        self.setLayout(layout)
        self.show()

    def __inc(self):
        val = int(self.label.text()) + 1
        self.label.setText(str(val))
        self.label.repaint()

if __name__ == '__main__':
    app = QApplication(sys.argv)
    w = Example()
    sys.exit(app.exec_())
```

【程序运行结果】

```
$ ./connect.py
```

显示如图 4.15 所示的带按钮窗口。当单击+1 按钮时，数字递增。

图 4.15　事件响应

4.3.4　小结

继承是面向对象的重要机制，是强大的设计复用手段。本节讲述了 Python 的继承机制，包括如何创建派生类，如何实现多继承，以及如何支持多态。语法虽然简单，但能否正确运用，对大多数程序员来说是相当有挑战性的。读者需要在实践中不断积累经验，并仔细观察（Python 自身、第三方代码和自己写的代码）。

4.4　总　　结

本章讲述了面向对象的一般方法和 Python 的面向对象设计手段。很多传统主流语言的面向对象经验在 Python 中并不适用。但越是不同，其共性更突出本质，其差异性也更加生机勃勃。**需要特别注意的是，语言对多继承和多态的支持方式往往对类图结构（各个类之间的关系图）有深刻影响。这是学习不同语言的标准库体系或第三方框架体系时的关键。**

参 考 文 献

[1] 维基百科. 辗转相除法 [OL]. https://zh.wikipedia.org/zh-cn/辗转相除法.

[2] The Python Software Foundation. The Python 3 Standard Library-Operator precedence [OL]. https://docs.python.org/3/reference/expressions.html#operator-precedence.

[3] Weisstein，Eric W. Collatz Problem [OL]. MathWorld-A Wolfram Web Resource. http://mathworld.wolfram.com/CollatzProblem.html.

[4] Moore E F . The shortest path through a maze[C]. Proceedings of the International Symposium on the Theory of Switching. Boston：Harvard University Press，1959.

[5] The Python Software Foundation. The Python 3 Standard Library-Exception [OL]. https://docs.python.org/3/library/exceptions.html.

[6] Wikipedia. Higher-order function [OL]. https://en.wikipedia.org/wiki/Higher-order_ function.

[7] Johnson R，Gamma E，Vlissides J，et al. Design Patterns：Elements of Reusable Object-Oriented Software[M]. 北京：机械工业出版社，2002.

[8] The Python Software Foundation. functools.lru_cache [OL]. https://docs.python.org/3/library/functools.html#functools.lru_cache.

[9] Wilf H. 发生函数论[M]. 北京：清华大学出版社，2003.

[10] The Python Software Foundation. CPython3.7-pyhash.c [CP/OL]. https://github.com/python/cpython/blob/master/Python/pyhash.c.

[11] Sedgewick R，Wayne K. Algorithms[M]. 4th Edition. Boston，MA：Pearson Education，2011.

[12] The Python Software Foundation. The Python3 Standard Library-Dict [OL]. https://docs.python.org/3/library/stdtypes.html#mapping-types-dict.

[13] Guibas L J，Sedgewick R. A dichromatic framework for balanced trees [C]. 19th Annual Symposium on Foundations of Computer Science （sfcs 1978）. IEEE，1978.

[14] Cormen T H，Leiserson C E，Rivest R L，et al. Introduction to Algorithms[M]. 3rd Edition . Cambridge，MA：MIT Press，2009.

[15] Williams J W J. Algorithm 232 - Heapsort [J]. Commun. ACM， Jun 1964：347-348.

[16] Huffman D A. A Method for the Construction of Minimum-Redundancy Codes[J] Proceedings of the Institute of Radio Engineers，Sep 1952，vol. 40：1098-1101.

[17] The Python Software Foundation. The Python 3 Standard Library-OrderedDict [OL]. https://docs.python.org/3/library/collections.html#collections.OrderedDict.

[18] The Python Software Foundation. CPython3.7-OrderedDict [CP/OL]. https://github.com/python/cpython/blob/master/Lib/collections/__init__.py.

[19] Wikipedia. Pathfinding [OL]. https://en.m.wikipedia.org/wiki/Pathfinding.

[20] Dijkstra E W. A Note on Two Problems in Connection with Graphs[J]. Numerische Mathematics，1959，1(1)：269-271.

[21] Wikipedia. A* search algorithm [OL]. https://en.wikipedia.org/wiki/A*_search_algorithm.

[22] Hart P E，Nilsson N J，Raphael B. A Formal Basis for the Heuristic Determination of Minimum Cost Paths[J]. IEEE Transactions on Systems Science and Cybernetics，1968，vol4，pp. 100-107.

[23] Fredman M L，Tarjan R E. Fibonacci Heaps And Their Uses In Improved Network Optimization Algorithms[C]. Symposium on Foundations of Computer Science. IEEE，1987.

[24] Patel A. Amit's A* Pages：Heuristics [OL]. http://theory.stanford.edu/~amitp/GameProgramming/Heuristics.html.

[25] Wikipedia. Manhattan distance [OL]. https://en.wikipedia.org/wiki/Taxicab_geometry.

[26] Patel A. Amit's A* Pages：Heuristics [OL]. http://theory.stanford.edu/~amitp/GameProgramming/.

[27] Rabin S. Game AI Pro：Collected Wisdom of Game AI Professionals[M]. Boca Raton，FL：CRC Press，2013.

[28] Rabin S. Game AI Pro 2：Collected Wisdom of Game AI Professionals[M]. Boca Raton，FL：CRC Press，2015.

[29] Rabin S. Game AI Pro 3：Collected Wisdom of Game AI Professionals[M]. Boca Raton，FL：CRC Press，2017.

[30] The Python Software Foundation. The Python 3 Standard Library – Property [OL]. https://docs.python.org/3/library/functions.html#property.

[31] The Python Software Foundation. The Python 3 Languange Reference - Basic customization [OL]. https://docs.python.org/3/reference/datamodel.html#basic-customization.

[32] Mauerer W. Professional Linux Kernel Architecture [M]. Indiannapolis，IN：Wiley Publishing，Inc，2008.

[33] Qt Company Ltd. Qt: Implicit Sharing [OL]. https://doc.qt.io/qt-5/implicit-sharing.html.

[34] Simionato M. The Python 2.3 Method Resolution Order [OL]. 2003. https://www.python.org/download/releases/2.3/mro/.

[35] The Python Software Foundation. The Python 3 Glossary - duck-typing [OL]. https://docs.python.org/3/glossary.html#term-duck-typing.

[36] Freeman E，et al. Head First Design Patterns [M]. Sebastopol，CA：O' Reilly & Associates，2004.

[37] Freeman E，et al. Head First 设计模式 [M]. 北京：中国电力出版社，2007.

[38] 伯特兰·罗素. 西方哲学史. 北京：商务印书馆，1963.

[39] Harold A，Gerald J S，Julie S. 计算机程序的构造和解释[M]. 北京：机械工业出版社，2004.

[40] The Python Software Foundation. The Python 3 Languange Reference - Objects，values and types [OL]. https://docs.python.org/3/reference/datamodel.html#objects-values-and-types.

[41] Wikipedia. Ternary computer [OL]. https://en.wikipedia.org/wiki/Ternary_computer.

[42] Wikipedia. Setun [OL]. https://en.wikipedia.org/wiki/Setun.

[43] Wikipedia. Qutrit [OL]. https://en.wikipedia.org/wiki/Qutrit.

[44] Wang X，Lai X，Feng D，et al. Collisions for Hash Functions MD4，MD5，HAVAL-128 and RIPEMD [R]. IACR Cryptology ePrint Archive，2004（1）：199.

[45] Stevens M，Sotirov A，Appelbaum J，et al. Short Chosen-Prefix Collisions for MD5 and the Creation of a Rogue CA Certificate[C]. Santa Barbara，CA：CRYPTO '09 Proceedings of the 29th Annual International Cryptology Conference on Advances in Cryptology，2009-8-16.

[46] Stevens M，Bursztein E，Karpman P，et al. The First Collision for Full SHA-1[C]. Annual International Cryptology Conference，2017.

[47] Heim M. In Exploring Indiana Highways：Trip Trivia[M]. Wabasha，MN：Travel Organization Network Exchange，2007：68.